資料庫系統

Database System

余顯強 著

五南圖書出版公司 印行

序　言

以理論爲基石，搭配資料庫與程式開發實務操作

資訊科技領域的學習，必須能夠兼顧理論於實務。理論讓我們知道原理，提供我們了解解決問題背後的基礎，從而能夠舉一反三；實務則是讓我們能夠眞實地操作系統，進而規劃設計與應用。因此理論就像坐而言，實務就如同起而行，兩者相輔相成。不過，坊間資訊類的圖書，多是理論、實務各自分開。學習理論時，不了解實務操作的情境，面對應用系統時，依舊不得其門而入；或是學習實務時，缺乏理論的論述，造成許多指令、語法依賴上機操作，縱使熟練指令，卻仍不清楚其背後的原理與觀念。

因此，本書著重於理論與實務兼具，針對實務所需的理論加以介紹，使能在最短學習時間內建立足夠的概念與理論基礎，並透過實務操作的介紹，提供學習者熟練 SQL Server 資料庫的使用。簡單的說，本書的重點在於學習不僅是要「知道」，還要能夠「做到」。

除此之外，資料庫通常不會單獨存在，而需要搭配應用程式協同運作，才能發揮資訊管理、進而實現資訊傳播的效果。結合應用程式複雜商業邏輯的處理、使用者互動的介面設計、以及連結後端負責儲存資料的資料庫，相互搭配才能達成商業應用系統的要求。因此學習資料庫，另一個目標便是學習如何搭配應用程式的開發，才容易發揮資料庫的使用角色。爲了達成融會貫通的學習目標，因此，本書不僅涵蓋資料庫系統的理論介紹、SQL Server 資料庫 2014 版的系統安裝、

建置、SQL 指令語法、資料庫設計 … 等應用實務，亦涵蓋以現今使用最為普遍的 Java 程式語言，介紹如何撰寫資料庫連線的應用程式。

最後，學習語法必須要先了解電腦圖書慣用表達語法的符號。以下是多數電腦圖書所採用的語法慣例：

大寫　　　　：關鍵字。

斜體　　　　：使用者可輸入之參數。

粗體　　　　：必須完全依照顯示來輸入的資料庫名稱、資料表名稱 … 等。

|（分隔號）　：符號左右擇一選擇。

[ ]（方括號）：選擇性的語法，該語法可寫可不寫。

{ }（大括號）：必要的語法。

[,...n]　　　：代表先前項目可重複 n 次，以逗號分隔。

[...n]　　　 ：代表先前項目可重複 n 次，以空白分隔。

;（分號）　　：Transact-SQL（簡稱 T-SQL）的結束字元。

<lable> :: =　：語法區塊的名稱。用來分組和標示長語法的區段。

目　錄

光碟目錄

第一篇　資料庫系統基礎

第一章　資料庫系統概論

第一節　簡介

現今數位化資料累積與擴充的速度不斷增加，而儲存空間的價格也不斷降低，如果沒有經過分類、組織與有系統的管理這些資料，會嚴重影響爾後的搜尋、存取、統計、呈現 … 等資料利用的效率。因此，在採用資料庫系統來管理資料，幾乎是現今資訊系統必備的一個要件。

一個資料庫系統（Database System）可分爲資料庫（Database）與資料庫管理系統（Database Management System，DBMS）兩個部份。在從事資訊工程的領域，通常稱呼的「資料庫」指的是「資料庫系統」；而從事數位內容行業的非技術人員，通常稱呼的「資料庫」，所指的則是特定資料的集合，例如圖書館的資料庫，通常是指儲存索引、摘要或全文的資料庫，如圖 1-1 中所示的內容，處處提到的資料庫，指的都是特定資料的集合，並不是「資料庫管理系統」。因此必須能有分辨人們所談論的資料庫所指爲何的基本概念。

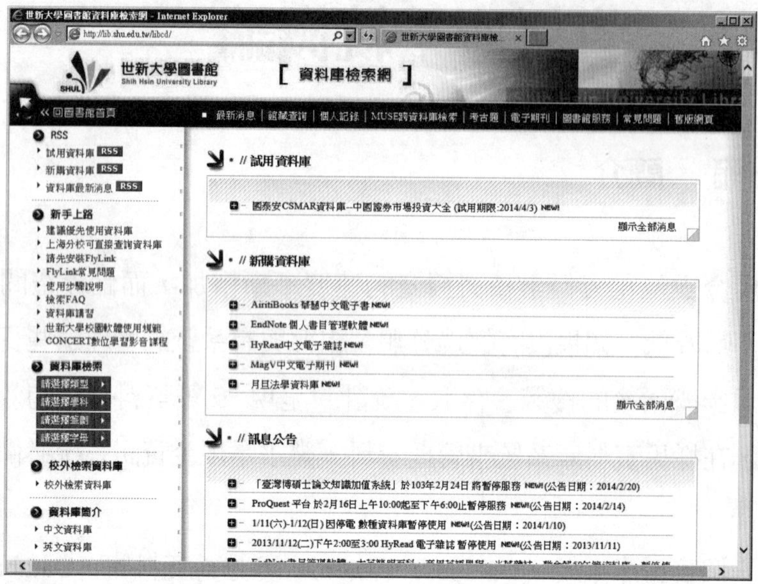

圖 1-1　圖書館所稱的資料庫，指的是特定資料的集合

主要的原因是「資料庫」對一般情況而言，它是一個通用的名稱，只要是資料儲存的一個單位或個體，都可以稱爲資料庫。不過針對數位的資料而言，資料庫所代表的涵義是：一群經過電腦整合後的資料，儲存在一個或多個檔案中，並將這些檔案集中在一個空間，這個空間就是「資料庫」；而管理這個資料庫的相關軟體就稱之爲「資料庫管理系統」。

【名詞說明】

(1)資料（Data）：資料是資料庫中儲存的基本物件。資料的種類很多，包括文字、圖形、聲音、影像等都是資料。

(2)資料庫：一群整合性的資料記錄集合。

(3)資料庫管理系統（DBMS）是由一組電腦程式所組成，用來定義、管理和處理資料庫內儲存的資料。

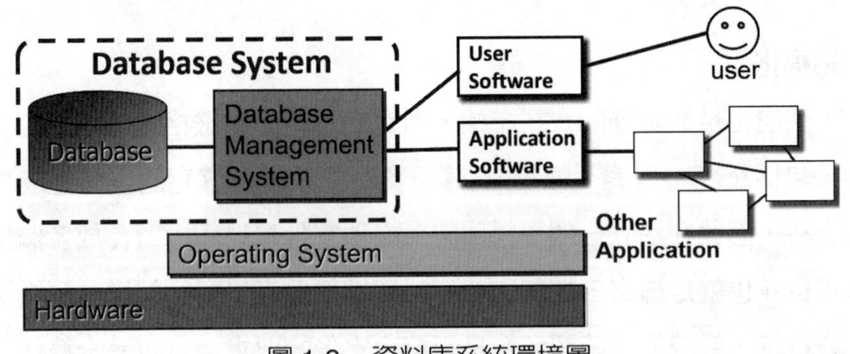

圖 1-2 資料庫系統環境圖

資料的結構分為「非結構化」、「半結構化」、「結構化」三種型式。

1. 非結構化

表示資料沒有特定的結構存在，使用者可以任意改變其結構，例如 Word 、文書處理工具軟體所編輯的檔案便是屬於「非結構化」的文件，其內容可以任意更改，自由換行或依需要而增加一個表格、刪除一行…等。

2. 半結構化

延展式標示語言（eXtensible Markup Language ，XML）則是屬於「半結構化」，XML 具備包括 DTD（Data Type Definition）與 XML Schema 文件型別的定義規則，能夠明確地宣告文件的結構，但宣告的結構仍能夠有資料著錄的彈性，例如元素（如同資料庫的欄位）的重複、是否必備、多值或多型態（例如XML Schema的<union>宣告，允許一個元素內容可以有多種的型態）的選擇…等，也就是在結構的框架之下，仍允許資料內容的彈性。

3. 結構化

結構化是最嚴謹的資料結構。所有的資料必須嚴格遵循結構的宣告，包括長度、型態、性質…等。資料庫系統所儲存的便是這一類的資料，因此在建立一個資料庫時，必須宣告資料庫內所存放各個資料單位（也就是檔案，在關聯式資料庫則稱爲表格）的結構。爾後輸入資料時，系統便會確認資料是否符合宣告的要求，只有完全符合才能將資料輸入到資料庫內，搜尋與取出資料時，也有明確的語法規範，確保資料的存取都能具備一致性。

資料庫是以嚴謹的結構將零散的資料組合而成爲結構化的資料，藉由資料庫管理系統來管理這些資料，以方便後續的利用。除了內容的結構之外，一個資料庫系統和多數的資訊系統一樣，其組成可分爲四個部分：

1. 使用者

使用者乃是資料庫系統的主要服務對象，依其使用資料庫的方式、目的與時機來區分，可以將使用者分爲下列三種：

- 直接使用者：嚴格來講使用者並無法直接使用資料庫，而是需要經由應用程式存取資料庫管理系統的使用者，或是透過線上或自動化系統互通（Interoperation）的外部系統。主要的原因是所有對資料庫存取的操作，除了安全管理的考量之外，實際都必須經由資料庫管理系統（DBMS）做為資料處理的管控與使用者下達命令的編譯和執行。

- 應用程式：透過程式介面的呼叫，對資料庫管理系統下達命令的應用軟體程式。
- 資料庫管理師（Database Administrator，DBA）：透過資料庫管理系統所提供的命令，扮演資料庫管理系統與上述兩種使用者之間的中介角色。負責排解資料庫管理系統在使用上的疑難、調整系統效能、保護資料避免破壞等等。

2. 資料

資料乃是資料庫中的主體，在資料庫系統中的資料基本可以分爲「運算資料」（Operational Data）與「交易資料」（Transaction Log，或稱異動資料）。運算資料就是使用者所要面對的處理對象，也就是資料庫中所存放的資料；而交易（異動）資料則是資料庫管理系統爲了對資料庫做有效和正確的管理，依照使用者所下達的命令，而自動產生的記錄資料。

3. 硬體

資料庫系統所運作的硬體設備。包括電腦主機、磁碟機、光碟機（櫃）、備份裝置等。

4. 軟體

一個資料庫系統所包含的軟體包括：

- 資料庫管理系統：作爲使用者和資料庫之間的橋樑。
- 應用程式：即是之前所提，透過各種程式介面使用資料庫的應用程式，也是資料庫的使用者之一。

【說明】

資料庫內一個作業的邏輯單元，經常是由數個運算所組成，以學生匯款繳學費爲例，可能涉及的運算包括：從一個帳戶轉到學校帳戶、學生註冊檔紀錄繳費狀況、學生學籍資料記錄學期狀況。由轉帳完成開始，這些資料必須全部完成，或是全部都不發生，以免造成資料的不確定性（也就是資料關聯性不完整），這種不是全有便是全無的要求稱爲不可分割性（atomicity）。而匯出的學費與入到學校帳戶的金額、匯款入帳的時間與學生註冊檔繳費完成的時間，這些數值都必須維持一致性（consistency）。

交易（Transaction ，也稱作異動），就是資料庫系統執行一個作業的邏輯單元，所有處理動作的集合。每筆交易的資料都是不可分割性與一致性的基本單元。

第二節　系統基本功能

資料庫保存許多資料，尤其是商業運作的過程，累積許多商務資訊儲存在資料庫系統內，因此效率、安全、權限控管，以及方便性等各面都必須兼顧。坊間許多用來管理資料的產品均稱爲「資料庫系統」，不過效率與功能之間差異頗大，因此早先有將單機、缺乏資料庫管理系統（DBMS）或用於一般電腦的小型資料庫系統，就統稱爲XBase。XBase資料庫系統主要包括：dBASE系列，Fox公司的Fox系列（包括FoxBASE、FoxPro），Nantucket公司的Clipper資料庫系統，以及微軟於1998年推出的Visual FoxPro 6.0 for Windows（VFP 6.0）與Access等。

有別於XBase，大型資料庫系統強調的就是資料庫管理系統（DBMS）的功能，資料庫管理系統是透過多種軟體模組所組成，基本資料庫管理系統應具備下列的功能：

1. 儲存管理

能有組織地將資料儲存起來，並具備快速的資料存取技巧。原始資料藉由作業系統的檔案架構儲存於磁碟上，資料庫管系統的儲存管理器將不同的「資料處理語言」（Data Manipulation Language）敘述轉換成低階的檔案系統指令，用來管理資料庫所儲存資料的存取、增刪、修改。

2. 資料字典

資料庫系統內部存在許多系統運作的資訊，稱之爲資料字典（Data Dictionary）或資料目錄（Data Directory）。其中主要紀錄了用來詮釋系統結構資訊的資料庫綱要（Schema），也就是後設資料（Metadata）。後設資料是一些「用來描述資料的資料」，包含資料的欄位名稱、資料型態、與合法使用者…等等各種系統使用的資訊。

3. 查詢處理

系統除了具備一套高階查詢語言（High-level Query Language）供使用者使用，並能負責將使用者輸入的查詢語言指令經由準備（prepare）、最佳化（optimize）、編譯（compile）、執行（execute）的過程，轉換成查詢引擎能夠理解的低階指令執行資料的查詢。

4. 交易控制

由於系統中可能有多個使用者同時對同一個資料庫下達命令，要求資料庫管理系統完成工作。而使用者對於資料庫的一個完整動作稱爲一個「異動」。一個交易可能包含許多的運算動作，所以資料庫管理系統必須有效地做異動的管理，以防止同時執行的異動因交錯執行而發生不可挽救的錯誤。而管理這些異動時，最重要的參考資料便是異動記錄。

5. 資料的安全管制（Security Control）

爲防止不當使用與竊取資料，一般資料庫系統提供下列三種基本的資料存取管制的方式：

- 建立使用者通行密碼
- 針對資料的新增（Insert）、刪除（Delete）、查詢（Select）、修改（Update）等權利分別訂定使用權。
- 使用 View（「視界」，或稱「概觀」）來隱密部份資料不給使用者存取或查詢。

6. 其他

如監控系統效能、調整系統效能、資料移轉等管理工具。

第三節 資料結構

資料庫是由資料所組成，如圖 1-3 所示，這些資料可分為位元（bit）、字元（character）、欄位（field）、記錄（record）、檔案（file，或稱為資料表、表格 table）與資料庫（database）等幾個層次。

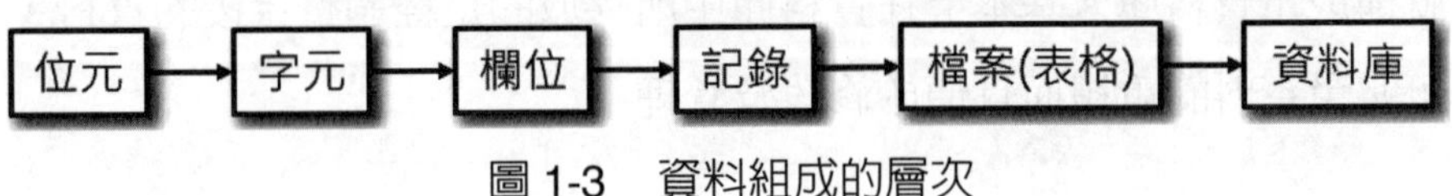

圖 1-3 資料組成的層次

在數位電腦中所有的資料都是由 0 與 1 所構成，然後由 8 個位元（bit）組成一個位元組（byte），再依不同字碼的類型，構成字元的單位（例如 ASCII 字元為一個位元組；Big5 則是一個字元由 2 個位元組組成；而 Unicode 每一字元則是由 2 至 4 個位元組組成，不過多是以 2 個字元組為主）。一個或數個字元可以構成一個欄位存放資料，而一個或數個欄位又可以組成一筆記錄。例如圖 1-4 所示，一本書目記錄包括「書號」「書名」「作者」與「價格」等欄位：

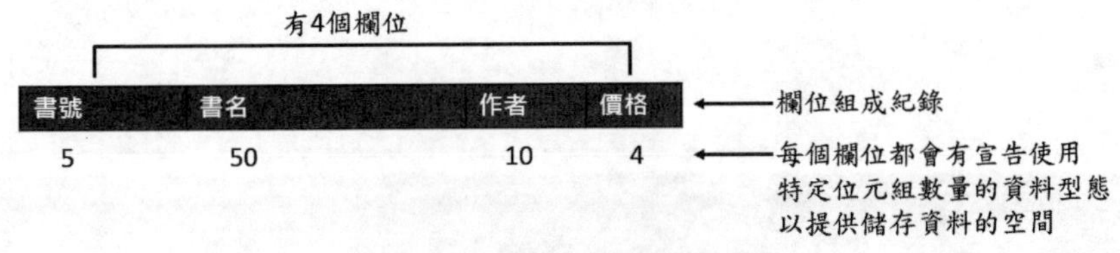

圖 1-4 書目紀錄的範例

當定義了記錄所具備的欄位，就可以存放入多筆紀錄，每筆紀錄就代表各別的書目資料，例如圖 1-5 所示包含兩筆紀錄的書目資料：

書號	書名	作者	價格
F0001	網頁互動程式	張三	350
F0002	資料庫系統	李四	420

兩筆紀錄

圖 1-5　記錄由多個欄位所組合

許多的記錄會存放在表格形式的檔案中，將這些檔案組合在一起就構成了資料庫。基本上在資料庫中所存放的是經過整合後的資料，可避免資料的重複而且便於修改及管理。

第二章　資料庫系統模型

模型（Model）是系統或狀態之完整抽象概念，也就是透過抽象的概念來表達眞實世界中實體的物件或事件，以及它們之間相關的屬性。而資料模型便是使用一組概念來表達資料與資料之間的關係和條件。透過資料模型來表達資料的概念及能夠做什麼樣的運作。以資料庫而言，資料模型就是用來表達資料庫的結構，以及結構中資料的特性。

【說明】

因爲資料模型是資料庫設計的重要工具，目的是透過資料模型可以幫助我們清楚地了解資料的概觀。資料本身是個抽象概念的東西，學習了解資料庫設計之前就是要把資料庫抽象概念具體化，因此資料模型就是幫助我們將資料具體化的工具。

第一節　系統結構的演進

依據資料庫系統結構的差異，其演進的過程主要分爲檔案式、階層式、網路式和關聯式資料庫模型。（此外比較新的發展還有包括物件關聯式資料庫系統或物件導向式資料庫系統，以及 XML 資料庫系統等，不過還沒有成爲主流的資料庫系統結構，因此並不列入介紹。SQL Server 自 2005 版之後，支援完整的 XML 資料操作，詳細介紹請參閱本書第十七章。)

1. 檔案式(File Model)

檔案式的資料庫系統,不外乎是將一串資料,以文字檔(Text,在 40-50 年代的電腦,也只有文字資料)方式儲存,這些資料格式可以直接分辨每一筆紀錄,就像現在電腦作業系統內的目錄與檔案一般。所以檔案式的結構,就只是一堆固定格式的資料,由於在文字檔案中沒有後設資料(metadata,或稱系統綱要),因此單純但卻無法管理資料的一致性。

2. 階層式(Hierarchical Model)

其資料結構採用樹狀結構。依據資料的不同類別,將資料分門別類,儲存在不同階層之下。階層式資料庫的優點是結構類似於金字塔,不同層次間資料關連性直接且簡單;缺點則是因爲資料以縱向發展,橫向關聯難以建立,資料容易重複出現,造成管理不便。參考圖 2-1 所示購買汽車商品的範例,可以發現許多的資料一再重複,例如張三分別有以現金付費,也有刷卡付費,如果客戶資料不是只有姓名,而是包括:住址、性別、生日、職業、車種、車號… 等資訊,重複的資料所占的大小就相當可觀,這在當時儲存體非常昂貴的時代,是非常難以接受的成本負擔。

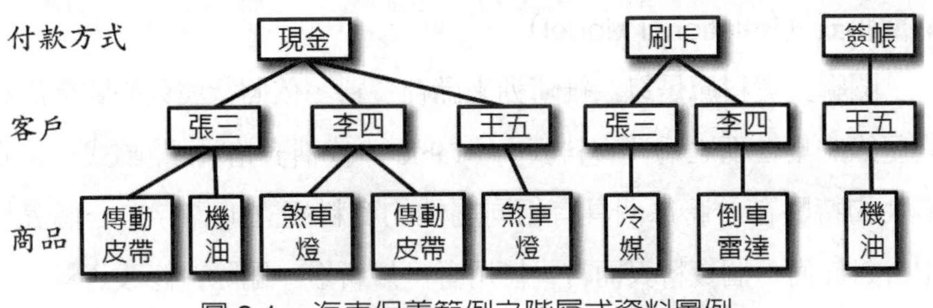

圖 2-1 汽車保養範例之階層式資料圖例

3. 網路式（Network Model）

網路式資料庫系統將每一資料視爲一個節點（Node），而節點與節點間可以透過上層（prior）與下層（next）的指標建立關聯，相互連接而取得資料。優點是避免了資料的重複性；缺點則是關聯性較複雜，尤其是資料庫變得越來越大的時候，關聯性的維護會變得非常麻煩。網路式的結構是在 1969 年由發展 COBOL 程式語言的 CODASL（Conference on Data Systems Languages）聯合小組所發展的，目的即在於取代階層式資料庫結構的資料重複問題，不過由於節點的複雜性與維護不易，不久便被關聯式資料庫系統所取代。

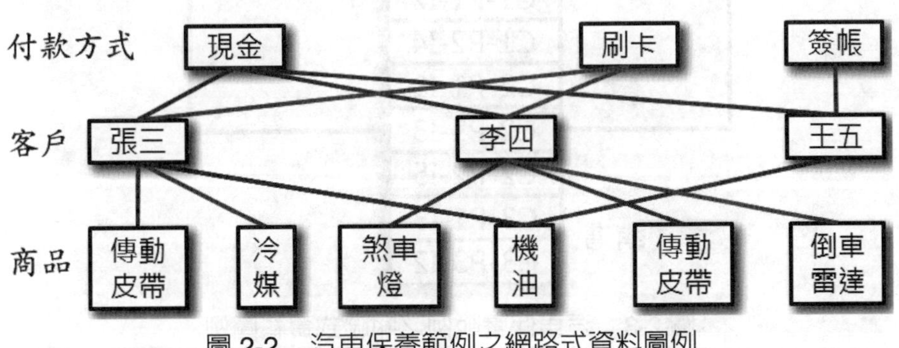

圖 2-2 汽車保養範例之網路式資料圖例

4. 關聯式（Relational Model）

關聯式資料庫是以二維陣列來儲存資料，依照行與列的關係形成的記錄的集合稱之爲「資料表」（Table ，或稱表格）。關聯式資料庫最大的特點在於將每個具有相同屬性的資料獨立地儲存在一個表格中。對任何一個資料表而言，使用者可以新增、刪除、修改資料表中的任何資料。它解決了階層式資料庫的橫向關聯不足的缺點，也避免了網狀式資料庫過於複雜的問題，所以目前大部分的資料庫都是採用關聯式資料庫系統的模型。

如圖 2-3 所示，在關聯式資料庫的架構中，汽車保養的資料增加了一個「銷售」資料表，用來將客戶、付款方式與商品「關聯起來」。

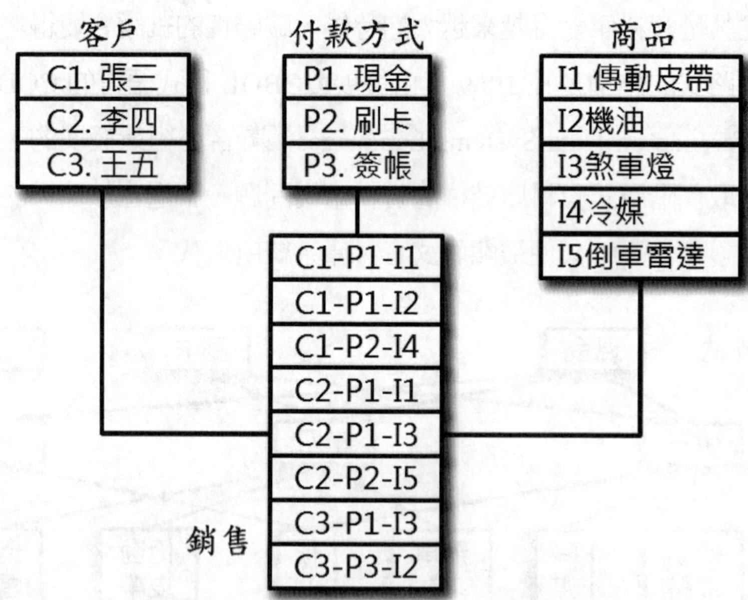

圖 2-3　汽車保養範例之關聯式資料圖例

第二節　系統環境的演進

因電腦科技的不斷演進，資料庫管理系統運作的環境可以分爲下列幾種架構：集中處理式（Centralized Processing）、檔案伺服器（File Server）、主從式（Client/Server）、三層式（3-Tier，也有稱爲多層式 Multi-tier）。

1. 集中處理式（Centralized Processing）

也可以稱爲主機式（Host-based），這是最傳統的電腦系統運作的架構，主機負責應用程式與資料庫系統的運作，也就是說，**所有的資料處理的工作都集中在主機完成**。使用者透過終端機（Terminal）與主機連線操作和處理事務。這些終端機沒有處理資料的能力，只負責輸出入（Input/output，IO）與解碼（將內碼轉換成文字顯示）的工作，一切處理資料的作業都由主機負責執行。此種架構除了封閉性的專屬架構，導致設備費用高昂之外，應用程式與資料均運作在同一部電腦上，不僅負荷較重，資料的可靠度也比較不佳。

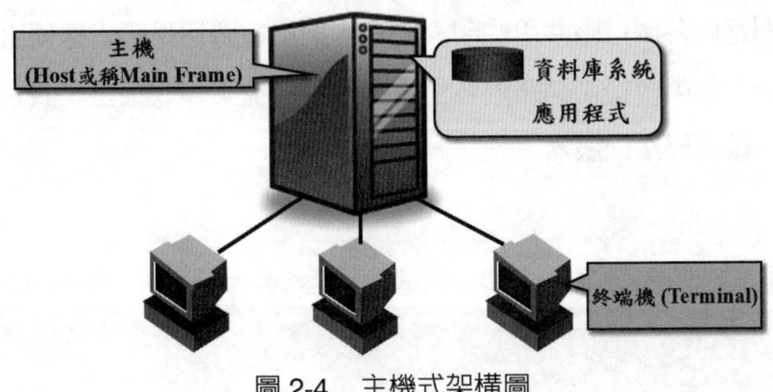

圖 2-4　主機式架構圖

2. 檔案伺服器（File Server）

主要將原本集中在主機處理的工作，利用網路分配到各工作站（Workstation）中，每一台工作站都執行應用程式與資料庫管理系統，原本的主機作爲檔案伺服器，用來管理共同使用的資料庫。因爲各個工作站上的資料庫管理系統會存取共同資料庫中的資料，因此資料的並行性（Concurrency）、回復性（Recovery）與整合控制（Integrity Control）就相對的複雜，除了造成過多網路傳輸負荷，也加重管理上的負荷。

3. 主從式（Client/Server）

由於網路設備的效能提升、開放性電腦設備的普及、硬體設備價格的降低，帶動了主從式架構的發展。如圖 2-5(1) 所示，此種架構主要分爲使用者端（Client ，或稱客戶端）與伺服器端（Server），透過區域網路將兩者串聯起來。廣義而言，只要提供服務給其他電腦使用，就是伺服器端，只要向其他電腦取得服務，就是客戶端。客戶端的電腦負責執行應用程式，伺服器端的電腦負責提供程式所需的服務。

因此，如圖 2-5(2) 所示，網路串聯的電腦之中，若有一台電腦，提供網路內各個電腦共用的印表服務，則該電腦便是印表機伺服器；若有一台電腦，提供網路內各個電腦共用的檔案存取服務，該台電腦便可以做爲檔案伺服器。

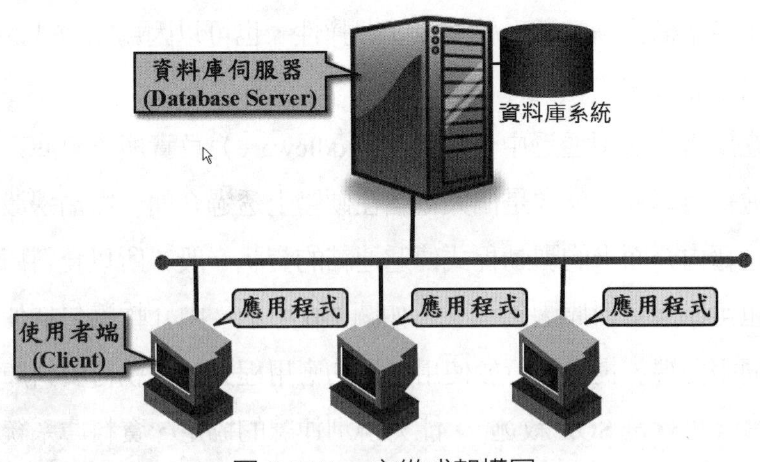

圖 2-5(1)　主從式架構圖

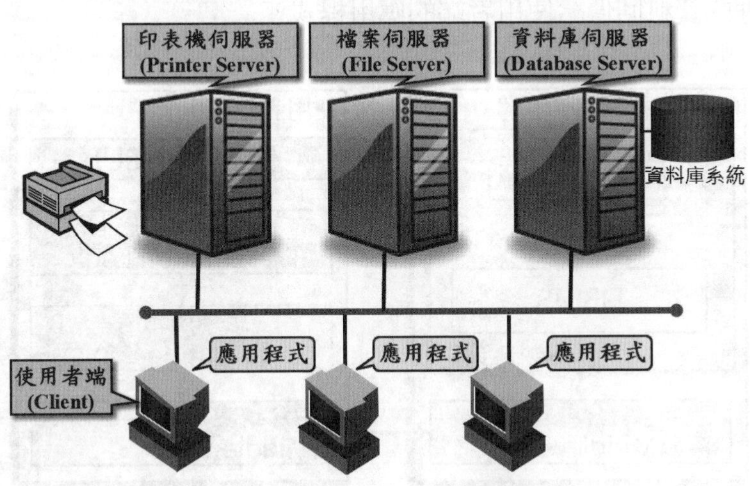

圖 2-5(2)　主從式架構圖

在主從式架構之下，伺服器的效能不佳，可以轉作爲客戶端使用；多種作業也可以分散在多個伺服器上運作，分擔執行的負荷，例如分開建置資料庫伺服器、印表伺服器、網站伺服器 … 等；電腦硬體效能極佳，也可以將多伺服器端的作業合併在一台電腦上運行，因此，主從架構提高整體系統的效能與彈性，也可以因爲開放式的架構而節省硬體系統的花費。

應用程式必須透過中介軟體（Middleware）負責與資料庫系統之間的連結與溝通，就像是個人電腦在硬體上透過介面卡與周邊設備連結，也藉由介面卡的驅動程式傳遞連結的資訊一般，所以資料庫中介軟體也可稱爲資料庫驅動程式。如圖 2-6 所示，中介軟體包括使用者端與伺服器端，提供執行於使用者端的應用程式傳遞執行資料庫存取的命令（也就是 SQL 敘述），能夠辨別連線的協定、資料庫系統所在的後端伺服器位址、資料庫的名稱 … 等等資訊，並能順利地將執行與處理的資料回傳給使用者端的應用程式。

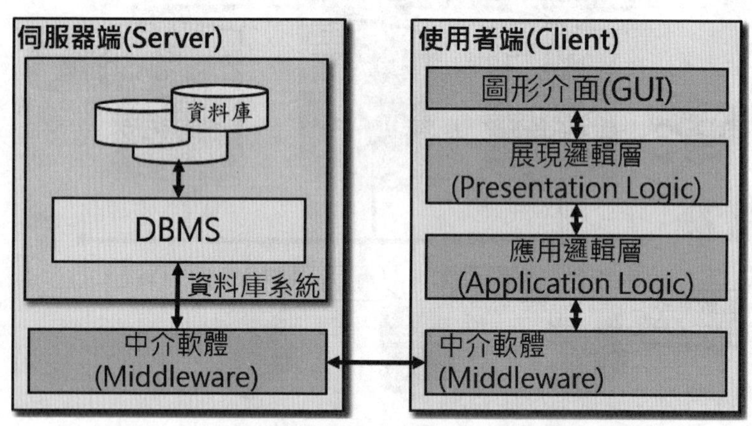

圖 2-6　主從式架構資料庫連結資訊流程圖

在 Windows 使用環境，最爲普遍的資料庫中介軟體，就是由微軟所發展的開放式資料庫連結（Open Database Connectivity，ODBC）。當然，各資料庫廠商也會爲其資料庫系統的產品推出專屬的中介軟體，或爲特定的程式語言推出特定的中介軟體。例如 Java

程式語言的 JDBC（Java Database Connectivity），也就是說，如果你使用 Java 開發的應用程式要連結某一廠商的資料庫系統時，除了使用 ODBC 之外，若要使用 JDBC ，必需使用該廠商專爲該資料庫系統所提供的 JDBC 驅動程式。

4. 三層式（3-Tier，也有稱為多層式 Multi-tier）

由於主從式架構最大的缺點在於應用程式必須完全安裝在使用者端，使得使用者端俗稱爲 Fat client（肥的使用者端），維護眾多使用者端安裝程式的一致性，對系統人員是一大困擾，尤其是防範駭客或資料安全，更是管理的一大負荷。

爲了簡化系統管理的負荷，因此，如圖 2-7 所示，在主從式架構之下於使用者端（Client）與伺服器端（Server）之間，增加了一層應用程式伺服器（Application server），專用於負責處理「商業邏輯」（Business logic），而使用者端的應用程式則簡化成負責顯示與 IO 的作業。如此，系統維護的需求較低，相對也降低系統人員對使用者端管理的負荷，所以也有人稱爲精簡型使用者端（thin client）。

網站就是一個典型的三層式架構。第一層：使用者端－手機、平板、電腦…等終端設備，只要有負責 IO 與顯示網頁內容的瀏覽器；第二層：應用程式伺服器－網站，負責主要應用功能的執行，也就是商業邏輯；第三層：資料庫伺服器－負責系統運作所有需要的資料存取與管理。對於使用者而言，前端只需要有瀏覽器，以及使用的權限，便可執行應用程式伺服器上（網站）的功能，當網站功能的程式修改或更新時，使用者端並不需做任何處理，且執行的功能需要運用資料庫系統時，對於使用者端也不需做任何的連結設定，而是一切都是由

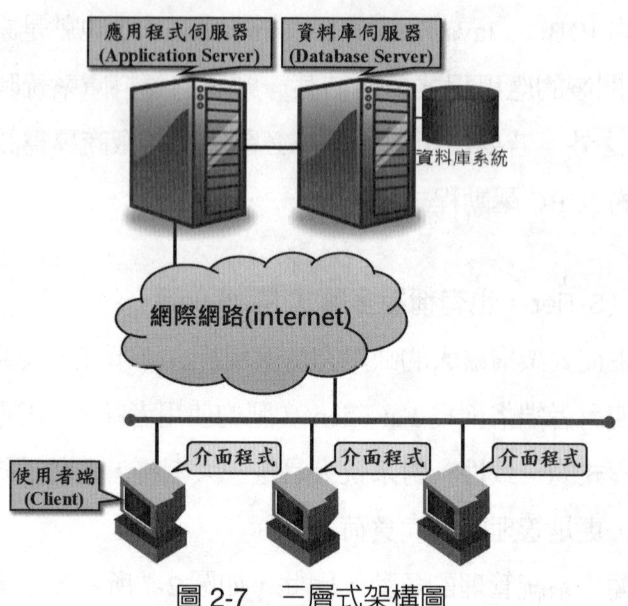

圖 2-7　三層式架構圖

應用程式伺服器與資料庫伺服器之間溝通的處理。對於管理者而言，便可以只專注在後端的應用程式伺服器與資料庫伺服器兩者的維護運作，簡化許多使用者端的管理工作。

在中介軟體方面，也因爲多了中間的應用程式伺服器這一層，如圖 2-8 所示，應用程式伺服器與前端的「精簡型使用者端」之間的資訊處理，是透過應用程式的中介軟體，如以 Web 網站爲例，主要使用的是 HTTP 協定。而應用程式伺服器與資料庫伺服器之間，則是使用資料庫中介軟體提供執行資料庫存取的命令與結果的傳遞。

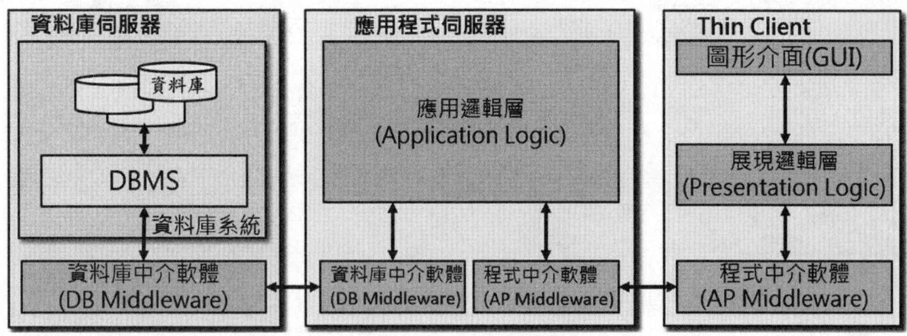

圖 2-8　三層式架構圖

【說明】

商業邏輯：一般針對應用程式運作的目的，而執行特定事務有關的資料處理作業。

第三章 系統結構

第一節 資料庫模型的資料結構

關聯式資料庫是一組關聯表（Relation）的集合，也就是說關聯表是關聯式資料庫模型的基本資料結構。在關聯式資料庫模型中使用的名詞，尤其是應用在學術上對模型物件內涵的名稱，和許多坊間資料庫系統產品的名稱會有些不同，請參見表 3-1 所列一些常見的名詞對照。

表 3-1 關聯式資料庫模型與資料庫名詞對照

關聯式資料庫模型使用之名詞	資料庫使用之名詞
關聯表（Relation）	資料表、表格（Table）
屬性（Attribute）	欄位（Field）、欄（Column）
值組（Tuple）、實體（Entity）	資料錄、紀錄（Record）、列（Row）

關聯式資料庫模型的基本概念包括：

1. 實體（Entity）

客觀存在並可互相區隔的物件稱之爲「實體」。實體可以是個具體的人、事、物，也可以是抽象的概念或關係，例如一位職員、一位學生、一個部門、一門課、學生的一次選課、部門的一次訂貨、老師與系所的工作關聯等。

2. 屬性（Attribute）

實體所具有的某一個特性稱之爲屬性。一個實體可以包含若干個屬性，例如學生實體可以由學號、姓名、性別、生日、系所、入學時間…等屬性組成。

【說明】

在物件導向程式語言的解釋：屬性就是物件內部的資料。

程式語言的物件和資料庫資料表的概念是相同的。

3. 鍵（Key）

標示實體唯一性的**屬性集**稱之爲「鍵」。例如學號是學生實體的鍵，學號可以代表特定的某一位學生。

【說明】

請注意「屬性集」，是一個集合，表示有可能不只一個屬性。例如學生修課的實體，假設包含學年、學期、開課代碼、學號、成績這幾個屬性，就不能只用學號一個屬性作爲「鍵」，因爲一個學號可能修很多科目，只用一個學號屬性無法達成實體的唯一性。因此以需要包含學年、學期、開課代碼、學號這四個屬性集合作爲「鍵」才能具備唯一性的要求。

4. 值域（Domain）

屬性取值的範圍稱爲該屬性的值域。例如學號屬性的值域爲 10

位數的正整數，中文姓名屬性的值域爲 5 位數以內的字串，成績屬性的值域爲介於 0 至 100 的正整數等。

5. 關係（Relationship）

在現實世界，事物內部間或事物與事物之間常存在有關係，也就是彼此間的關聯性，這些關係在資訊世界中反應爲實體內部的關係或實體與實體間的關係。實體內部的關係通常是指組成實體之各屬性的關係；實體之間的關係則是指不同實體之間的關聯性。而實體與實體之間的關聯性可以分爲下列三種：

- 一對一（1：1）

如果對於實體集 A 中的每一個實體，在實體集 B 中至多有一個實體與之相關，反之亦然，則稱實體集 A 與實體集 B 具有一對一關係。例如一個班級只有一位導師，一個班級只有一位班長，則導師與班級之關係具有一對一關係，班長與班級之關係一具有一對一關係。

- 一對多（1：n）

如果對於實體集 A 中的每一個實體，在實體集 B 中至有 n（n ≧ 0）個實體與之相關，反之，對於實體集 B 中的每一實體，在實體集 A 中最多只有一個實體與之相關，則稱實體集 A 與實體集 B 具有一對多關係。例如一個班級有多位學生，而每一位學生則都屬於某一班級，則班級與學生之間具有一對多關係。

- 多對多（m：n）

如果對於實體集 A 中的每一個實體，在實體集 B 中至有 n（n ≧ 0）個實體與之相關，反之，對於實體集 B 中的每一實體，在實體集 A 中亦有 m（m ≧ 0）個實體與之相關，則稱實體集 A 與實體集 B 具有多對多關係。一門課程有多位同學選修，而一位同學可以同時選修多門課程，則課程與學生之間具有多對多關係。

因此我們可以整理一下，參考圖 3-1 所示，在關聯式資料模型中，資料結構是以關聯表（Relation）來組織資料，一個關聯表有一個關聯表名稱（Relation name）。另外，關聯表中會含有一個以上的欄位，我們稱這些欄位為「屬性」，其中必須要指定某個屬性子集（Attribute Subset）作為鍵，使得每一筆實體均可利用其鍵值和其他實體來區別之。

將一個關聯表的所有屬性集合起來稱之為該關聯表的「屬性集」（Attribute set）。其中每一個屬性都會具有「屬性名稱」（Attribute name）與「資料類型」（Data type），每個資料型態都會有其所屬的「值域」（Domain），以定義其合法的資料值。

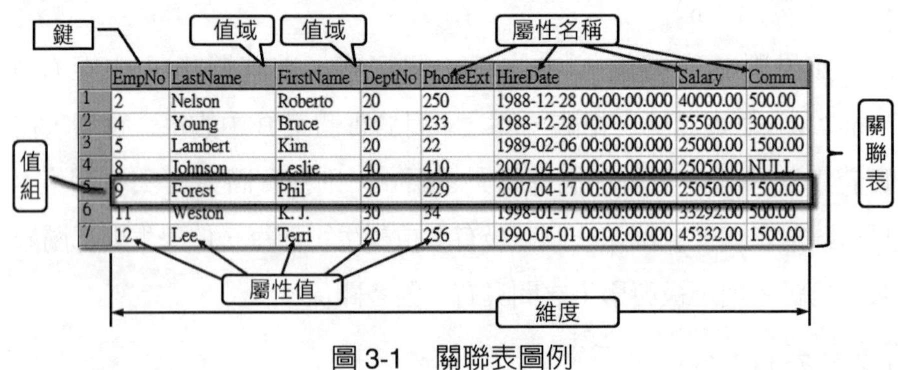

	EmpNo	LastName	FirstName	DeptNo	PhoneExt	HireDate	Salary	Comm
1	2	Nelson	Roberto	20	250	1988-12-28 00:00:00.000	40000.00	500.00
2	4	Young	Bruce	10	233	1988-12-28 00:00:00.000	55500.00	3000.00
3	5	Lambert	Kim	20	22	1989-02-06 00:00:00.000	25000.00	1500.00
4	8	Johnson	Leslie	40	410	2007-04-05 00:00:00.000	25050.00	NULL
5	9	Forest	Phil	20	229	2007-04-17 00:00:00.000	25050.00	1500.00
6	11	Weston	K. J.	30	34	1998-01-17 00:00:00.000	33292.00	500.00
7	12	Lee	Terri	20	256	1990-05-01 00:00:00.000	45332.00	1500.00

圖 3-1　關聯表圖例

一個關聯表的屬性數目稱為該關聯表的「維度」（Degree），也就是該關聯表之屬性集的大小。由於屬性集是一個集合，所以按照集合的定義，我們可以歸納出**關聯表的特性**：

- 在一個關聯表中的屬性名稱不可以有重複的情況發生；
- 不含重複的值組；
- 值組之間是沒有順序的；
- 屬性之間是沒有順序的；
- 所有屬性值都是單元值（Atomic value），不可以是一個集合。

綱要（Schema）也就是後設資料（Metadata），代表模型結構的相關描述與定義，有了關聯表綱要，我們便可將資料存入關聯表中，存入的單位是一筆一筆的資料錄（Records），而一筆資料錄是由許多屬性值所組成的集合，在關聯式資料模型裡稱之爲「值組」（Tuple）或實體（Entity）。所以一個關聯表事實上就是一個由許多值組所組成的集合，而關聯表中所含值組的數目稱之爲該關聯表的「數集」（Cardinality）。

第二節　關聯式資料庫系統結構

關聯式資料庫模型是 1970 年由 IBM 的 E. F. Codd 設計的關聯式代數所建立的模型，依據此模型由包括 Oracle 、IBM 等公司發展出許多商業型的資料庫系統。正由於關聯式資料庫系統是基於關聯式資料庫模型所發展成而，其觀念與結構就大致相同。以下就以 SQL Server 爲例，簡介關聯式資料庫系統的結構。

1. 資料表（Table）

關聯式資料庫系統最基本的觀念，便是資料表（或稱爲檔案 file，也就是模型所稱的關聯表）。它以「表格」作爲儲存單位，所有儲存在資料庫中的資料，都以表格形式處理。一個資料表是儲存資料最自然的方式，資料表由行（column 或稱欄位 field，也就是模型所稱的屬性）與列（row 或稱紀錄或資料錄 record，也就是模型所稱的值組、實體）所組成。每一行儲存相同性質的資料，每一列則包含許多不同性質的資料項目。每一列又稱爲一個資料錄（record），每一行可視爲記錄內的一個欄位（field）。

2. 資料錄（Record）、欄位（Field）和內容值（Value）

每一個資料表都是由資料錄和欄位所組成。一筆資料錄代表一個資料表內某一個實體的所有資訊；而一個欄位則是儲存在一個資料表內的一段個別資訊。

【說明】

資料表儲存每一筆完整實體的相關資訊，英文稱爲 Record，中文翻譯成「紀錄」或「資料錄」。因爲「紀錄」容易與動詞相混而影響閱讀，例如「記錄一筆紀錄」，因此本書儘量以「資料錄」代表 Record。

3. 列（Row）和行（Column）

資料表內所有的資料錄和欄位都參照到列和行，如圖 3-2 所示，關聯式資料庫的資料表通常都是以格狀方式呈現，橫向的列代表資料表的資料錄，而縱向的行則是代表欄位。而行與列交叉的欄位則稱爲資料項目（Cell），例如，要取得第五筆資料錄的分機號碼，就是取得第五列與「PhoneExt」行相交的欄位值，也就是該筆資料錄之「PhoneExt」欄位的資料項目內容。

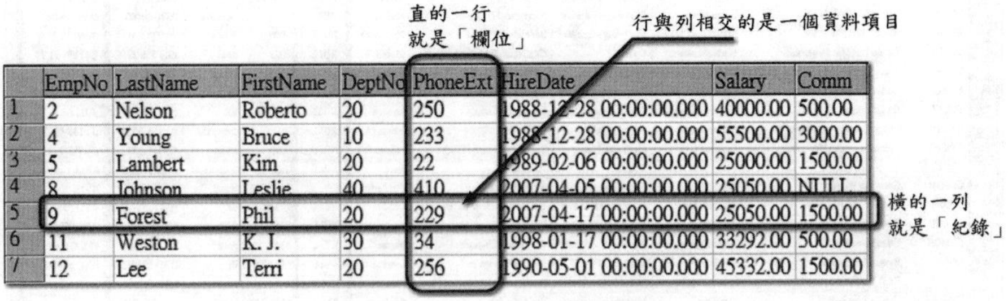

直的一行
就是「欄位」

行與列相交的是一個資料項目

	EmpNo	LastName	FirstName	DeptNo	PhoneExt	HireDate	Salary	Comm
1	2	Nelson	Roberto	20	250	1988-12-28 00:00:00.000	40000.00	500.00
2	4	Young	Bruce	10	233	1988-12-28 00:00:00.000	55500.00	3000.00
3	5	Lambert	Kim	20	22	1989-02-06 00:00:00.000	25000.00	1500.00
4	8	Johnson	Leslie	40	410	2007-04-05 00:00:00.000	25050.00	NULL
5	9	Forest	Phil	20	229	2007-04-17 00:00:00.000	25050.00	1500.00
6	11	Weston	K. J.	30	34	1998-01-17 00:00:00.000	33292.00	500.00
7	12	Lee	Terri	20	256	1990-05-01 00:00:00.000	45332.00	1500.00

橫的一列
就是「紀錄」

圖 3-2 關聯表的行與列

4. 虛值（Null）

對每一筆資料錄而言，其每一個欄位均應存有一實際的資料，但是當該欄位沒有資料存在時會發生什麼情形？例如某一客戶資料表專用來存放客戶相關的資料，其中有一欄位是用來存放每一個客戶的傳眞號碼。如果該客戶並沒有或不知道傳眞號碼時，必須有一個方式來表明這種情況，但是資料的處理上卻有完全沒有的虛值，與空資料兩種差別。「虛值」（Null）和「空資料」是不一樣的，例如一個字串（String）內容是空的，仍表示有此一字串，只是其內容長度爲零；而虛值就是「沒有字串」，表示完全不存在此一字串。因此，虛值就是代表完全不存在的意思，在 SQL Server 中當一個欄位的內容是虛值時，就表示該欄位的內容完全不存在，如果嘗試對一個有虛值的欄位做計算，其結果一定是虛值，如果嘗試對一群部分含有虛值的資料做運算，其結果一定不正確。

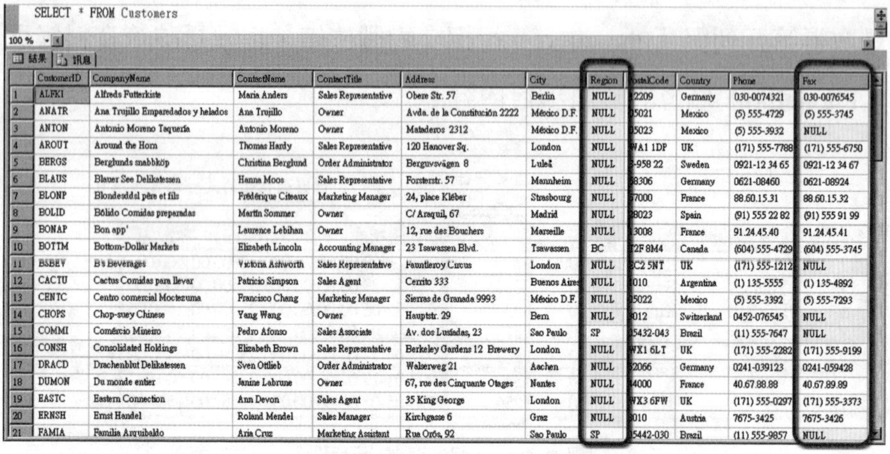

```
SELECT * FROM Customers
```

100 %

結果 | 訊息

	CustomerID	CompanyName	ContactName	ContactTitle	Address	City	Region	ostalCode	Country	Phone	Fax
1	ALFKI	Alfreds Futterkiste	Maria Anders	Sales Representative	Obere Str. 57	Berlin	NULL	2209	Germany	030-0074321	030-0076545
2	ANATR	Ana Trujillo Emparedados y helados	Ana Trujillo	Owner	Avda. de la Constitución 2222	México D.F.	NULL	5021	Mexico	(5) 555-4729	(5) 555-3745
3	ANTON	Antonio Moreno Taquería	Antonio Moreno	Owner	Mataderos 2312	México D.F.	NULL	5023	Mexico	(5) 555-3932	NULL
4	AROUT	Around the Horn	Thomas Hardy	Sales Representative	120 Hanover Sq.	London	NULL	WA1 1DP	UK	(171) 555-7788	(171) 555-6750
5	BERGS	Berglunds snabbköp	Christina Berglund	Order Administrator	Berguvsvägen 8	Luleå	NULL	-958 22	Sweden	0921-12 34 65	0921-12 34 67
6	BLAUS	Blauer See Delikatessen	Hanna Moos	Sales Representative	Forsterstr. 57	Mannheim	NULL	8306	Germany	0621-08460	0621-08924
7	BLONP	Blondesddsl père et fils	Frédérique Citeaux	Marketing Manager	24, place Kléber	Strasbourg	NULL	7000	France	88.60.15.31	88.60.15.32
8	BOLID	Bólido Comidas preparadas	Martín Sommer	Owner	C/ Araquil, 67	Madrid	NULL	8023	Spain	(91) 555 22 82	(91) 555 91 99
9	BONAP	Bon app'	Laurence Lebihan	Owner	12, rue des Bouchers	Marseille	NULL	3008	France	91.24.45.40	91.24.45.41
10	BOTTM	Bottom-Dollar Markets	Elizabeth Lincoln	Accounting Manager	23 Tsawassen Blvd.	Tsawassen	BC	2F 8M4	Canada	(604) 555-4729	(604) 555-3745
11	BSBEV	B's Beverages	Victoria Ashworth	Sales Representative	Fauntleroy Circus	London	NULL	C2 5NT	UK	(171) 555-1212	NULL
12	CACTU	Cactus Comidas para llevar	Patricio Simpson	Sales Agent	Cerrito 333	Buenos Aires	NULL	010	Argentina	(1) 135-5555	(1) 135-4892
13	CENTC	Centro comercial Moctezuma	Francisco Chang	Marketing Manager	Sierras de Granada 9993	México D.F.	NULL	5022	Mexico	(5) 555-3392	(5) 555-7293
14	CHOPS	Chop-suey Chinese	Yang Wang	Owner	Hauptstr. 29	Bern	NULL	012	Switzerland	0452-076545	NULL
15	COMMI	Comércio Mineiro	Pedro Afonso	Sales Associate	Av. dos Lusíadas, 23	Sao Paulo	SP	5432-043	Brazil	(11) 555-7647	NULL
16	CONSH	Consolidated Holdings	Elizabeth Brown	Sales Representative	Berkeley Gardens 12 Brewery	London	NULL	WX1 6LT	UK	(171) 555-2282	(171) 555-9199
17	DRACD	Drachenblut Delikatessen	Sven Ottlieb	Order Administrator	Walserweg 21	Aachen	NULL	2066	Germany	0241-039123	0241-059428
18	DUMON	Du monde entier	Janine Labrune	Owner	67, rue des Cinquante Otages	Nantes	NULL	4000	France	40.67.88.88	40.67.89.89
19	EASTC	Eastern Connection	Ann Devon	Sales Agent	35 King George	London	NULL	WX3 6FW	UK	(171) 555-0297	(171) 555-3373
20	ERNSH	Ernst Handel	Roland Mendel	Sales Manager	Kirchgasse 6	Graz	NULL	010	Austria	7675-3425	7675-3426
21	FAMIA	Familia Arquibaldo	Aria Cruz	Marketing Assistant	Rua Orós, 92	Sao Paulo	SP	5442-030	Brazil	(11) 555-9857	NULL

圖 3-3　系統以「NULL」顯示虛值的欄位內容

如圖 3-3 所示，虛值由於完全不存在任何資料，為了與空資料作區隔，所以許多應用程式顯示虛值的資料時，會以「NULL」（大小寫不一定，須視程式而定）標示之。

【說明】

虛值乍看之下會令資料運算造成困擾，但是虛值代表未知數，也就是「不存在」之數，所以有其必要性。為了避免數值欄位運算時因虛值造成的錯誤，資料庫系統可以在建立資料表時使用「限制條件」指定特定的欄位內容不可是虛值，就可以避免運算的錯誤。

5. 欄位屬性（Field properity）

資料表中每一個欄位的型態並非都一樣，例如電話號碼和生日欄位的格式一定不同，因此資料庫系統必須能處理各種不同的資料型態，在 SQL Server 裡是透過欄位屬性來設定各欄位處理的資料型態種類。如圖 3-4 所示，顯示某一個資料表的綱要（Schema）資訊，顯示此一資料表各欄位所能儲存的資料型態。

圖 3-4　資料表的欄位屬性內容

6. 視界（View）

雖然在關聯式資料庫中資料均是儲存在資料表內，但是通常資料表並不是依據使用者習慣的次序來呈現，例如資料庫中有客戶檔、職員檔、訂單檔和訂單細節檔等等，除非每次要看所有的客戶資料或是訂單資料，否則類似下列其情形，使用者並不容易直接由資料表獲知所需的資訊：

(1) 要查看各個訂單的總價

(2) 查看客戶資料要依據各客戶所屬國家分別來檢視

(3) 只想查看當月生日的職員資料

爲了達成這些特殊的需求或是隱藏部分的資訊不給使用者看到，資料庫提供了一個工具稱之爲「視界」或稱「概觀」（View）。View是一個虛擬表格，是從實際的資料表中透過查詢語言的執行而呈現出來的虛擬表格，實際上並非實值存在的資料表。View的定義是以SELECT敘述爲基礎，爲特定資料的集合。藉由View來存取資料，可以簡化查詢步驟，並可做某種程度的讀取權限控制與資訊隱藏的效果。

第四章 鍵值類型

正如在關聯式資料庫模型一節的介紹，鍵（key）是非常重要的關鍵。鍵是由表格中一個或一組欄位的集合。鍵的最基本目的是在區隔紀錄的唯一性，以便能夠透過命令要求系統提供特定的一筆紀錄。不過有時一個資料表內能夠代表唯一性的欄位集合不只一組，所以會有多種鍵的意義，包括候選鍵、替代鍵與主鍵；此外，資料表之間的關聯性也是透過鍵來連結，因此還必須指定資料表的外來鍵。

1. 候選鍵（Candidate Key）

主鍵是一個唯一的識別值（Unique Identifier），它是由整體資料表之欄位集合的子集合所構成。在一個資料表中符合此條件的欄位子集合可能會有好幾個，這些欄位子集合便稱之為「候選鍵」（就像有多組人馬競選主鍵一般）。而主鍵便是由一堆候選鍵中所選出來的。要成為候選鍵的欄位子集合必須要具備下列兩個條件：

- 唯一識別性：在一個資料表中絕不會有兩個紀錄的欄位子集合具有相同的值。也就是說，資料表中各紀錄的欄位子集合必須能夠「唯一」識別該筆紀錄。
- 非多餘性（Nonredundancy）：組成鍵值的欄位必須全部存在才能達成唯一識別的特性。而足夠達成唯一識別性的欄位子集合即可，不需要增加額外的欄位，也就是一個鍵值集合是滿足唯一性的最小欄位子集合。

【說明】

欄位足夠辨識唯一性即可，不需要畫蛇添足，因爲越多欄位組成鍵值，系統處理的效率就越差，主要原因是既然主鍵是要用來做唯一識別性的，就會以主鍵來下達指示存取特定一筆資料。爲了提升效率，資料庫系統會自動爲主鍵的欄位子集合建立「唯一性索引」，欄位越多，索引就越複雜，而且資料每次異動就需要更新索引，相對的就會降低資料異動時的處理效率。

如果我們有多個候選鍵，在選擇主鍵時可以參考下列幾個原則：

- **選擇永遠不會變更其值的欄位（Never change）**
- **確保不會是虛值的欄位（Not null）**
- **非識別值（Nonidentifying value）**

  避免鍵值有特定的編碼、代碼。例如某圖書館有許多分館，圖書編號「ML10045」中的 ML 代表某一分館代碼，若將來該代碼檔修改或圖書資料移交給其他分館，則可能造成編號解譯（parsing）錯誤的可能。
- **儘量以單一的欄位來代替整筆紀錄（Brevity and Simplicity）**

  如果都沒有適合的欄位子集合，可以考慮新增一欄位，儲存唯一性的「流水號」。
- **適當的資料型態欄位（Data type）**

  數值資料比字串資料較適合做爲主鍵；定常欄位又比變動長度的欄位適合做爲主鍵。

針對這些原則，可以參考表 4-1 所列，自製一個簡易的查核表，在設計資料庫的資料表時，自我評估主鍵的選擇是否適當。

表 4-1　決定候選鍵作為主鍵的評估基準

條件	評估要點	最佳情況
Never Change	候選鍵的內容值是否會改變？	否
Not Null	候選鍵的值是否有 null 的可能？	否
Nonidentifying Value	候選鍵的內容值是否包含任何編碼或涵義？	否
Brevity	候選鍵的子集合是否超過一個欄位以上？	否
Simplicity	候選鍵的內容值是否會有空格、特定字元或是不同大小寫的情況？	否
Data Type	候選鍵的資料型態是否不是數字或固定長度？	否

2. 替代鍵（Alternate Key）

由數個候選鍵中選擇其中一個作爲主鍵時，則其他剩下來的候選鍵便稱爲「替代鍵」。就像是選舉的落選者，當主鍵無法履行時（例如系統發生毀損，或程式造成資料錯誤，而無法辨視主鍵時），就可以由第二順位的落選者來接替主鍵的任務。

3. 主鍵（Primary Key）

主鍵是由一組欄位所組成，用來區別資料表中的每一筆記錄。因爲主鍵的欄位內容不能是虛值（Null），因此凡是宣告爲 Primary Key 的欄位，系統會自動爲其建立 NOT NULL 的限制；並自動建立唯一性索引（Unique Index）。

4. 外來鍵（Foreign Key）

關聯式資料庫的特性是將一對多的資料分開儲存在不同的資料表，例如學生與學生修課紀錄之間的資料，會分開儲存在不同資料表，而不是集中在一個資料表之內。分開資料表的資料相互之間一致性的限制功能，可以確保資料庫資料的一致。資料相互間一致性的限制，是透過主鍵與外來鍵的結合來達成。關聯式資料表間的關係必須藉由外來鍵來連結，因爲對某一資料表的外來鍵而言，其詳細的資料是儲存在另外一個資料表之中，因此稱爲外來鍵。例如圖 4-1 所示的圖書書目範例，「書目編號」與「作者編號」欄位分別是「書目資料表」與「作者資料表」的主鍵。「書目資料表」內的書目紀錄，其作者的

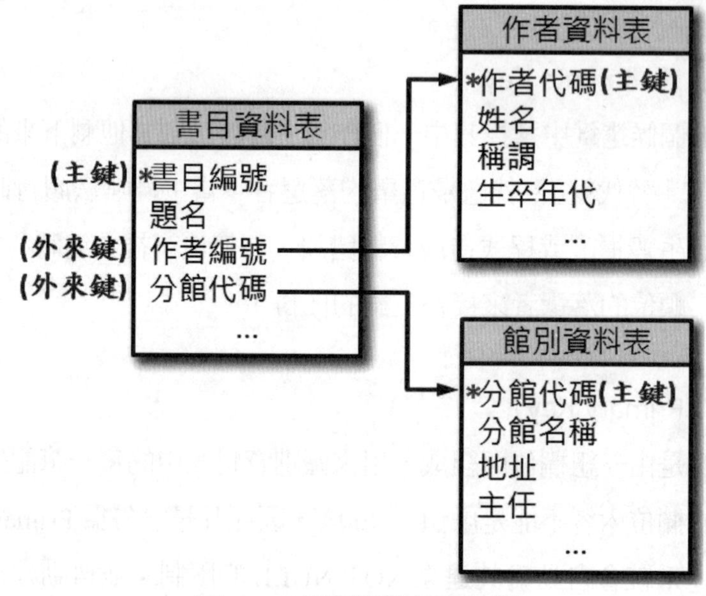

圖 4-1　書目資料檔案範例

詳細資料存放在「作者資料表」內，因此「書目資料表」在建立時必須指定「作者編號」欄位為外來鍵，連結至「作者資料表」的「作者代碼」欄位，如此系統就可以依據「書目資料表」的「作者編號」欄位之外來鍵，連結至「作者資料表」的「作者代碼」欄位，取得該作者的其他欄位的內容（作者姓名、稱謂…等）。

為了建立兩個資料表之間的關聯性，則在「書目資料表」需要有一外來鍵對應到「作者資料表」的主鍵，這種機制稱之為「參考完整性」（Referential Integrity）。外來鍵的值必須來自於其所參考到的資料表。當自行輸入不是 NULL 的值，並且該值不存在其所參考資料表的記錄中時，系統會拒絕該資料的輸入，如此可避免打斷兩個資料表之間的關聯性。

【說明】

簡單地區格這些名詞的意義：

候選鍵：滿足主鍵唯一識別性與非多餘性條件的各個欄位子集合；

主鍵：候選鍵中訂定作為資料表之紀錄唯一識別性的欄位子集合；

替代鍵：候選鍵中未被選為主鍵的其他欄位子集合；

外來鍵：用來關聯外部資料的鍵，通常是對應到外部參考資料表的主鍵。

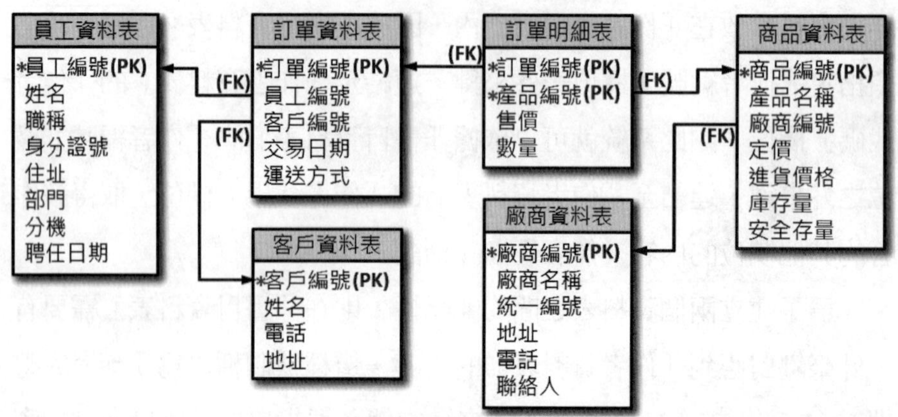

圖 4-2　訂單資料表範例

參考圖 4-2 所示訂單的資料表的範例，這一個範例內共有六個資料表。若將子關聯（外來鍵以FK表示）參考父關聯（主鍵以PK表示）的關聯性，表示成「子關聯 .FK = 父關聯 .PK」，則圖 4-2 中的所有資料表的關聯性可以表列如下：

1. 訂單 . 員工編號 = 員工 . 員工編號
2. 訂單 . 客戶編號 = 客戶 . 客戶編號
3. 訂單明細 . 訂單編號 = 訂單 . 訂單編號
4. 訂單明細 . 商品編號 = 商品 . 商品編號
5. 商品 . 廠商編號 = 廠商 . 廠商編號

第五章　關聯式代數

關聯式代數是由一組運算所組成的程序（Procedure），以一個或多個關聯表作為輸入，而輸出一個關聯表的結果，也就是資料庫查詢（query）的結果。關聯式代數的運算包括如表 5-1 所示的三個類別：

表 5-1　關聯式代數運算子

類別	運算類型	名稱	符號	代數表示式
基本運算	一元（unary）	選擇（Select）	σ	σp(R)
		投射（Project）	π	$\pi_{a1, a2, \cdots, an}$(R)
		更名（Rename）	ρ	
	二元（Binary）	交集（Intersection）	∩	R ∩ S
		聯集（Union）	∪	R ∪ S
		差集（Set-difference）	－	R(a1,a2,..., an)−S(b1, b2, ..., bn)
		笛卡爾乘積（Cartesian-product）	×	R(a1, a2, ..., an)×S(b1, b2, ...bn)
額外運算		合併（Join）	⋈	
		除法	÷	
		指定	←	

【說明】

就像是學習數學運算的符號與公式，如果需要應用在電腦上解決問題，必須依據對應的程式語言撰寫程式，才能執行運作。關聯式代數也是一樣，並不能直接執行於資料庫系統，必須以稍後章節學習的 SQL 敘述執行。因此學習關聯式代數主要的目的就是以數學的角度來解決資料處理的問題，而熟悉了代數與 SQL 敘述之間語法對應的關係，便很容易可以將代數轉換成SQL敘述而予以執行。

【說明】

關聯式代數應用於資料庫模型，因此本單元使用關聯式模型的稱呼，資料表格（Table）使用關聯表（Relation）稱呼、資料錄（Record）使用值組（Tuple）稱呼、資料欄位（Field）則是使用屬性（Attribute）稱呼。

第一節　選擇運算

選擇（Select）運算，以符號 σ 表示（KK 音標發音 [ˈsɪgmə]），是用來篩選出滿足特定條件敘述的值組，因此也可稱爲限制（Restrict）。表示式爲 $\sigma_p(R)$ ，以下標方式置於 σ 符號之後的 p 表示條件敘述；關聯表 R 則置於 σ 符號之後的括號內。例如：選擇學生關聯表 Student 內，學號屬性 id 內容爲「A001」的運算式可表示爲：

Result = $\sigma_{id=A001}$ (Student)

註：$\sigma_{條件}$（關聯表）以SQL敘述的語法「關聯表」指定於FROM子句，「條件」使用WHERE子句，因此上述例子的SQL敘述可表示為：

SELECT * FROM Student WHERE id=A001

條件敘述是用來篩選關聯表中符合條件的判斷條件，因此可以使用包括＝、≠、＞、＜、≦、≧…等比較運算子。如果需要多個條件敘述，則可以使用 and（∧）、or（∨）、not（¬）…等邏輯運算子，將多個判斷條件組合幾來。例如：列出學生關聯表 Student 內，學號屬性 id 內容為「A001」且姓名屬性 name 內容為「張三」或生日屬性 birth 大於等於「2000/1/1」的值組，其運算式可表示為：

Result = $\sigma_{id=A001 \wedge name="張三" \vee birth \geq "2000/1/1"}$ (Student)

關聯表	Student			Result		
值組	id	name	birth	id	name	birth
	A001	張三	1998/5/21	A001	張三	1998/5/21
	A002	李四	2000/2/1	A002	李四	2000/2/1
	A003	王五	1999/12/31	A004	錢六	2000/1/1
	A004	錢六	2000/1/1			
	A005	趙妻	1999/1/1			

註：以 SQL 敘述表示為：SELECT * FROM Student WHERE id=A001 and name= ' 張三 ' or birth >= '2000/1/1'

選擇運算具備交換律（commutative），也就是兩者先後次序可以互換。參考下列所示的運算式：

$\sigma_{<條件1>}((\sigma_{<條件2>})(R)) = \sigma_{<條件2>}((\sigma_{<條件1>})(R))$

由於交換律的特性，因此串聯的選擇運算可以有下列兩者合法的使用方式：

(a) 在關聯表上的條件可以任意順序：

$\sigma_{<條件1>}(\sigma_{<條件2>}(\sigma_{<條件2>}(R))) = \sigma_{<條件2>}(\sigma_{<條件3>}(\sigma_{<條件1>}(R)))$

(b) 在關聯表上的條件可以組合成一個具有 AND 的單一條件：

$\sigma_{<條件1>}(\sigma_{<條件2>}(\sigma_{<條件2>}(R))) = \sigma_{<條件1>AND<條件2>AND<條件3>}(R)$

第二節　投射運算

投射（Project）運算，亦有翻譯爲「投影」，以 π 符號表示（KK 音標發音 [paɪ]），其下標是從關聯表內取出的屬性清單。例如：選擇學生關聯表 Student 內，學號屬性 id 內容爲「A001」值組的 id 、name 兩個屬性，運算式可表示如下兩種方式：

1. 先『投射運算』，後『選擇運算』

$\text{Result} = \sigma_{id=A001}\ \pi_{id,name}(\text{Student})$

如果因爲符號與運算式之間過於壅擠，可以善用括號區隔：

$\text{Result} = \sigma_{(id=A001)}\ \pi_{(id,name)}(\text{Student})$

2. 先『選擇運算』，後『投射運算』

Result = $\pi_{id,name}\ \sigma_{id=A1001}$ (Student)

同樣的，也可以使用括號區隔，以方便辨識：

Result = $\pi_{(id,name)}\ \sigma_{(id=A001)}$ (Student)

<table>
<tr><th>關聯表</th><th>Student</th><th>Result</th></tr>
<tr><td>值組</td><td>
<table>
<tr><th>id</th><th>name</th><th>birth</th></tr>
<tr><td>A001</td><td>張三</td><td>1998/5/21</td></tr>
<tr><td>A002</td><td>李四</td><td>2000/2/1</td></tr>
<tr><td>A003</td><td>王五</td><td>1999/12/31</td></tr>
<tr><td>A004</td><td>錢六</td><td>2000/1/1</td></tr>
<tr><td>A005</td><td>趙妻</td><td>1999/1/1</td></tr>
</table>
</td><td>
<table>
<tr><th>id</th><th>name</th></tr>
<tr><td>A001</td><td>張三</td></tr>
</table>
</td></tr>
</table>

註：$\pi_{屬性}$（關聯表）以 SQL 敘述的語法，從關聯表 R 中選取所需的屬性（也就是欄位）時，SQL 敘述的語法使用「SELECT」子句。因此上述例子的 SQL 敘述可表示為：

SELECT id, name FROM Student WHERE id= 'A001'

【說明】

σ 代數決定關聯表 R 的值組，π 代數則決定這些值組的屬性。套句 SQL 的用語，σ 代數就如同 SELECT 敘述的 WHERE 條件判斷，用來篩選符合條件的資料錄（record），而 π 代數就是 SELECT 敘述後所指定傳回結果的欄位。

第三節　更名

更名（Rename）以 ρ 符號表示（KK 音標發音 [ro]）。關聯表內每一個屬性皆有其名稱，若在操作後想要將其屬性名稱做更改，可以使用更名操作。

一般的 Rename 運算可以有下列三種形式：

1. 更名關聯表與屬性名稱

$\rho_{S\,(B1,\,B2,\,\cdots,\,Bn)}\,(R)$

其中 S 是關聯表的新名稱，B1, B2, ...Bn 是屬性的新名稱

2. 僅更名關聯表名稱

$\rho_{S}\,(R)$

3. 僅更名屬性名稱

$\rho_{\,(B1,\,B2,\,\cdots,\,Bn\,)}(R)$

例如：選擇學生關聯表 Student 內，將 id 屬性、name 屬性、addr 屬性的名稱，在輸出時，更改爲「學號」、「學生姓名」、「通訊地址」，在關聯代表的運算式可表示如下：

Result = $\sigma_{id=A001}\,(\pi_{id,name,addr}\,(\rho_{\text{學號},\,\text{學生姓名},\,\text{通訊地址}}\,(Student)))$

第四節 交集

交集（Intersect）運算，以∩符號表示，用來將兩個集合內，共同或相同的元素選取出來。以集合論（Set Theory）的觀點而言，如圖 5-1 所示 R 與 S 兩個集合：

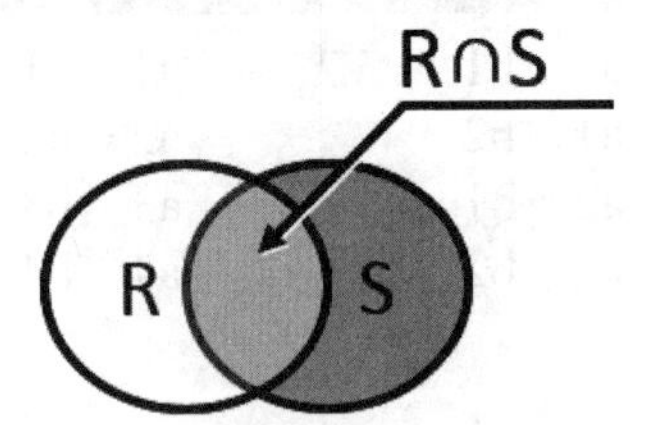

圖 5-1 關聯表交集之示意圖

則此兩個集合的交集將表示成 R ∩ S ，運算式會去除掉兩個集合中的相同的重複元素，相同元素只會出現一次。

【說明】

交集、聯集與差集均是屬於集合運算子。因爲關聯表是由 n 個值組（n-tuple）所組成，因此可以將關聯表視爲一個集合，關聯表的元素就是各個值組。

第五節 聯集

聯集（Union）運算，以∪符號表示，用來將兩個關聯表的所有值組合併成為一個關聯表。以集合的觀點來說，在兩個集合中均出現的元素，經過聯集之後，只會保留一個元素，而不會有重複元素的情形。參考下列表格，R1 與 R2 兩個關聯表，經過 R1 ∪ R2 聯集運算後的所擁有的值組集合：

關聯表	R1	R2	R1 ∪ R2
值組	a1 b1 a1 b2 a2 b1 a2 b2	a1 b1 a2 b2 a3 b3 a4 b4	a1 b1 a1 b2 a2 b1 a2 b2 a3 b3 a4 b4

第六節　差集

差集（Set-difference）運算，以－符號表示。在兩個關聯表中，值組只存在於第一個關聯表中，而不存在另一個關聯表。圖 5-2 所示 R 與 S 兩個集合，運算式 R-S 的結果產生一個關聯表，此關聯表包含所有存在於 R 關聯表中，但不存在於 S 關聯表中的值組。

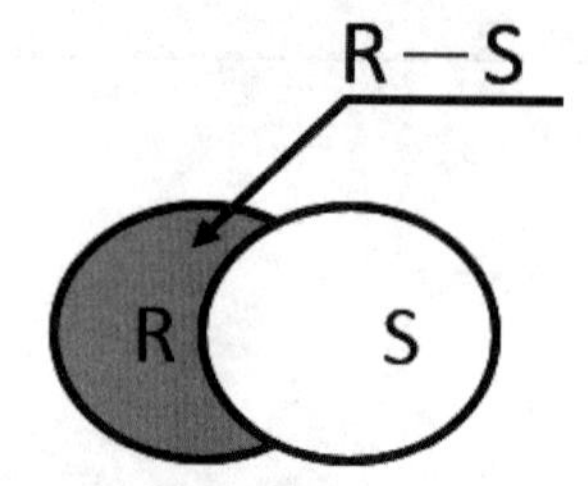

圖 5-2　關聯表差集之示意圖

例如：欲找出所有開課科目，還沒有人修課的科目，關聯式代數可表示如下：

$$Result = \pi_{id}(Subject) - \pi_{subject}(Course)$$

第七節　笛卡爾乘積

笛卡爾乘積（Cartesian-product，國內也有翻譯為「卡氏積」），亦稱為交叉乘積（Cross Product）或交叉合併（Cross Join），在關聯式代數中以 × 符號表示。屬於二元操作，也就是針對兩個關聯表的運算，主要作用是將兩個關聯表無條件地合併，例如有兩個關聯表 R 與 S 的運算，則表示為：

$$R \times S$$

若兩個關聯表分別有 m 與 n 個屬性，表示為 R(A1,A2,⋯Am) 與 S(B1,B2,⋯Bn)，若以關聯表 Q 表示笛卡爾乘積的結果，其運算式可表示如下：

$$Q = R(A1,A2,\cdots Am) \times S(B1,B2,\cdots Bn)$$

關聯表 Q 的屬性數目，必定為 m+n 個，其內容為 Q(A1, A2,⋯, Am, B1, B2,⋯, Bn)，左邊為關聯表 R 的 m 個屬性。倘若關聯表 R 具有 p 筆值組，關聯表 S 具有 q 筆值組，則關聯表 Q 將會具有 p×q 筆值組。簡單的說，笛卡爾乘積就是將兩個關聯表的值組合併，並且將所有合併的結果皆輸出。例如合併 Student 學生關聯表與 Coures 修課關聯表的值組：

$$Result = Student \times Course$$

關聯表	Student	Course	Student×Course
值組	id / name A001 / 張三 A002 / 李四	id / subject / score A001 / 資料庫 / 85 A001 / 程式設計 / 90 A002 / 程式設計 / 94	id / name / id / subject / score A001 / 張三 / A001 / 資料庫 / 85 A001 / 張三 / A001 / 程式設計 / 90 A001 / 張三 / A002 / 程式設計 / 94 A002 / 李四 / A001 / 資料庫 / 85 A002 / 李四 / A001 / 程式設計 / 90 A002 / 李四 / A002 / 程式設計 / 94

笛卡爾乘積運算會得到兩個集合相乘的結果，所以上述範例，所得的結果會將學號 001 與學號 002 彼此之間修課的值組均合併。其中可以發現到學號 A001 只修兩門課、學號 A002 只修一門課，但執行笛卡爾乘積的結果卻個別均有三門課。若是學號只合併該學生自己有修課的值組，便需要使用合併（Join）運算。

註：笛卡爾乘積以 SQL 敘述的語法，就在於 FROM 子句所指定的關聯表。因此上述例子的 SQL 敘述可表示爲：

SELECT * FROM Student, Course

第八節　合併

合併（Join）運算，以⋈符號表示，用來結合一些選擇運算與一個笛卡爾乘積運算。相同前述合併 Student 學生關聯表與 Coures 修課關聯表的值組的範例，執行合併的運算：

$$\text{Result} = \pi_{(\text{Student.id,name,subject,score})}(\text{Student} \bowtie_{(\text{Student.id=Course.id})} \text{Course})$$

所獲得的結果如下表所示，可以正確獲得學生個別與其修課資料合併的結果：

<table>
<tr><th>關聯表</th><th>Student</th><th>Course</th><th>Student×Course</th></tr>
<tr><td>值組</td><td>

id	name
A001	張三
A002	李四

</td><td>

id	subject	score
A001	資料庫	85
A001	程式設計	90
A002	程式設計	94

</td><td>

id	name	subject	score
A001	張三	資料庫	85
A001	張三	程式設計	90
A002	李四	程式設計	94

</td></tr>
</table>

註：以 SQL 敘述表示為：

SELECT Student.id, name, subject, score FROM Student, Course
WHERE Student.id=Course.id

其中，因為在 Student 與 Course 兩個關聯表同時均有相同的「id」屬性名稱，因此在使用 SQL 敘述時，必須指明屬性的關聯表名稱。

合併可分為「來源（Source）合併」與「結果（Result）合併」兩種。來源合併包括內部合併（Inner join）與外部合併（Outer join）兩種運算方式；結果合併則包括先前已介紹的笛卡爾乘積、交集（Intersect）、聯集（Union）、與差集（Set-difference）四種關聯代數運算。

1. 內部合併

內部合併（Inner join）亦稱為條件式合併（Condition join），也就是合併主要的方式，前一個範例列出學生個別與其修課資料合併的結果，就是內部合併。執行的方式是將笛卡爾乘積運算的結果，在兩個關聯表之間加上「對應值組」的條件。所謂「對應值組」就是外來鍵與主檔之間對應的連結（R.FK → S.PK ，關聯表 R 的外來鍵對應至關聯表 S 的主鍵）。參考下列，列出修課學生的修課科目與其名稱、成績資料的範例：

(1) 笛卡爾乘積運算：

$$\text{Result} = \pi_{\text{Student.id,name,title,teacher,score}}(\text{Student*Course*Subject})$$

關聯表	Student	Course	Subject	結果（Result）
值組	（見下表）	（見下表）	（見下表）	（見下表）

Student：

id	name
A001	張三
A002	李四

Course：

id	subject	score
A001	資料庫	85
A001	程式設計	90
A002	程式設計	94

Subject：

title	teacher
資料庫	張老師
程式設計	王老師

結果（Result）：

id	name	title	teacher	score
A001	張三	資料庫	張老師	85
A001	張三	資料庫	王老師	85
A001	張三	程式設計	張老師	90
A001	張三	程式設計	王老師	90
A001	張三	程式設計	張老師	94
A001	張三	程式設計	王老師	94
A002	李四	資料庫	張老師	85
A002	李四	資料庫	王老師	85
A002	李四	程式設計	張老師	90
A002	李四	程式設計	王老師	90
A002	李四	程式設計	張老師	94
A002	李四	程式設計	王老師	94

(2) 將笛卡爾乘積運算，加上「對應值組」的條件，便可獲得正確的資料結果：

$$\text{Result} = \pi_{\text{Student.id,name,title,teacher,score}}(\text{Student} \bowtie_{(\text{Student.id=Course.id})} \text{Course} \bowtie_{(\text{subject=title})} \text{Subject})$$

關聯表	Student	Course	Subject	結果（Result）
值組	（見下表）	（見下表）	（見下表）	（見下表）

Student：

id	name
A001	張三
A002	李四

Course：

id	subject	score
A001	資料庫	85
A001	程式設計	90
A002	程式設計	94

Subject：

title	teacher
資料庫	張老師
程式設計	王老師

結果（Result）：

id	name	title	teacher	score
A001	張三	資料庫	張老師	85
A001	張三	程式設計	王老師	90
A002	李四	程式設計	王老師	94

2. 外部合併

當在進行合併時，無論值組是否符合條件，都會列出其中一個關聯表所有的值組，稱爲外部合併（Outer join）。外部合併可分爲左合併（Left outer join）、右合併（Right outer join），以及結合左合併與右合併的全合併（Full outer join）三種方式，參見圖 5-3 所示，左合併表示以左方關聯表爲主，合併右方的關聯表；反之，右合併就是以右方關聯表爲主，合併左方的關聯表。

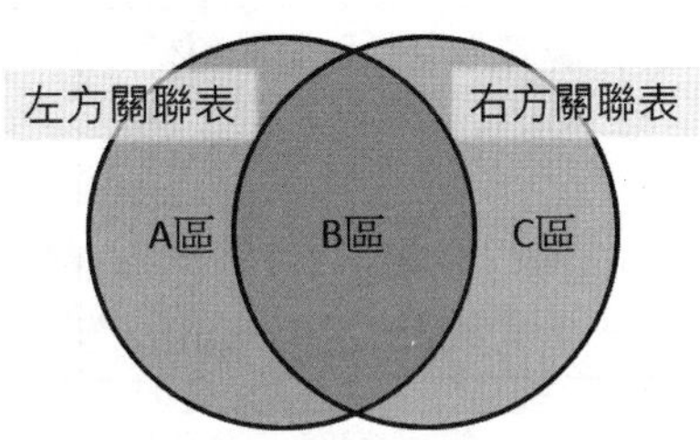

圖 5-3　關聯表合併包含區域範圍之示意圖

假設有關開課的相關資料，有兩個關聯表，一是授課老師 Teacher 關聯表、另一是開課科目的 Subject 關聯表，以下便以此二關聯表說明左合併、右合併、全合併的運算結果：

表 5-2　開課關聯表

<table>
<tr><th>關聯表</th><th>Subject</th><th>Teacher</th></tr>
<tr><td>值組</td><td>
<table>
<tr><td>科目代碼
id</td><td>科目名稱
title</td><td>授課老師
tid</td></tr>
<tr><td>IM</td><td>資訊傳播</td><td>T001</td></tr>
<tr><td>DB</td><td>資料庫</td><td>T002</td></tr>
<tr><td>PG</td><td>專案管理</td><td>null</td></tr>
<tr><td>JV</td><td>程式設計</td><td>null</td></tr>
</table>
</td><td>
<table>
<tr><td>老師代碼
id</td><td>老師姓名
name</td></tr>
<tr><td>T001</td><td>張老師</td></tr>
<tr><td>T002</td><td>李老師</td></tr>
<tr><td>T003</td><td>王老師</td></tr>
</table>
</td></tr>
</table>

(1) 左合併，以⟕符號表示。運算結果可獲得圖 5-3 所示的 A 區與 B 區所包含的內容。

$$\text{Result} = \pi(\text{Subject} ⟕_{(\text{subject.tid=teacher.id})} \text{Teacher})$$

關聯表	左合併結果				
值組	科目代碼 id	科目名稱 title	授課老師 tid	老師代碼 id	老師姓名 name
	IM	資訊傳播	T001	T001	張老師
	DB	資料庫	T002	T002	李老師
	PG	專案管理	null	null	null
	JV	程式設計	null	null	null

(2) 右合併，以⟖符號表示。運算結果可獲得圖 5-3 所示的 B 區與 C 區所包含的內容。

$$\text{Result} = \pi\ (\text{Subject} ⟖_{(\text{subject.tid=teacher.id})} \text{Teacher})$$

關聯表	右合併結果				
值組	科目代碼 id	科目名稱 title	授課老師 tid	老師代碼 id	老師姓名 name
	IM	資訊傳播	T001	T001	張老師
	DB	資料庫	T002	T002	李老師
	null	null	null	T003	王老師

(3) 全合併，以⟗符號表示。全合併執行的結果類似於內部合併，但是內部合併的關聯表之間必須存在外來鍵對應主鍵的關係（FK → PK），如果資料是虛值（Null）時，就因爲沒有對應而不會被選擇出來。運算結果可獲得圖 5-3 所示的 A 區、B 區與 C 區所包含的全部內容。

$$\text{Result} = \pi\ (\text{Subject} ⟗_{(\text{subject.tid=teacher.id})} \text{Teacher})$$

關聯表	全合併結果				
值組	科目代碼 id	科目名稱 title	授課老師 tid	老師代碼 id	老師姓名 name
	IM	資訊傳播	T001	T001	張老師
	DB	資料庫	T002	T002	李老師
	PG	專案管理	null	null	null
	JV	程式設計	null	null	null
	null	null	null	T003	王老師

第九節 除法

除法（Division）運算，以 ÷ 符號表示。當兩個關聯表進行除法運算時，第一個關聯表是「被除表」，第二個關聯表則是「除表」。運算的目的是在關聯表 R 中找出包含在關聯表 S 中屬性值的值組。如下列表格所示，執行 R÷S 的結果：

<table>
<tr><th>關聯表</th><th>R1</th><th>R2</th><th>R1÷R2</th></tr>
<tr><td>值組</td>
<td><table><tr><td>A1</td><td>A2</td></tr><tr><td>a</td><td>x</td></tr><tr><td>a</td><td>y</td></tr><tr><td>a</td><td>z</td></tr><tr><td>b</td><td>x</td></tr><tr><td>b</td><td>y</td></tr><tr><td>b</td><td>w</td></tr><tr><td>c</td><td>x</td></tr><tr><td>c</td><td>y</td></tr></table></td>
<td><table><tr><td>A3</td></tr><tr><td>x</td></tr><tr><td>y</td></tr><tr><td>z</td></tr></table></td>
<td><table><tr><td>A1</td></tr><tr><td>a</td></tr></table></td></tr>
</table>

上述 R1÷R2 除法實際運算的動作可表示如下：

$$R1\ (A1, A2) \div R2(A3) = \pi_{A1,\,A2}(R1) - \pi_{A1,\,A2}((\pi_{A1,\,A2}(R1)R2) - R1))$$

第十節　指定

指定（Assignment）運算，以←符號表示。指定運算子是用來將關聯式代數的運算結果指定成一個暫存關聯表變數，以便作爲後續的運算。主要是爲了能夠清楚表達每個運算的動作，而將一個運算式分解成數個子運算式。參考下列範例所示，將 R1÷R2 的運算，分解爲多個子運算式表示：

$temp1 \leftarrow \pi_{A1,A2}(R1)$

$temp2 \leftarrow \pi_{A1,A2}\ ((temp1 \times R2) - R1)$

$Result = temp1 - temp2$

第六章　產品與廠商簡介

雖然本書以 SQL Server 爲主要學習使用 SQL 的資料庫系統，以便能夠實作結合資料庫應用的網站互動程式。但畢竟坊間資料庫產品總類很多，學習資料庫系統，不能只單就認識一、兩個資料庫系統廠商。因此本節就簡略介紹一下各個在商業領域較爲著名的資料庫廠商，以及其主要的資料庫系統產品。

1. Oracle Database

1977 年成立的 Relational Software 公司，在成功推出執行於大型電腦（mainframe）的 Oracle Database 資料庫系統產品之後，於 1983 年更名爲 Oracle 公司（在台灣稱之爲「美商甲骨文公司」）。該公司是全球最大的資料庫系統軟體廠商，主要的軟體產品包括資料庫系統、資料庫工具，以及商業應用軟體（ERP 、CRM 、HCM），其中最著名的就是 Oracle Database（通常都只稱爲 Oracle）資料庫系統。爲了方便學習與開發測試，Oracle 公司提供資料庫系統的下載網址，只要是非商業行爲的目的，皆可免費使用。

- 網址：http://www.oracle.com/technetwork/database/enterprise-edition/downloads/index.html

2. Informix Enterprise、Informix Advanced Enterprise

由 Informix Software 公司（在台灣稱爲「英孚美公司」）所發展，於 2001 年被 IBM 所併購，歸入 IBM 的資訊管理部門。Informix 資料庫系統支援物件關聯式資料庫，廣泛應用在許多線上交易處理

（Online transaction processing，OLTP）的應用，如零售、金融、能源、公用事業、製造業和交通運輸部門… 等應用系統上。爲了方便學習與開發測試，IBM 公司也有提供個人應用程式開發及測試用途的免費下載。

- 網址：http://www-01.ibm.com/software/tw/data/informix/

3. Advantage Database Server

由 1984 年成立的 Sybase 公司（在台灣稱爲「賽貝斯公司」）所發展，公司產品包括資料庫系統與應用資料庫的軟體開發工具（其中最著名的就是 PowerBuilder）。Sybase SQL Server 主要是應用在 Unix 作業系統的大型主機上，後來與微軟協議，提供原始碼供微軟開發應用在 Windows NT 的版本。最初 Sybase 與微軟的介面、架構都完全一樣，但由於兩間公司對利潤分配爭議，最後決定分道揚鑣，各自發展自己產品，不過兩者在系統核心、查詢語言 Transact-SQL 仍舊相同。公司於 2010 年 5 月被德國 ERP 大廠 SAP 公司併購，不過仍保留原來的網站位址，提供線上支援、購買，以及 30 天使用期限的下載免費使用服務。

- 網址：http://www.sybase.com.tw/

4. SQL Server

Microsoft SQL Server 是由 Microsoft 公司（在台灣稱爲「微軟公司」）所發展的關聯式資料庫系統。最初並非是微軟自己研發的產品，是爲了要和 IBM 競爭而與 Sybase 公司合作，將應用在 Unix 作業系統環境的 Sybase 資料庫系統，移植到 Windows NT 作業系統環境運作。在與 Sybase 終止合作關係後，往後的 SQL Server 版本，均是由微軟自行研發。

為了方便學習與開發測試，微軟公司也有提供 2014 版本，以及先前版本的個人應用程式開發及測試用途的免費下載 Express 版本（2014 版本另外包含 Azure 的雲端版本）。版本除 x32 與 x64 外，安裝 2012、2014 版本的產品類型請參考表 6-1 所列，以便決定下載的軟體。

表 6-1　SQL Server Express 安裝軟體類型

軟體名稱	說明
LocalDB	輕量版的 Express，必須以使用者模式執行，包含所有程式設計功能，而且硬體要求較低。可以與應用程式和資料庫開發工具 (如微軟的程式開發工具 Visual Studio) 結合，也可以內嵌在需要本機資料庫的應用程式中。
Express	單純的 SQL Server Express 資料庫系統。如果資料庫伺服器只需要讓 Client 連接進來執行相關作業，就適合使用此版本。
SQL Server Management Studio Express	此軟體不包含資料庫系統，僅包含管理 SQL Server 執行個體的工具，包括 LocalDB、SQL Express、SQL Azure 等執行個體。如果您已經擁有資料庫，而且只需要管理工具，才建議安裝此軟體。
Express with Tools	含有 LocalDB、Database Engine、SQL Server Management Studio Express。
Express with Advanced Services	此軟體包含 Express with Tools 所有的元件，還提供全文檢索搜尋和 報表伺服器 (Reporting Services) 兩項功能。

若是要下載最新的 SQL Server 2014 版本，必須要有微軟帳號登入，如果沒有沒關係，當下註冊即可。再依據系統指示，選擇 32 或

64 位元版本、字碼種類之後，網站會要求先下載安裝 Akamai NetSession Interface 管理工具，安裝此工具後便會自動執行 SQL Server 2014 版的下載程序）

在開始安裝 SQL Server Express 之前，必須先準備好作業系統 .NET Framework 的環境，所以需要先確定電腦作業系統環境具備下列軟體：

(1) Microsoft .Net Framework

(2) Windows Installer

(3) Windows PowerShell

- 網址：

2008 Express 版本（需再安裝 Service Pack 1 與 2）：

http://www.microsoft.com/zh-tw/download/details.aspx?id=1695

2008 版本線上叢書：

http://www.microsoft.com/zh-tw/download/details.aspx?id=1054

2012 Express 版本：

http://www.microsoft.com/zh-tw/download/details.aspx?id=29062

2014 Express 版本：

http://msdn.microsoft.com/zh-TW/evalcenter/dn434042.aspx

5. DB2

爲 IBM 公司發展的一套關聯式資料庫管理系統，主要可以執行在環境爲 Unix 系列（包括 IBM 的 AIX 、Linux）、IBM OS/400、z/OS，以及微軟的 Windows NT 等作業系統。面對 Oracle 與 Microsoft 提供的免費版本，IBM 也提供了可以在 Windows 以及 Linux 任何大小的機器上運作的免費版本 DB2 Express-C。

- 網址：www.software.ibm.com/data/db2/index.html

6. SQLBase

於 1984 年由原在 Oracle 公司的產品部副總裁兼總經理 Umang Gupta 所成立的 Gupta 公司，所推出的 SQLBase 資料庫系統，是最早運行在主從式架構的關聯式資料庫系統。由於市場的萎縮，於 2006 年由 Unify 公司所接管。

- 網址：http://www.guptatechnologies.com/

以美國爲主的資料庫系統廠商之外，臺灣也有廠商推出大型的商業性資料庫系統：

7. DBMaker

是由國內凌群電腦公司所發展，DBMaker 完全遵循開放式的架構，以微軟所推出的開放式資料庫連結 ODBC 爲標準連接介面，因此應用程式的連結、資料庫系統之間資料的移轉都能相容，且支援中文程度佳。惟面對國際廠商的競爭，本土廠商的資料庫系統市佔率仍舊有限。

- 網址：http://www.dbmaker.com.tw/index.html

除了商業版本之外，國際間亦有許多開放原始碼的資料庫系統，提供自由軟體社群持續發展其系統的功能：

8. Ingres

Ingres 算是早期發展的資料庫系統，最早在 1970 年由加州柏克萊校區 M. Stonebraker 教授的一項研究，而後展成爲資料庫產品。包括 Informax 、Sybase 等資料庫系統都是基於 Ingres 的基礎發展出來的商業軟體，以及後繼計畫產生開放源碼的 PostgreSQL 資料庫系統。現在是 Computer Associates（CA ，在台灣稱爲「組合國際」）的開放源碼資料庫系統。不過近年已不見在 CA 的官網提供服務。

9. PostgreSQL

最初由加州大學伯克萊分校計算機科學系的 Michael Stonebraker 負責 Ingres 計劃開始發展的開放原始碼，倡導了很多物件導向的觀念。最初的名稱爲 Postgres ，後來在 1994 年由兩位伯克萊大學的研究生 Andrew Yu 和 Jolly Chen ，增加了一個 SQL 語言直譯器，使得系統能夠支援 SQL 後，於 1996 年更名爲 PostgreSQL 。

- 網址：http://www.postgresql.org/

（註：PostgreSQL 官方的發音爲："post-gress-Q-L"）

10. MySQL

創辦 TCX DataKonsult AB（一家瑞典的資料倉儲公司）的 Ulf Michael Widenius 在 1995 年與 Allan Larsson 成立了 SQL AB 公司，開始合作撰寫並於 1996 年正式發表第一版的 MySQL 資料庫系統。2008 年 2 月 SQL AB 公司被 Sun Microsystems（昇陽）公司併購。之後在 2010 年 Sun Microsystems 公司又被 Oracle 公司併購，因此現今 MySQL 資料庫系統歸屬於 Oracle 公司所有。

被 Oracle 公司收購後，不僅大幅調漲 MySQL 商業版的售價，且不再支援 Open Solaris 的發展，因此導致自由軟體社群對於 Oracle 是否還會持續支援 MySQL 社群版（MySQL 的免費版本）有所隱憂，使得許多原本使用 MySQL 的開放源碼逐漸轉向其它的資料庫系統。

- 網址：http://www.mysql.com/

（註：MySQL 的官方發音是 "My Ess Que Ell"，不是 MY-SEQUEL）

第七章　SQL Server 資料庫系統

有了基本的資料庫系統概念，接下來就是實際安裝一套資料庫系統，以便透過實務的練習與操作，熟悉資料庫的使用，以及延伸至資料庫應用程式的開發撰寫。因此本章節主要包含幾個重點：第一節以 SQL Server 2014 版本爲例，介紹如何下載、安裝資料庫系統；安裝完畢後，第二節介紹如何建立資料庫，並產生一些基本的資料，以便在後續的章節練習使用；第三節介紹 SQL Server 資料庫系統所提供之管理工具的使用環境與操作，始能執行初步的資料庫統管理作業。最後，第四節則是依據個人學習的需要，若你學習的目標在於能夠開發資料庫的應用系統，本單元以 Java 程式語言，示範存取資料庫的程式撰寫，透過練習熟悉程式與資料庫之間結合使用的運作方式。

第一節　安裝與設定

1. 下載準備

針對開發與練習的需求，微軟提供了與商業版完全一樣完整功能的資料庫系統，稱之爲 Express 版本。只要不是用於商業化的使用目的，便可以自由下載、安裝、使用，對於資料庫的學習非常方便。參考第六章「資料庫系統產品與廠商簡介」SQL Server 的說明，首先先到微軟官方網站下載 SQL Server 2014 版的軟體：

http://msdn.microsoft.com/zh-TW/evalcenter/dn434042.aspx

如果安裝 SQL Server 2012 Express 版本，並不需要登入而可直接由微軟官方網站下載。但 2014 Express 版本則需先登入後，方可下載。如果你還沒有微軟的帳號，當下註冊即可。登入後，如圖 7-1 所示的網頁內容，請選擇 Express with Advanced Services，並按下「繼續」鈕。

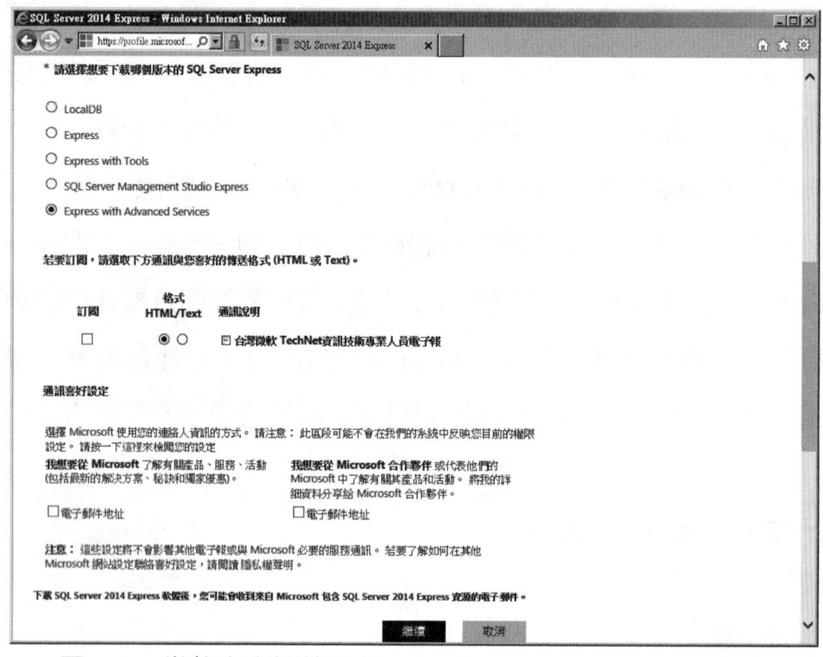

圖 7-1　微軟官方網站下載 SQL Server 2014 Express 版本

使用者可依據自己電腦的 Windows 作業系統選擇下載安裝的是 32 位元還是 64 位元的版本，接著再選擇 SQL Server 介面的字碼種類。選擇完畢，進行下載程序時會要求電腦需有安裝「Akamai NetSession Interface」下載傳輸的介面軟體，安裝完成後便如圖 7-2 所示的網頁，正式進入下載的程序。

圖 7-2　下載 SQL Server 2014 Express 資料庫系統軟體

下載完成後，如果選擇下載的是：

(1) 32 位元版本，檔案名稱爲：「SQLEXPRADV_x86_CHT.exe」

(2) 64 位元版本，檔案名稱爲：「SQLEXPRADV_x64_CHT.exe」

如果你的電腦作業系統是 64 位元版本，可以選擇安裝 32 位元或 64 位元的 SQL Server 版本。但如果作業系統是 32 位元，則只能安裝 32 位元的 SQL Server 版本。

【說明】

1. 由於 Windows 作業系統分為 32 位元與 64 位元，如果你不知道你電腦作業系統是屬於哪一種，可以進入「控制台」，選擇「系統」，便可在顯示視窗的「系統類型」項目顯示你電腦作業系統是屬於哪一個位元數。
2. 為何 32 位元的軟體使用 x86，而不是使用 x32 作為檔案名稱？是因為微軟的 Windows 作業系統主要是安裝在 Intel CPU 系列的電腦上，而 Intel CPU 系列早先都是以 x86 作為命名的依據，除了 8086 是 16 位元之外，之後推出的 80286、80386、80486、Pentium 都是 32 位元的 CPU ，因此慣例便會使用 x86 來表示是 32 位元的環境之意。

2. 進行安裝

SQL Server 資料庫系統需要的硬碟空間其實並不大，需要空間的主要是資料庫，因為資料庫才是存放資料的所在。相信一般用來練習使用的資料庫通常也不會有太多資料，所以只要硬碟有 3G 以上的空間便可以安裝了。安裝時，直接執行先前下載的 64 位元版本的

SQLEXPRADV_x64_CHT.exe（或是 32 位元版本的 SQLEXPRADV_x86_CHT.exe）。執行時作業系統先詢問確認執行，接著會進行解壓縮的動作（解壓縮的目錄預設會與下載的安裝檔案同一目錄內），然後顯示安裝主畫面。安裝主畫面左方包括六個選擇項：計劃、安裝、維護、工具、資源、選項。簡略說明如下：

(1) 計劃

參見圖 7-3(a)，「計劃」選擇項提供安裝前的一些環境檢查與安裝的說明介紹，檢查的目的主要是在安裝前先確認電腦的環境是否符合安裝的基本要求，提供使用者自行決定是否需要執行事前的檢查。

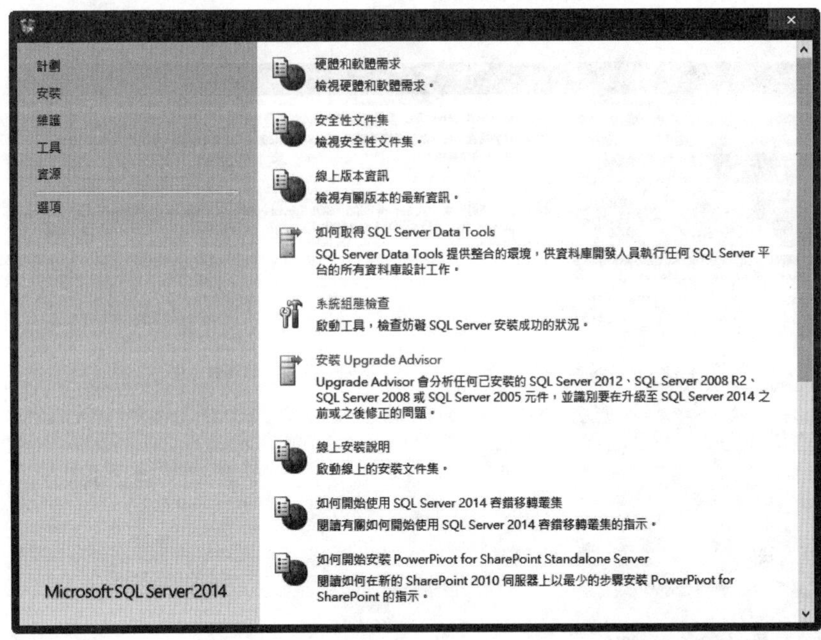

圖 7-3(a)　安裝主畫面的「計劃」選擇項

(2) 安裝

「安裝」選擇項是安裝的主要執行選項。也就是要安裝 SQL Server 資料庫系統便是由此開始安裝。參見圖 7-3(b)，此選擇項包括兩個子選項：一是完整的安裝；另一是電腦已有安裝舊版（2005, 2008…等），以升級方式的安裝。

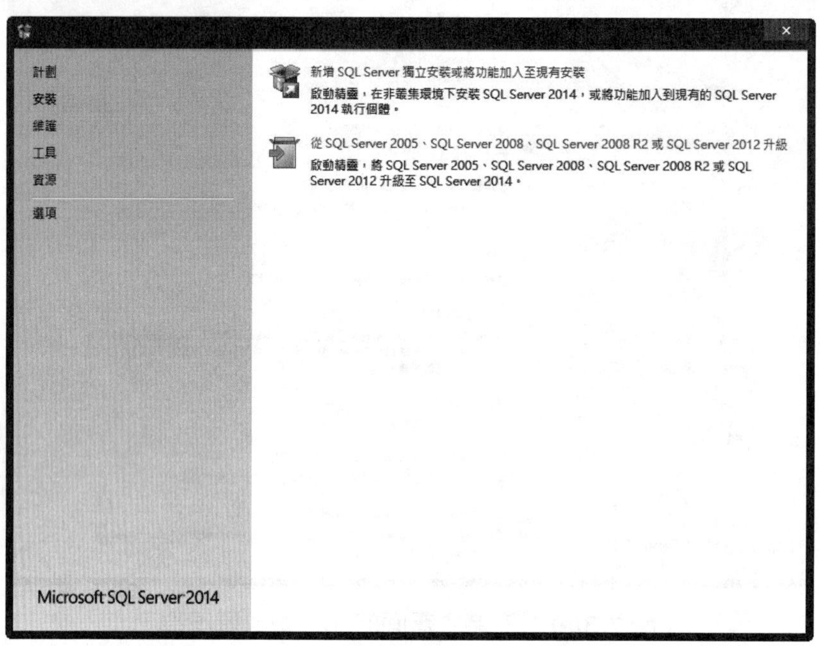

圖 7-3(b)　安裝主畫面的「安裝」選擇項

(3) 維護

如圖 7-3(c) 所示，「維護」選擇項是提供資料庫系統的修正，如果電腦內已安裝的資料庫系統遇到運作上的檔案（不是資料庫內儲存的資料，而是硬碟內的目錄、檔案）移失或毀損時，便可以使用此方式修復。此外本選項也提供版本類型的轉換，此處所指的版本類型並不是由 SQL Server 2005, 2008 等舊版本的升級，而是「等級」的更換，例如由 Developer 升級爲 Enterprise 版本。

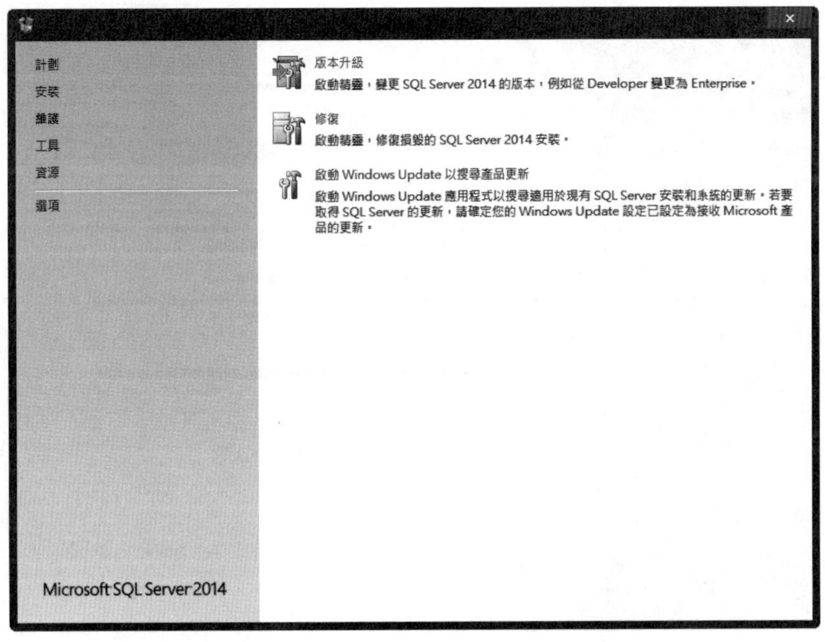

圖 7-3(c)　安裝主畫面的「維護」選擇項

(4) 工具

如圖 7-3(d) 所示，「工具」選擇項提供檢查或探索的報告，可以用於驗證電腦上所安裝的 SQL Server 版本與 SQL Server 功能。執行結果會顯示本機伺服器上所有 SQL Server 2000、SQL Server 2005、SQL Server 2008、SQL Server 2008 R2、SQL Server 2012 和 SQL Server 2014 產品及功能的報表，並將結果儲存到 %ProgramFiles%\Microsoft SQL Server\110\Setup Bootstrap\Log\ 供爾後查閱。

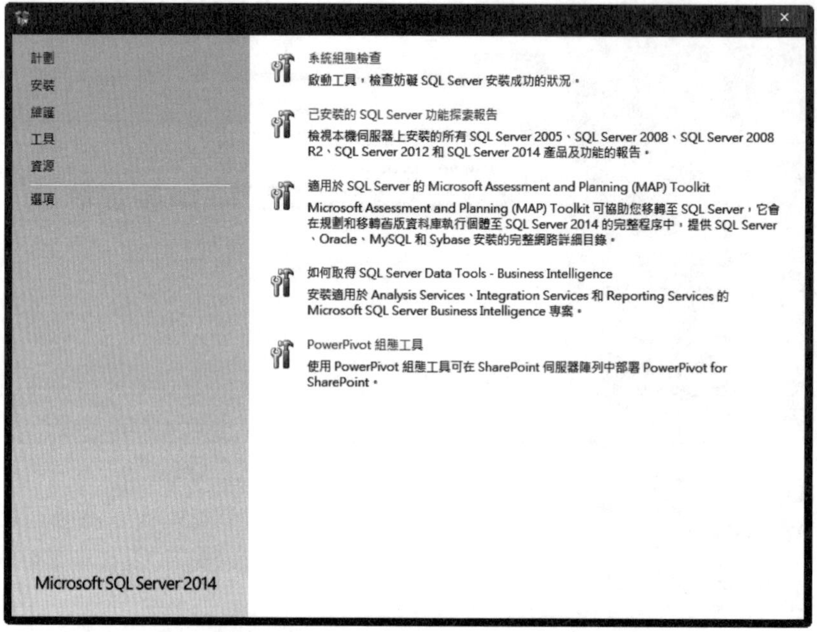

圖 7-3(d)　安裝主畫面的「工具」選擇項

(5) 資源

「資源」選擇項，參考圖 7-3(e) 所示的項目，提供各類相關的參考資源，包括線上叢書、技術論壇、相關社群網站 … 等資源，提供豐富的學習管道或參照來源。

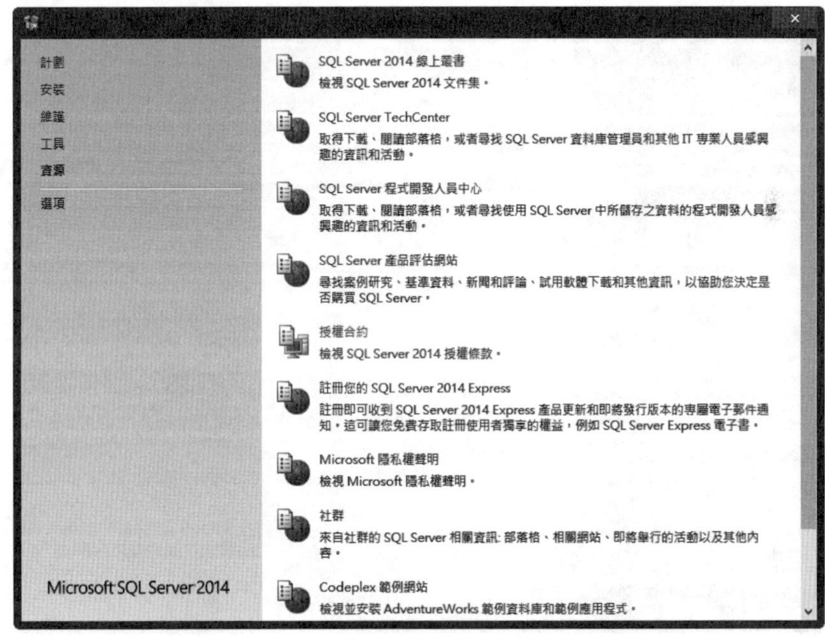

圖 7-3(e)　安裝主畫面的「資源」選擇項

(6) 選項

參見圖 7-3(f) 所示，「選項」選擇項主要是依據安裝資料庫系統是 32 位元還是 64 位元的版本，並且顯示安裝時的暫存目錄位置。（安裝完畢後，該暫存目錄會自動刪除）

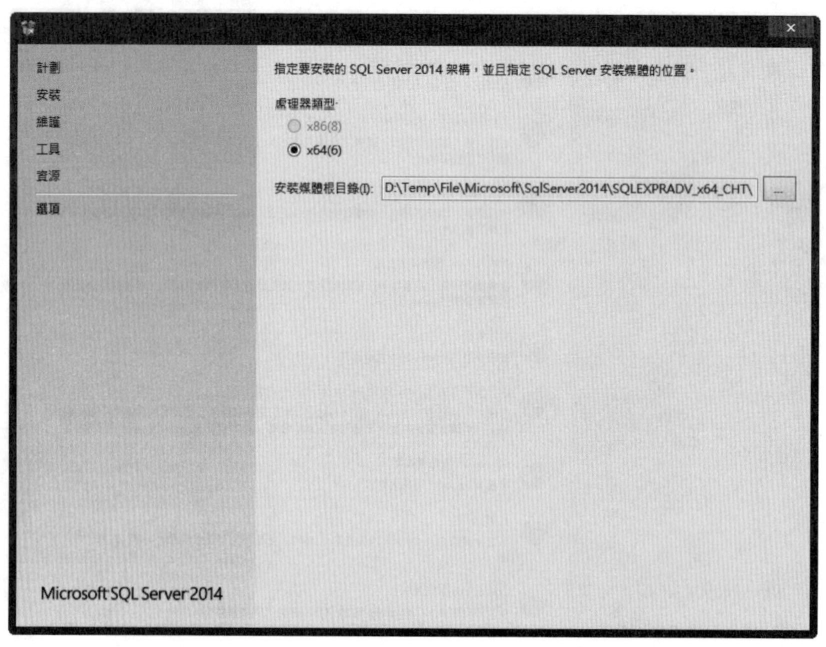

圖 7-3(f)　安裝主畫面的「選項」選擇項

3. 安裝執行

於安裝中心選擇「安裝」，就是如圖 7-3(b) 所示主畫面的「安裝」選擇項，選點右邊視窗的「新增 SQL Server 獨立安裝或將功能加入至現有安裝」選項，進行安裝的作業。

安裝作業首先是顯示「軟體授權條款」的頁面，確認接受條款後，選點「下一步」按鈕，便會進入到如圖 7-4 所示「安裝規則」的檢查頁面，確認安裝電腦的環境。

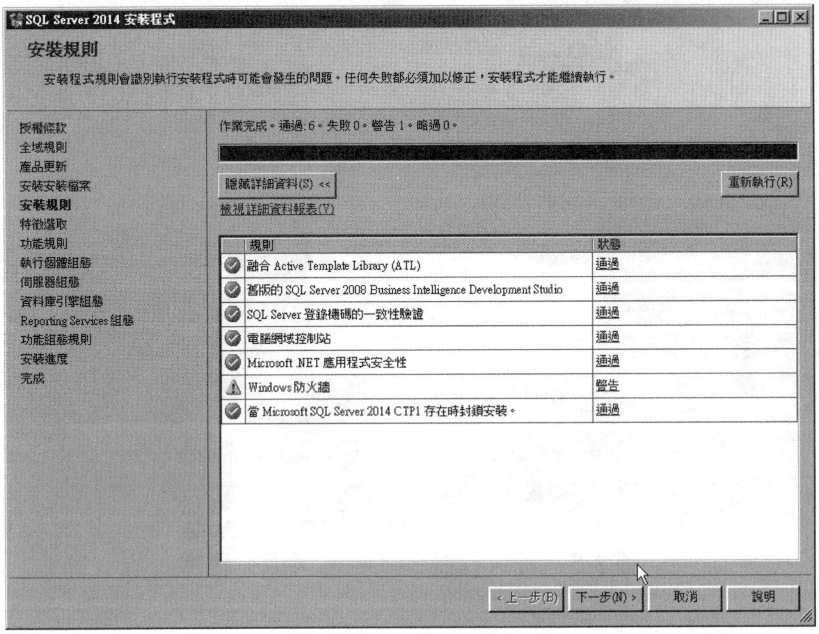

圖 7-4 「安裝規則」頁面

於「安裝規則」的檢查頁面，選點「下一步」按鈕，顯示如圖 7-5 所示所有要安裝的項目表列。由視窗左方的安裝項目可以看到許多要執行的程序，首先是執行「特徵選取」，建議除非有特別的需求，否則就依據系統建議的功能，以及共用的目錄。確定後選點「下一步」按鈕，進入下一項程序。

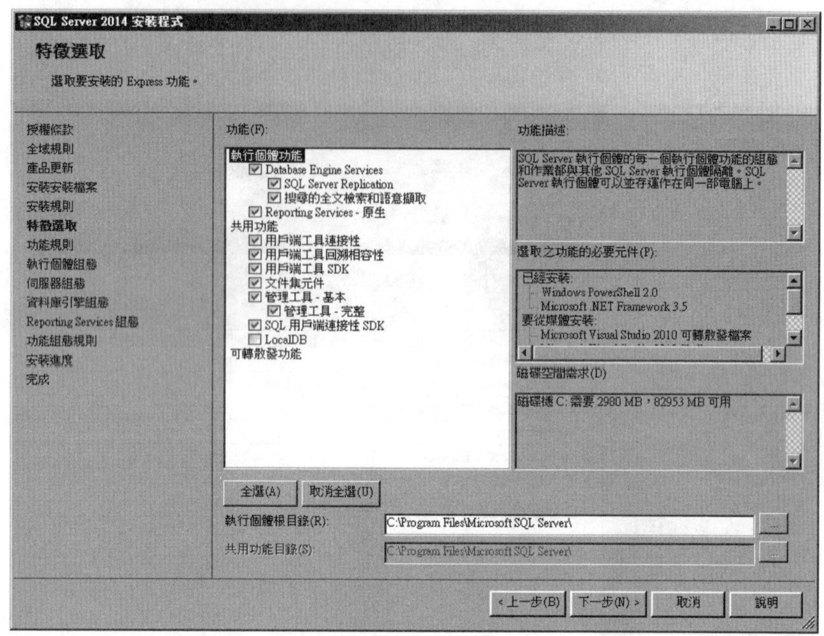

圖 7-5　安裝作業的「特徵選取」程序

執行進入到如圖 7-6 所示的「執行個體組態」的程序。執行個體（Instance）就是一個資料系統物件，一個執行個體內可以擁有多個資料庫。也就是說，資料庫是包含在執行個體之內。當然安裝一套資料庫系統，可以建立多個執行個體（但一部電腦同時只限一個執行個體運作，每一個執行個體再包含多個資料庫。「預設執行個體」表示爾後資料庫引擎啓動時，預設運作的執行個體；「具名執行個體」表示自訂一個個體名稱，爾後資料庫引擎啓動時可以依名稱指定運作的執行個體。在此還是建議依據預設的設定，進行下一步安裝的程序。

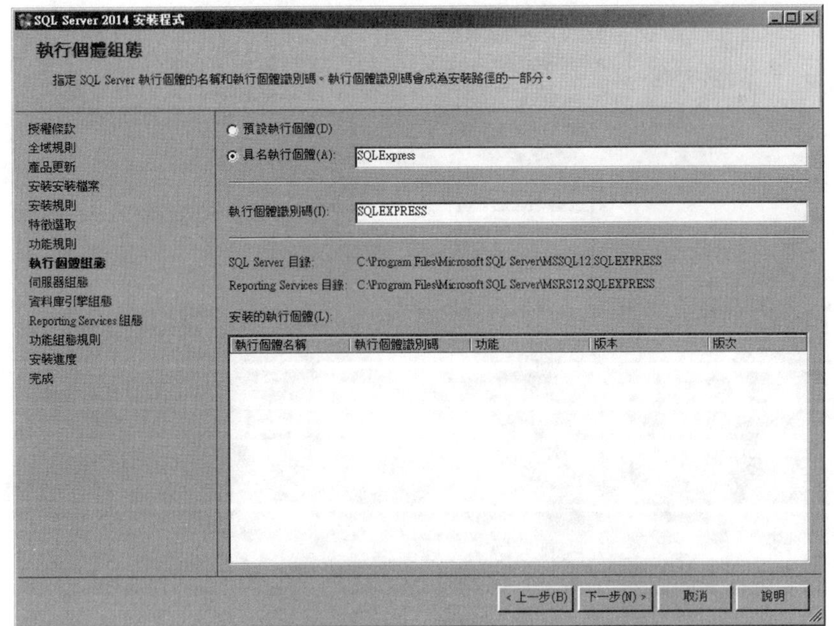

圖 7-6　安裝作業的「執行個體組態」程序

接下來顯示的是安裝的服務種類與啓動方式，如圖 7-7 所示，其中最重要的是「資料庫引擎」（SQL Server Database Engine），此服務即是資料庫管理系統（DBMS），如果不是設定自動，爾後亦可隨時依據需要而手動啓動。此外，如果有安裝如圖中表列的第二個服務：報表服務（SQL Server Reporting Services），要注意的是該服務使用的網路埠號（Port）是 80，如果你的電腦也有執行網頁伺服器（Web Server），因爲網頁伺服器預設使用的埠號也是 80，因此會造成安裝後網頁伺服器（Web Server）無法使用的情況。因此建議可以將該報表服務的啓動方式設定爲「手動」、或是「已停用」。

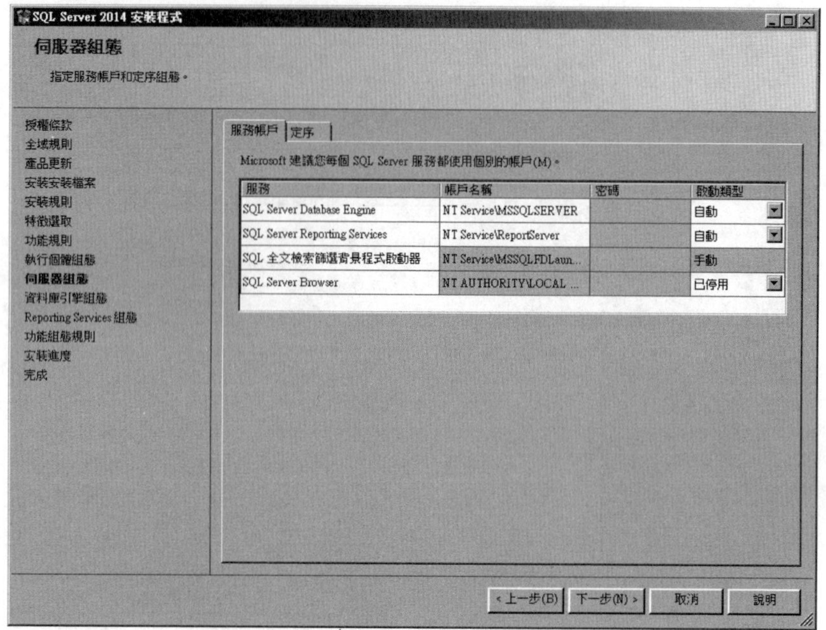

圖 7-7　安裝服務種類與啓動方式

【說明】

如何隨時改變 Windows 作業系統運作中的服務啓動方式？請於「控制台」執行「系統管理工具」，於顯示的表列中選擇「服務」項目，啓動如圖 7-8 所示的服務視窗。

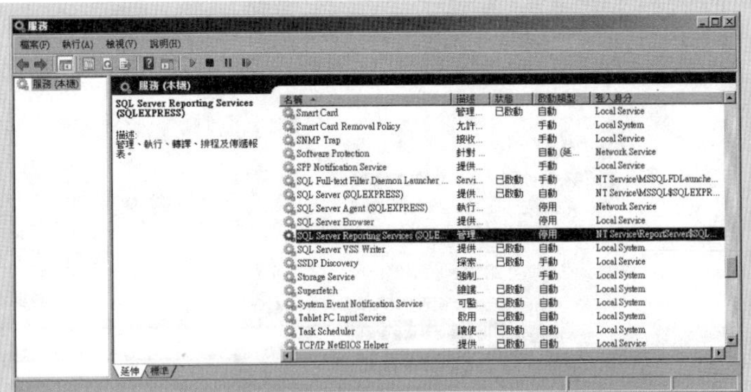

圖 7-8　作業系統「服務」視窗

選點欲修改的服務，例如要修改「SQL Server Reporting Services」服務，顯示圖 7-9 的設定視窗畫面。

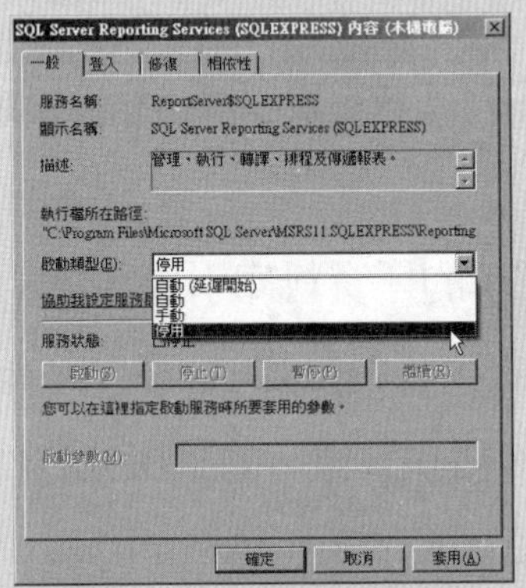

圖 7-9　服務設定視窗

可於「啓動類型」下拉式選單選擇啓動的方式，如果是「自動」或「手動」等可啓動的方式（若是由「停用」改爲可啓動的方式，須按一下「套用」），則畫面中的「啓動」按鈕爲可用（enabled）狀態，否則會如圖中所示的禁用（disable）狀態。

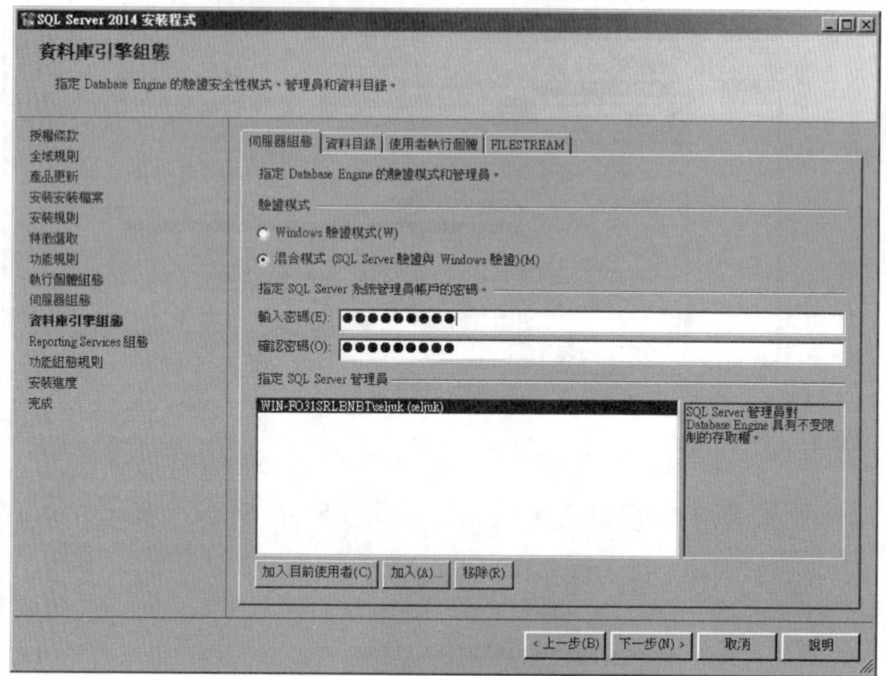

圖 7-10　「資料庫引擎組態」設定頁面

進入如圖 7-10 所示的「資料庫引擎組態」設定頁面，設定的項目包括登入的驗證模式、資料目錄 … 等。除非有特殊需要，建議除了驗證模式之外，均使用預設值。驗證模式包括兩種類型：

(1) Windows 驗證模式

表示使用 Windows 登入的使用者帳號作爲驗證登入資料庫的依據。

(2) 混合模式

表示除了可以使用 Windows 登入的使用者帳號作爲驗證登入資料庫的依據，也可以另訂資料庫的使用者帳號。這樣的好處是同一個應用程式如果要依據不同權限而使用不同的資料庫時，可以透過不同的「資料庫使用者」作更嚴謹的區隔。如果選擇使用混合驗證模式，需要設定資料庫的系統管理者密碼（預設帳號爲 sa ，是 System Administrator 的縮寫）。

資料庫系統能夠建立多個資料庫，每個資料庫儲存於電腦硬碟的實體檔案，包含運算資料與異動資料（參見第一章 第一節 的簡介），如果你希望改變 SQL Server 預設儲存資料庫實體檔案的目錄位置，可以選點此頁面的「資料目錄」頁籤。如圖 7-11 所示，修改資料庫實體檔案的目錄位置。

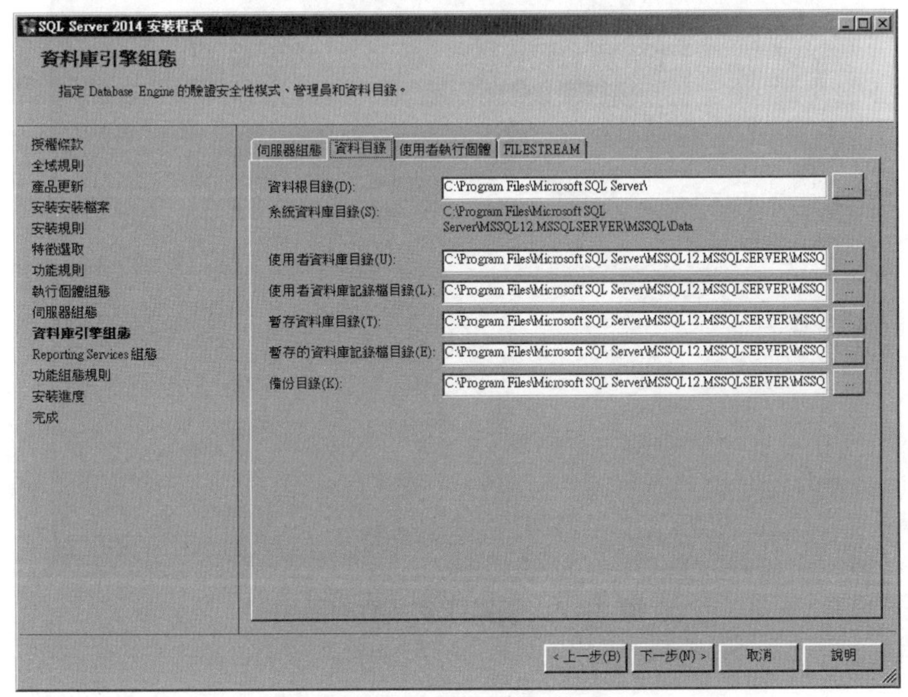

圖 7-11　自訂資料庫實體檔案儲存的目錄位置

設定完成後，選點「下一步」按鈕，進入「Reporting Service組態」

設定頁面。報表服務可以依據預設安裝的選項，所以接著再選點「下一步」按鈕，進入下一階段的「錯誤報告」頁面。這一個頁面主要是勾選是否要將安裝時如果有發生錯誤，系統會將錯誤的狀況回傳至微軟公司或指定的伺服器，以便提供分析研判問題發生的原因。

設定完成後，選點「下一步」按鈕，便會進入實際安裝的程序，如圖 7-12 所示，安裝過程中會顯示安裝的進度，以及顯示正在執行安裝的作業。

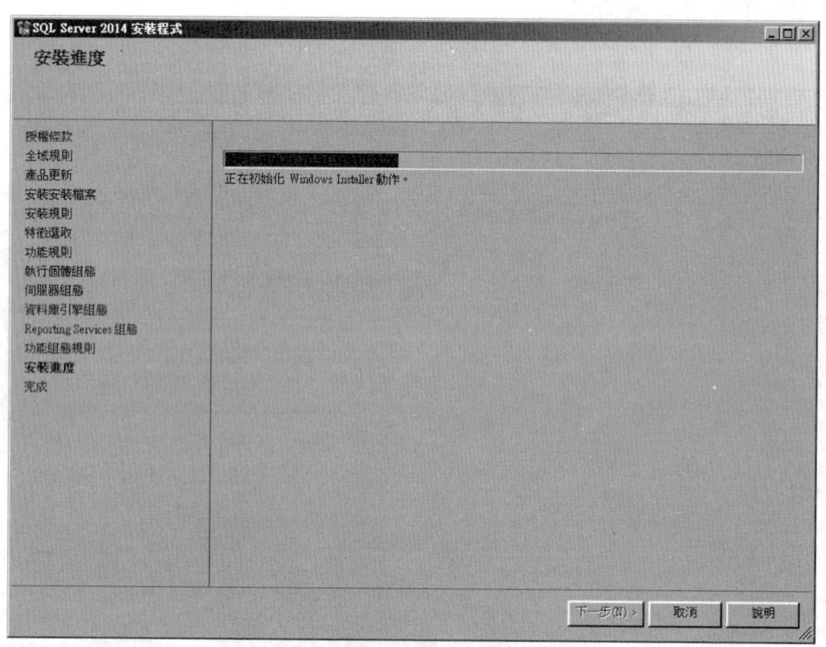

圖 7-12　安裝作業進度的頁面

如果安裝順利，會顯示如圖 7-13 的完成頁面，並且顯示需要重新開機的提醒對話框，表示已完成整個資料庫系統的安裝作業程序。接下來關閉頁面、關閉安裝主畫面，系統重新啟動，便可開始進入使用 SQL Server 2014 資料系統的旅程了。

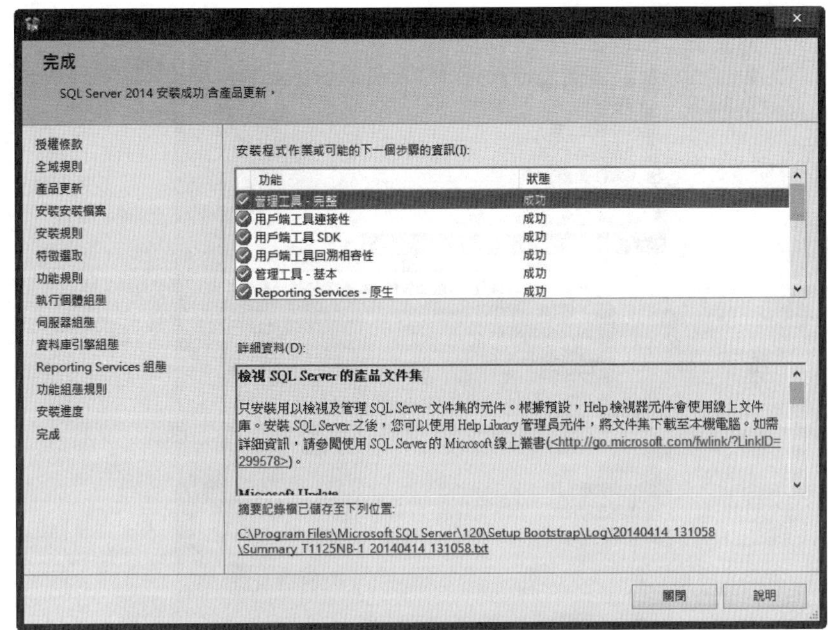

圖 7-13　安裝作業完成頁面

第二節　管理工具

安裝了資料庫系統，接下來就是需要建立資料庫。無論是建立資料庫、管理使用者、練習 SQL 敘述 … 等，SQL Server 提供了一個非常方便使用的管理工具：SQL Server Management Studio。爲了方便資料庫系統理論與實務兼具的學習模式，本單元主要介紹此工具三個主要的應用功能：

1. 資料庫操作；

2. 資料處理；
3. 帳號管理。

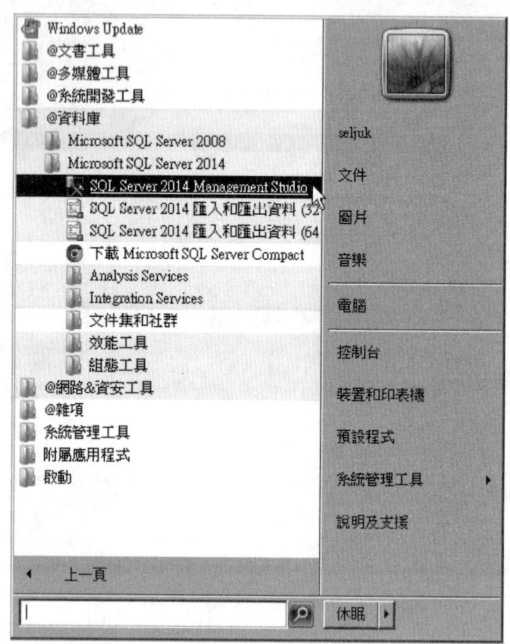

圖 7-14　功能表「SQL Server Management Studio」選項

SQL Server Management Studio 工具開啓的方式，請參見圖 7-14 所示，由功能表裡安裝資料庫系統所產生的目錄內選擇「SQL Server 2014 Management Studio」選項，即可開啓如圖 7-15 所示的圖形化管理工具視窗。

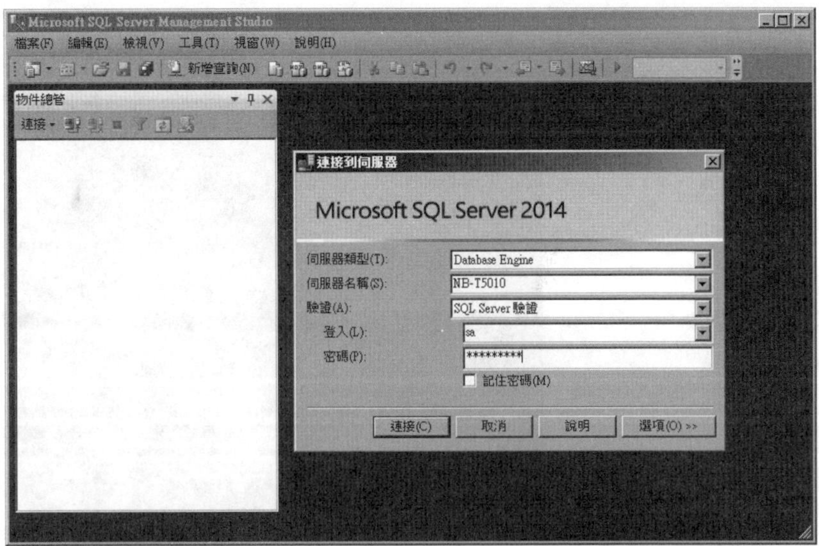

圖 7-15　「SQL Server Management Studio」圖形化管理工具視窗

爲了存取安全管控的考量，需要先執行登入的作業。依據資料庫系統安裝的設定（參見圖 7-10，以及安裝設定的說明），輸入帳號與密碼（**系統管理者的帳號預設爲** sa **，登入的使用者必須具備「資料庫系統管理者」的權限**，請參見第 106 頁「帳號管理」一節說明）。登入成功後，顯示如圖 7-16 所示的畫面，其中左方「物件總管」區塊（frame）顯示此一資料庫實體（Instance）所包含的物件（資料庫、安全性 [使用者帳號]、伺服器物件 … 等項目）。

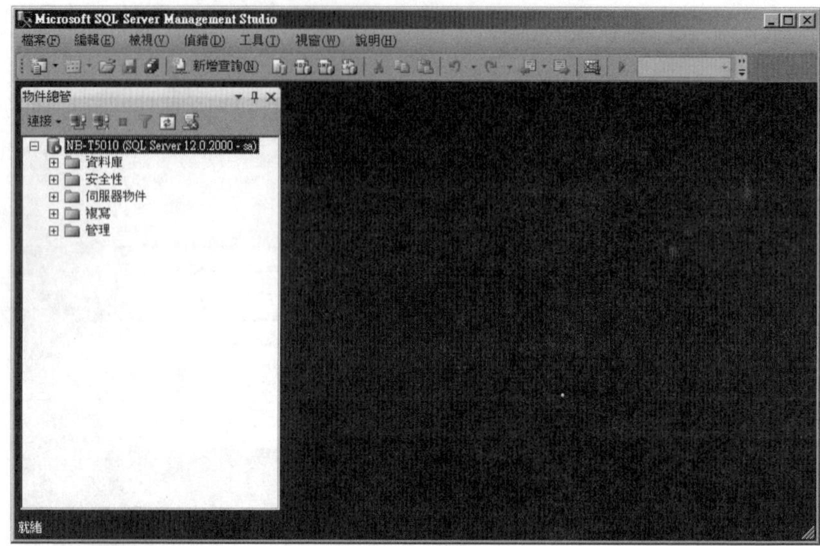

圖 7-16　「SQL Server Management Studio」視窗左方「物件總管」顯示所包含之物件

此一工具提供同時控管多個不同 SQL Server 資料庫伺服器的功能，提供中控臺（Console）的控管功能，而且控管的資料庫伺服器當然只能是 SQL Server ，不過不限是 2000、2005、2008、2012 還是 2014 版本。

請於主選單選擇「檔案 (F)」→「連接物件總管 (E)」，開啓如圖 7-15 的登入畫面，依據「伺服器名稱 (S)」欄位輸入的伺服器位址（可以輸入 IP 、領域名稱（Domain Name）或電腦名稱均可）。例如圖 7-17 所示，除了本機資料庫伺服器之外，筆者還登入一台領域名稱為「newsmeta.shu.edu.tw」、一台網址為「140.119.115.20」的資料庫伺服器。

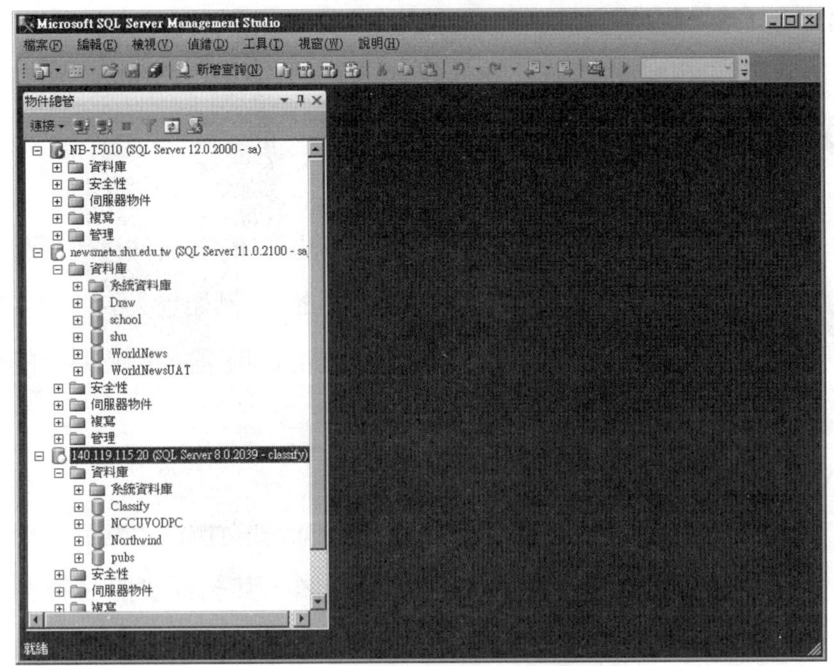

圖 7-17　控管多個資料庫伺服器

1. 資料庫操作

資料庫的建立是學習資料庫系統的基本實務，甚至進行系統開發時，也需要非常熟悉資料庫的建立。因此本單元先就資料庫的建立作一基本介紹，透過建立一個練習的資料庫，並在該練習資料庫內透過批次檔案產生多個表格，以提供之後的SQL語法的學習與練習使用。一個資料庫系統允許存在多個資料庫，其中除了使用者自行建立的資料庫之外，還有部分是系統運作使用的資料庫。無論是系統資料庫或是使用者自建的資料庫，每一個資料庫在硬碟的實體檔案至少包含兩個檔案：副檔名為 .mdf 的資料檔案（data file）與副檔名為 .ldf 的異動紀錄檔案（log file）。

(1) 系統資料庫介紹

展開如圖 7-16 左方「物件總管」區塊內的「資料庫」項目，SQL Server 包含下列四個系統資料庫：

(a) master：

master 資料庫記錄所有資料庫系統層級的資訊，這包括整個執行個體範圍的後設資料（Metadata），例如登入的使用者帳戶、端點（endpoint）、服務、連結的伺服器，以及系統的組態設定 … 等各類系統相關範圍的資訊。

(b) model：

model 資料庫是用來提供 SQL Server 執行個體上建立之所有資料庫的範本，每新增一個資料庫，其結構實際是複製於 model 資料庫。也就是說，所有新增的資料庫擁有一組可控制其行爲的選擇標準，當建立一個新的資料庫時，model 資料庫的整個內容（包括資料庫選項）都會複製至新的資料庫。在啓動期間，model 的某些設定也會用於建立新的 tempdb 資料庫，所以 model 資料庫必須存在 SQL Server 系統上。

(c) msdb：

msdb 資料庫提供 SQL Server Agent 用來設定警示和作業的排程，以及提供 SQL Server Management Studio 、Service Broker 和 Database Mail 等功能的使用。例如，SQL Server 能在 msdb 資料庫的資料表中自動維護一份完整的線上備份和還原記錄，提供使用者透過 SQL Server Management Studio 執行還原資料庫或套用任何交易記錄備份的計畫 。

(d) tempdb：

內容包含暫存的使用者物件（例如：全域或本機暫存的資料表、暫存的預存程序、資料表變數或資料指標 … 等）、SQL Server Database Engine 所建立的內部物件（例如，儲存多工緩衝處理或排序之中繼結果集的工作資料表）、由資料庫中的資料修改交易所產生的資料列版本，該資料庫採用使用資料列版本設定隔離的讀取認可或快照集隔離交易 … 等異動中的資料。

基於系統資料庫是用來管理資料庫系統運作的相關資訊，因此 SQL Server 並不允許使用者直接更新系統資料庫中的資訊，例如系統資料表、系統預存程序和目錄檢視，而是系統依據使用的狀況自行產生與維護。

(2) 新增資料庫

新增資料庫的方法可以包括使用圖形操作的方式，以及使用命令執行的 SQL 敘述直接建立資料庫這兩種方式。基於 SQL 敘述建立資料表、資料庫等物件的命令安排在第十四章，因此本單元先就圖形操作的方式介紹如何新增資料庫。

首先將滑鼠鼠標移至視窗左方「物件總管」內的「資料庫」項目上（或項目內任何資料庫名稱，但不包含系統資料庫），按下滑鼠右鍵，顯示如圖 7-18 所示的彈出視窗

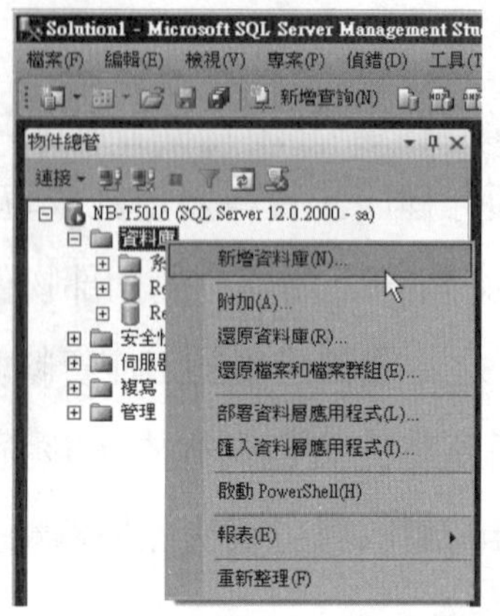

圖 7-18 「資料庫管理」彈出視窗

選點「新增資料庫 (N)」選項，系統顯示如圖 7-19 所示新增資料庫的操作視窗。請在「資料庫名稱 (N)」欄位輸入希望新增資料庫的名稱

【說明】

縱使是透過視窗操作的方式建立資料庫，系統背後仍是透過 SQL 敘述來執行。因此建立好的資料庫，日後仍可自由使用視窗方式或 SQL 敘述來更改資料庫名稱、調整資料庫儲存空間、使用者權限管理，甚至刪除資料庫。

【說明】

SQL Server 資料庫的命名並沒有像程式命名規則的規範，不過建議可比照物件或類別的命名規則，例如每一個有意義的單字字首大寫，其中不可以有空格。並且儘量以英文命名，以避免不同程式因爲編碼的不同而造成無法讀取的窘境（例如開發了一個德文版的網頁，存取此資料庫的內容，但字碼卻並非採用 unicode）。

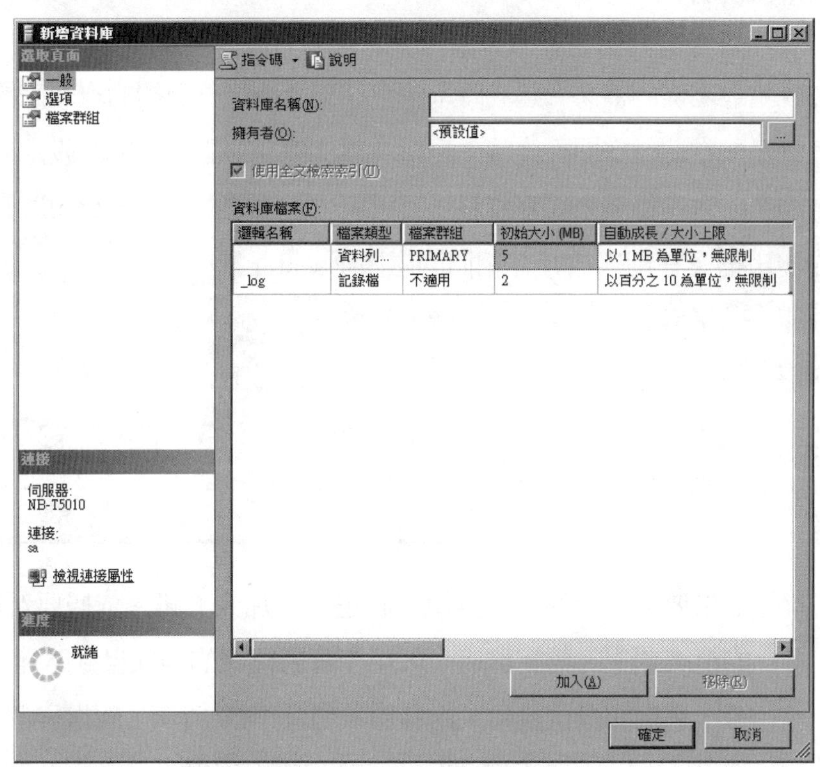

圖 7-19　新增資料庫視窗

若要使用所有預設值來建立資料庫，請輸入資料庫名稱後按「確定」鈕，便完成資料庫的新增作業。否則可以繼續執行下列選擇性的設定：

(a) 如果要變更擁有者名稱，請選點 ... 鈕來選取其他擁有者。

(b) 如果要改變資料庫主要資料與交易記錄實體檔案的預設大

小，請在「資料庫檔案」方格中「初始大小（MB）」欄位按一下適當的資料格，並輸入新的值。

【說明】

此處設定大小容量的實體檔案，稱為初級（Primary）檔案，也就是最基礎的檔案。建立時系統會在硬碟劃出一連續的空間來儲存資料。當此一空間不夠時，系統會再依據「自動成長」的設定，增加新的實體檔案來儲存資料。不過新增的實體檔案並不會和原先的初級檔案在硬碟中存在相同的磁區（sector），所以一定會影響效能。為了考量存取資料的效能，新增資料庫時一定要考量未來資料庫使用的空間需求，而決定做適當的初級檔案大小。避免過大的空間造成浪費，過小的空間造成系統產生多個分散的實體檔案來儲存，而影響效能。

(c) 如果要加入新的檔案群組，請選點「加入」鈕。依據要新增的檔案類型、檔案群組、大小、實體檔案的硬碟目錄路徑 … 等，選點該欄位並輸入內容值。如圖 7-20 所示，新增一個名稱為「School」的資料庫，指定初級檔案的大小為 30Mb ，並增加一名稱為初級檔案「School_1」、大小為 10Mb 的資料列資料檔案。（這只是為了示範，建議最初建立資料庫時，不要額外增加儲存的檔案，因為資料分散對資料庫的效能是非常不佳的）

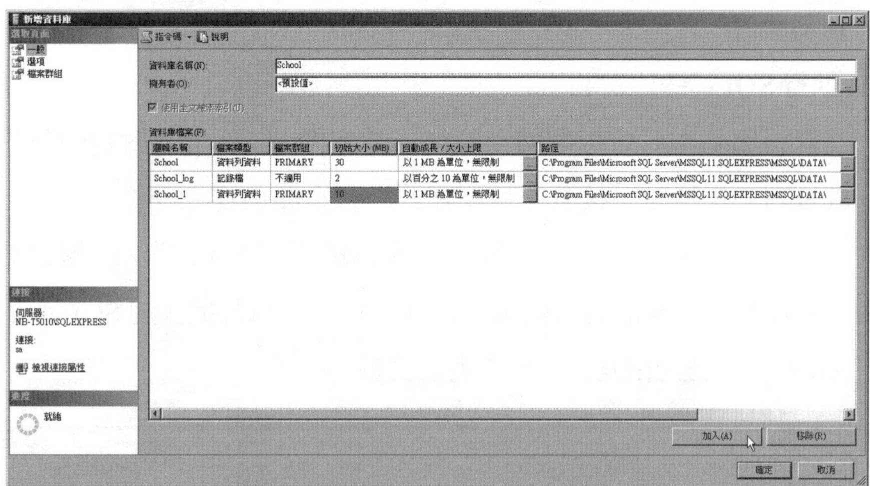

圖 7-20　新增資料庫儲存的實體檔案

完成後按下「確定」鈕，即可完成此一資料庫的新增作業，如圖 7-21 左方「物件總管」區塊的「資料庫」項目內容所示，增加了一個資料庫「School」。

圖 7-21　完成 School 資料庫的新增作業

2. 資料處理

(1) 執行 SQL 手稿

資料庫基本只是一個儲存資料的「空間」，新增了練習使用的「School」資料庫，接著便是要在此一資料庫內建立一些資料表，並在資料表內新增一些資料錄，以便後續學習 SQL 語法時練習使用。批次建立資料的方式通常有兩種，一種是執行批次的 SQL 手稿（script）；一種是由其他資料庫匯入資料。

【說明】

SQL 手稿（Script）是指將多筆 SQL 敘述事先撰寫好，儲存在電腦檔案中，當需要時再載入系統批次執行，便可完成手稿中所有的 SQL 敘述。例如開發應用系統時，可以將分析好的結構，包括建立資料庫、設定登入資料庫的使用者權限、建立資料表、資料錄、索引、預儲程序、觸發…等資料庫內部的物件「一鍵」就可以建立完成。

參考圖 7-22 所示在「SQL Server Management Studio」左方「物件總管」區塊內的「資料庫」項目，以滑鼠右鍵選點「School」資料庫名稱，於顯示的彈出視窗中，選點「新增查詢（Q）」選項；亦可直接於視窗上方選單工作列，選擇「新增查詢 (N)」選項，展開如圖 7-22 右方標示的「3. SQL 敘述輸入區」，輸入區的頁籤與視窗的標題列顯示的資訊為：

SQL 預設檔名－電腦名稱 . 資料庫名稱 (帳號 (視窗開啓序號))。

以圖 7-22 所示的內容作爲範例說明（這是筆者電腦的資訊，與你執行的預設檔名、電腦名稱、序號會有所不同）：

SQL 預設檔名：SQLQuery2.sql
電腦名稱：NB-T5010
資料庫名稱：School
帳號：sa
視窗開啓序號：54

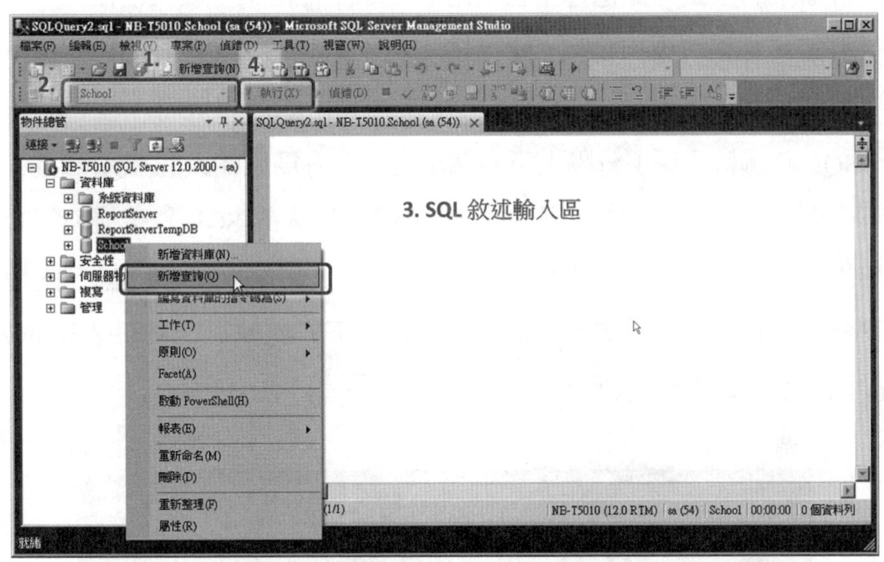

圖 7-22　SQL 敘述輸入視窗

也可參考圖 7-22 左上方選單工作列，圖中標示 2 的方塊，下拉式選單顯示的是現在所在的資料庫名稱，請確認現在所在的資料庫是否爲「School」，如果不是，可以下拉該選單切換，亦可直接在標示 3 的 SQL 敘述輸入區塊內輸入指令：

```
use school
```

再按下標示 4 的「執行」鈕（或使用熱鍵 F5、加速鍵 ALT+X 或是 CTRL+E），如果 SQL 敘述輸入區塊顯示「命令已順利完成」，即表示正確執行了切換到「School」資料庫的命令。

因爲「School」資料庫是本書之後練習使用的資料庫，練習使用的資料需要透過批次的 SQL 手稿產生。因此接著選擇主選單「檔案 (F)」→「開啓 (O)」→「檔案 (F)」或是在選單工作列選點圖示開啓檔案的按鈕，並選擇本書所附的 Data.sql 檔案。載入後按下「執行」鈕，如圖 7-23 所示，便可批次將本書之後介紹的 SQL 敘述所有需要使用的資料表及資料錄均建立完成。執行完成時，視窗右方「SQL 敘述輸入區」分隔上下兩個部分，上方爲原輸入的 SQL 敘述，下方則爲 SQL 敘述的執行結果。若要儲存輸入的 SQL 敘述或執行的結果，可以以滑鼠右鍵選點欲儲存的區域。上方 SQL 敘述儲存的檔案會以 .sql 副檔名的純文字檔格式儲存，下方的執行結果則是以 .csv 副檔名的試算表格式儲存。

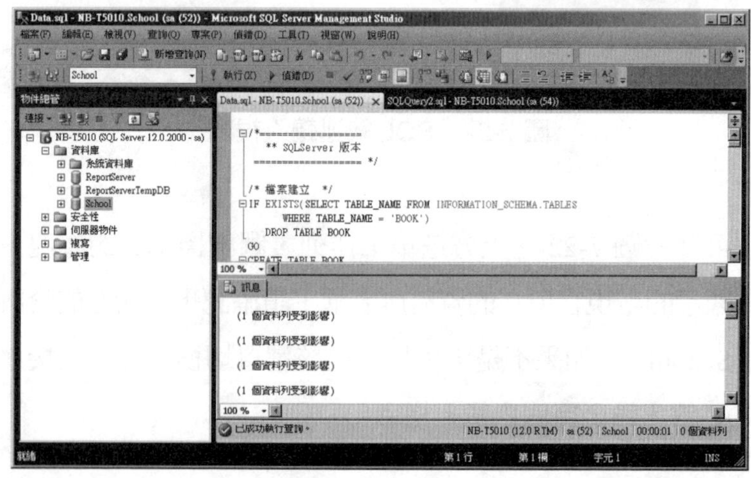

圖 7-23　執行批次 SQL 手稿檔案，建立練習資料庫所需的資料

學習資料庫，包括理論、SQL 敘述、系統管理、應用程式開發四個層次。本書主要涵蓋理論、SQL 敘述與應用程式開發三個部分，希望透過快速的學習方式，建立開發系統的能力。當具備開發系統的能力，讀者可再自行依據需要，延伸學習資料庫系統管理的方法與技巧。SQL 敘述的熟練，影響了後續應用程式的效能與執行範圍，本書在第八章至十五章會有完整的 SQL 語法的介紹，不過在學習使用 SQL 語法之前，還是需要先了解如何操作這一個 SQL 敘述執行的工具。本單元的介紹，雖然是透過批次的 SQL 手稿檔案建立 School 資料庫練習所需的資料，但過程其實就是學習使用、操作此一 SQL 敘述執行的工具。

(2) 資料匯入與匯出

SQL Server Management Studio 整合管理工具，提供執行不同資料庫之間許多很方便的功能，甚至不同伺服器之間資料匯入匯出，以及跨越不同資料庫系統之間的資料匯入匯出的作業。例如將 Oracle 資料庫的資料表內容匯入到不同伺服器的 SQL Server 資料庫內，或是將 SQL Server 資料庫的資料表內容匯入到單機版的 Access 或 Excel 等。透過這一類跨資料庫系統、伺服器、資料庫形式的匯入匯出作業，而達成資料移轉的功能。

在操作上，資料匯出與匯入的作業其實是同一功能，主要是指定「資料來源」與「目的地」的差異。「資料來源」是指匯出的資料庫，「目的地」是指匯入的資料庫。以下就以 SQL Server 資料庫匯出至 Access 一個範例的操作說明，示範資料匯出與匯入的功能。

首先先執行 Office 的 Access 軟體，建立一個空的 Access 空白桌面資料庫檔案。由於 Office 幾乎常年改版，考慮相容問題，建議 Access 檔案採用如圖 7-24 所示的 2000 或 2002-2003（副檔名為 .mdb）檔案格式。這一個空的 Access 資料庫檔案用來作為匯出的目的地資料庫。

圖 7-24　建立新的 Access 檔案

準備好匯出目的地的 Access 資料庫檔案，接著請於 SQL Server Management Studio 視窗左方的「物件總管」區塊內，以滑鼠右鍵選點先前建立的 School 資料庫（表示預設匯出的是 School 資料庫）。如圖 7-25 所示，選擇彈出視窗的「工作 (T)」選項→「匯出資料 (X)」選項，開啓資料匯出匯入精靈視窗。

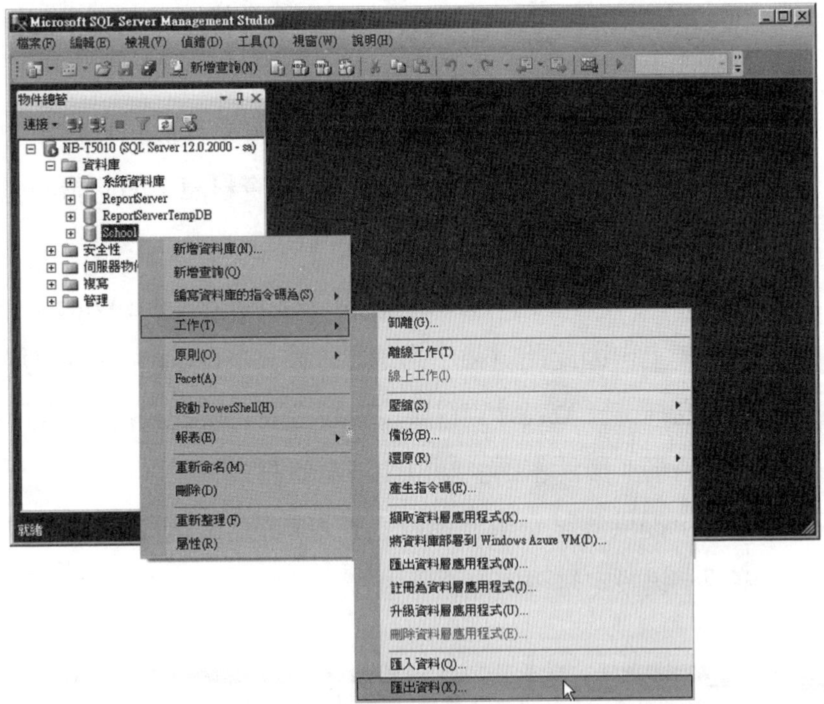

圖 7-25　選擇「匯出資料」選項，執行資料匯出作業

資料匯出匯入精靈視窗顯示如圖 7-26 所示，首先先設定匯出的資料庫（圖中左方的「物件總管」區塊），包括：

(a) 資料來源：指定資料的來源，以及使用來存取該資料庫的驅動程式。

(b) 伺服器名稱：指定資料庫所在的電腦位址，可以使用 IP 、領域名稱（domain name），或 Windows 作業系統的電腦名稱。

(c) 驗證：輸入具備存取匯出資料庫權限的使用者帳號、密碼。

(d) 指定匯出的資料庫名稱。

完成設定後按「下一步 (N)」鈕，即會切換顯示至匯出的視窗（圖中右方視窗），設定的項目如同匯出視窗的設定。

(e) 目的地：指定資料的目的地，以及使用來存取該資料庫的驅動程式。因為本例是要匯出至 Access 資料庫，因此請於此下拉式選單選擇「Microsoft Access」。

(f) 檔案名稱：因為 Access 資料庫是以檔案形式存在 Windows 作業系統上，因此此處顯示的是要求輸入 Access 所在的目錄與檔案名稱。若 Access 資料庫沒有設定登入帳號與密碼，則「使用者名稱」與「密碼」欄位便不需要輸入。

(g) 進階：提供測試是否能連線登入指定的目的地資料庫，以便確認上述設定是否確無誤。

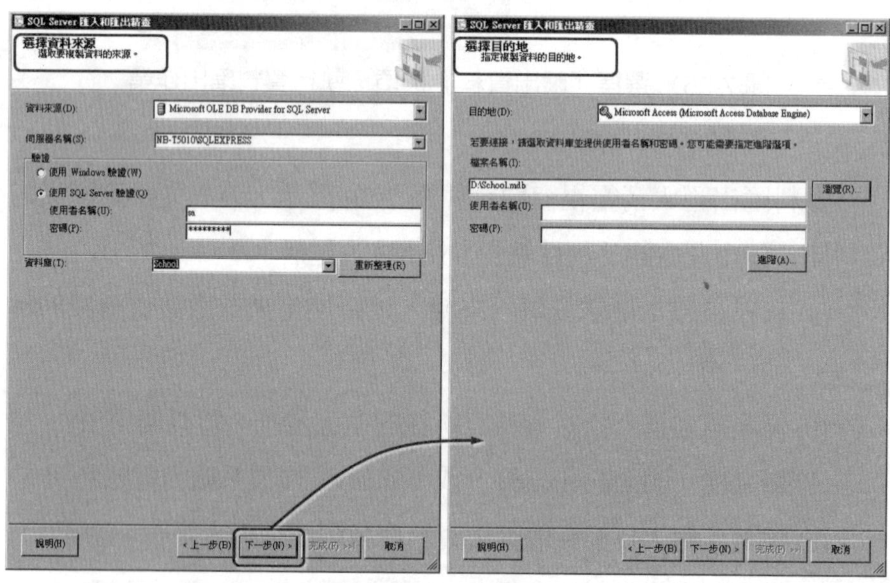

圖 7-26　資料匯出來源與匯入目的地設定

設定完成後，按下「下一步 (N)」鈕，顯示如圖 7-27 所示的選擇匯出資料來源模式的視窗，匯出模式包括：以資料表作爲匯出依據，或是以 SQL 敘述的執行結果作爲匯出依據。

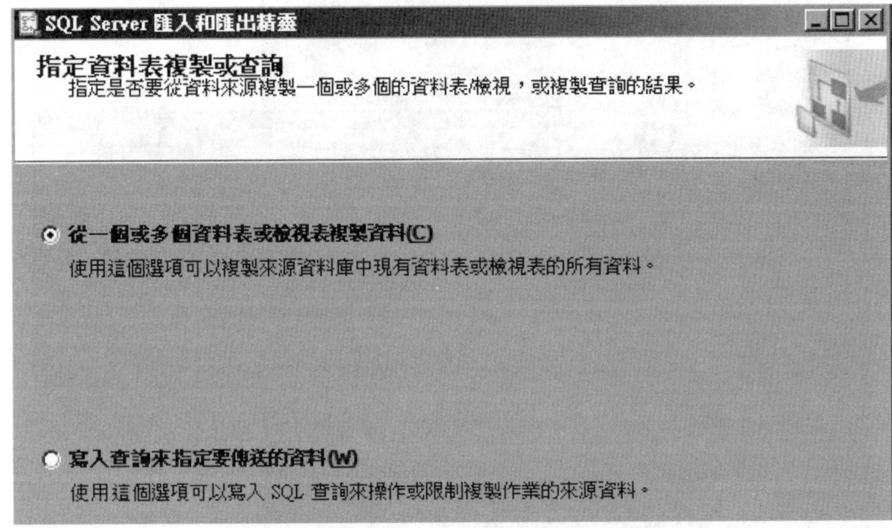

圖 7-27　選擇匯出資料來源的模式

我們以資料表作爲匯出依據，請選點「從一個或多個資料表或檢視表複製資料 (C)」選項，並按下「下一步 (N)」鈕。既然選擇的是以資料表作爲匯出依據，因此接下來如圖所示 7-28 的視窗，便是勾選匯出哪些資料表的內容。

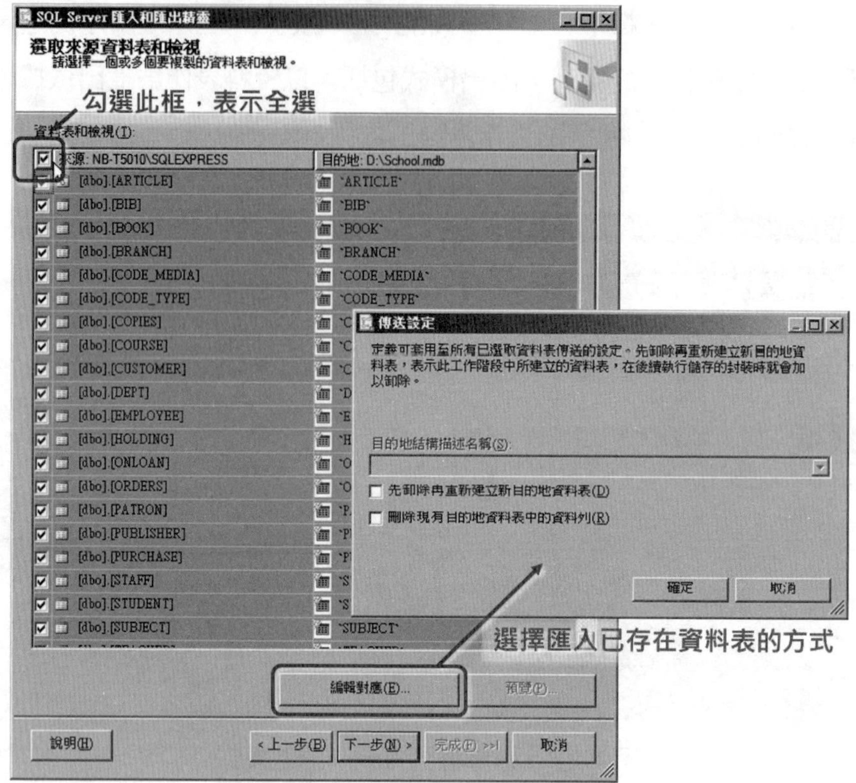

圖 7-28　勾選匯出的資料表清單

如果要匯出此資料庫全部的資料表，可逕行勾選表單欄位最上方的空格，否則便請逐一勾選。如果匯出目的地的資料庫可能已經有資料存在，匯出時需要考慮要重建資料表（先刪除資料表再重新建立）再匯入內容、還是不刪除已存在的資料表只先清空資料表的資料錄。如有此考量時，便可選點「編輯對應 (E)」鈕，設定匯入資料庫的處理方式。設定完成按下「下一步 (N)」鈕，顯示如圖 7-29 所示的檢閱資料類型對應的視窗。

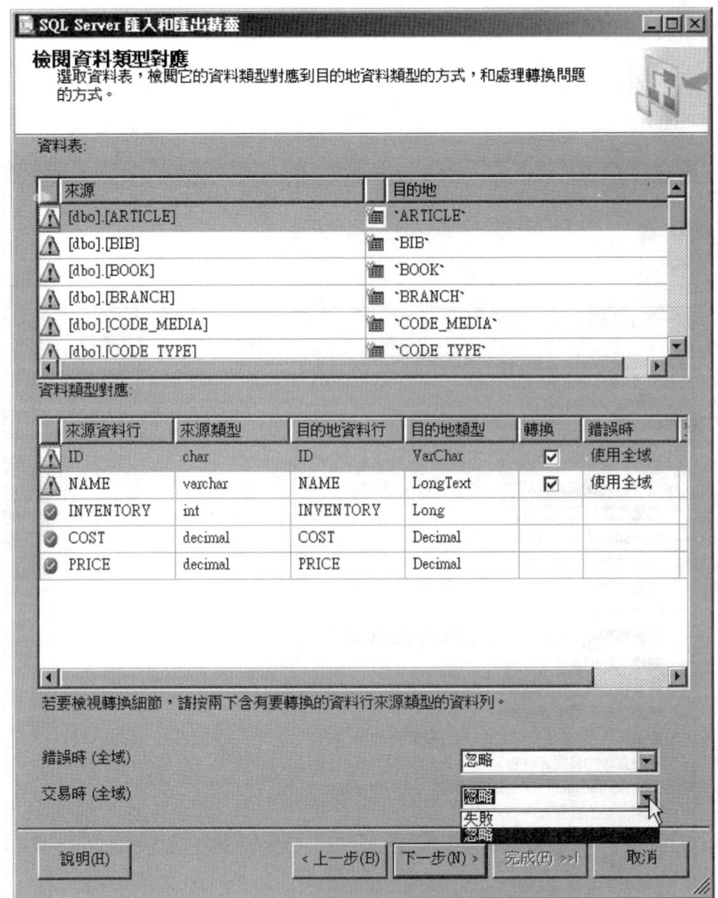

圖 7-29 檢閱資料類型對應的視窗

基於 SQL Server 屬於專業的商業資料庫，而 Access 則偏屬於個人使用的單機版資料庫，因此兩者之間使用的資料型態並不會一致（理論上 SQL Server 涵蓋的範圍較大，支援的資料類型較多元）。避免轉換時因資料形態對應的不足而無法匯入資料，建議請將視窗下方的「錯誤時」與「交易時」設定，均設定為「忽略」。確認後，請按下「下一步 (N)」鈕，並選擇「立刻執行」選項，如圖 7-30 所示，便

完成精靈的設定程序。(只是完成設定的程序，還沒有完成匯出匯入的實際作業喔)

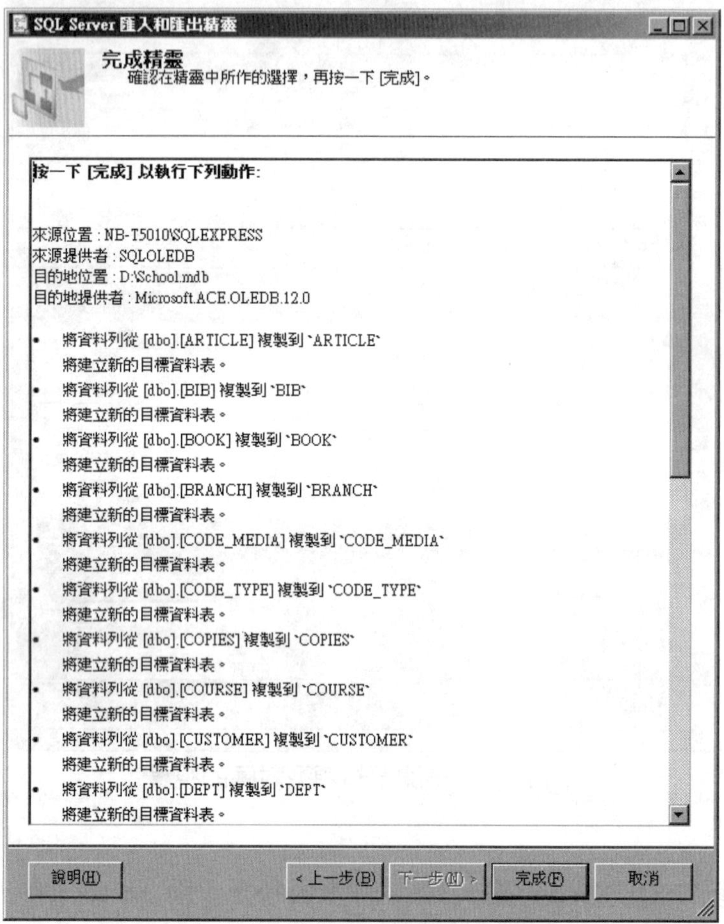

圖 7-30　匯入匯出設定完成視窗

接下來，請選點「完成 (F)」鈕，執行匯出匯入的實際作業。系統會逐一顯示如圖 7-31 所示，各資料表內容的複製、檢驗執行程序。直到視窗最上方顯示「成功」，表示完成整個資料匯出匯入的作業。

匯出匯入執行過程的狀況，可以事後透過下方的報表檢視，也可以直接以滑鼠選點訊息的說明。

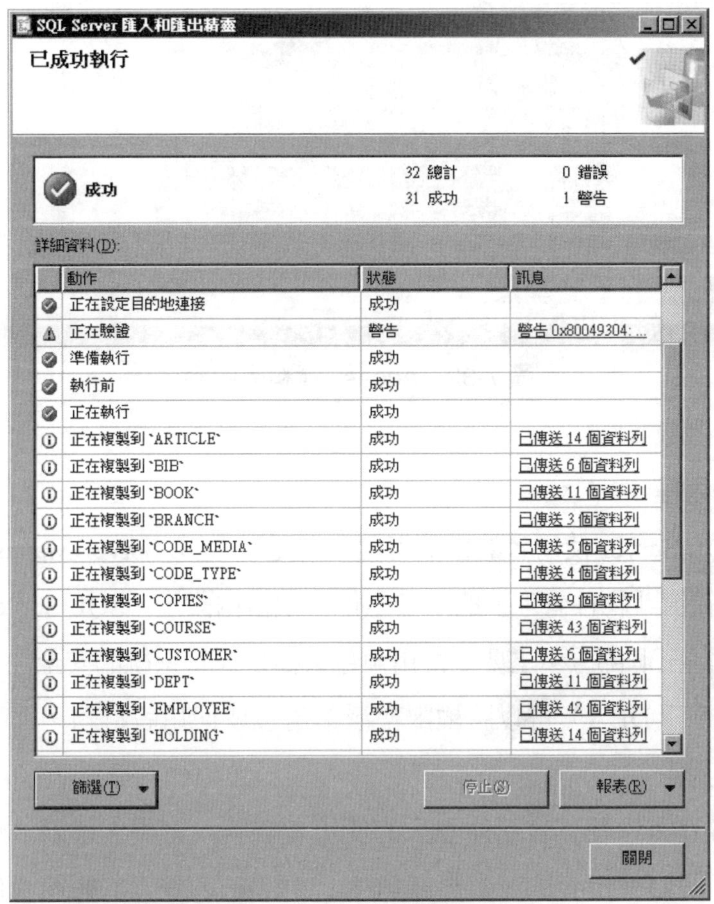

圖 7-31　匯入匯出作業處理完成

作業處理完成，也就是完成了由 SQL Server 資料庫移轉資料到 Access 資料庫的程序。接著我們可以執行 Access 並開啓剛才匯入的「School.mdb」檔案，如圖 7-32 檢視是否有正確地匯入所有的資料：

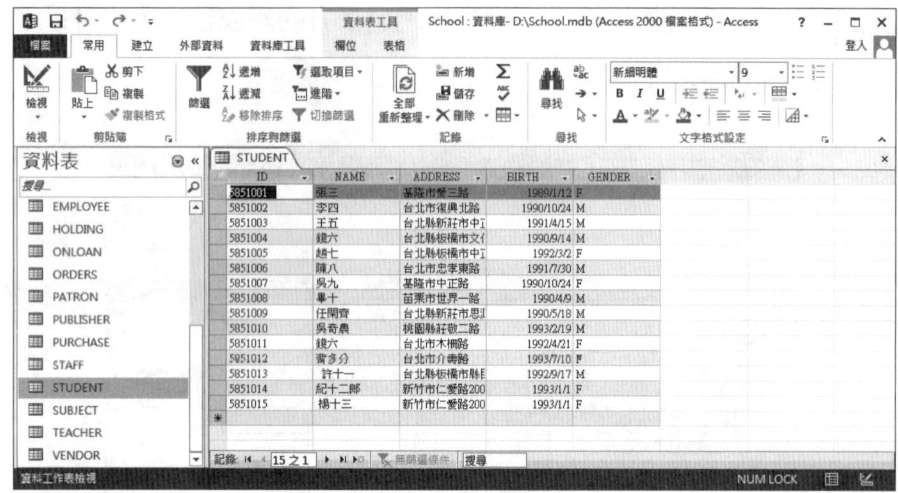

圖 7-32　Access 資料庫內容

3. 帳號管理

SQL Server 使用者的帳號管理主要是於 SQL Server Management Studio 視窗「物件管理」的「安全性」項目內設定。SQL Server 的安全性包括三個部分，主要是使用角色架構來控管系統的安全性，資料庫管理者（DBA）可以將權限指派給角色或使用者群組，而不是個別的使用者：

(a) 登入：建立資料庫登入的使用者帳號、密碼、權限。也就是設定使用者的「資料庫角色」（Role）。登入的帳照會依據設定的資料庫角色種類，對應使用資料庫物件的權限。

(b) 伺服器角色：設定伺服器角色的權限範圍，透過「登入」的使用者帳號設定，可以將整個伺服器安全性權限範圍指定給該使用者帳號。

(c) 認證：透過此選項，建立作業系統的使用者或群組的「安全性認證」。

由上述說明，(b) 伺服器角色、(c) 認證，主要是設定權限的範圍與群組關係，實質設定使用者帳號允許使用的權限範圍，則是在 (a) 登入的設定。因此，以下主要就以「登入」的設定作爲說明。

我們仍舊以先前新增的「School」資料庫爲例，若要新增一個具備完整操作此資料庫的使用者，首先於 SQL Server Management Studio 視窗右方的「物件總管」內展開「安全性」選項，並以滑鼠右鍵選點「登入」項目，顯示如圖 7-33 所示的彈出視窗。

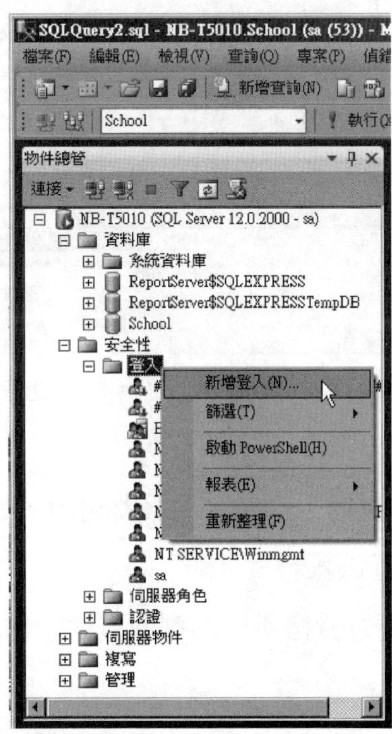

圖 7-33 「登入」彈出視窗

於「登入」彈出視窗選點「新增登入 (N)」選項，開啓如圖 7-34 所示的「登入」的編輯視窗。

圖 7-34　登入設定「一般」選項

登入設定的頁面包括：一般、伺服器角色、使用者對應、安全性實體、狀態，五個頁面。

參考圖 7-34 左上方窗格所列的選取頁面，「一般」頁面爲使用者帳號密碼的基本設定：

(1) 登入名稱：即爲登入資料庫系統的帳號名稱。

(2) SQL Server 的帳號檢驗，包括四個來源：

(a) Windows 驗證：選點此項表示此帳號爲作業系統所設定的使用者，因此在此不需要設定密碼，而是依據作業系統設定使用者帳號的密碼。

(b) SQL Server 驗證：選點此項表示此帳號爲 SQL Server 所設定的使用者，因此需要設定登入時須檢核的密碼。密碼設定時可加選三個附加選項：是否強制執行密碼原則、是否強制執行密碼逾期、下此登入時變更密碼。

SQL Server 強制的「密碼原則」包括：

■ 當 CHECK_POLICY 設定爲 ON 時，會發生下列行爲：

- CHECK_EXPIRATION 會設定爲 ON ，除非明確被設定爲 OFF。
- 使用目前密碼雜湊來初始化（initialize）密碼的歷史記錄。
- 啓用帳戶鎖定持續時間、帳戶鎖定臨界值和重設帳戶鎖定的計數器。

■ 當 CHECK_POLICY 改爲 OFF 時，會發生下列行爲：

- CHECK_EXPIRATION 會設定爲 OFF。
- 會清除密碼記錄。
- 重設 lockout_time 的値。

(c) 已對應到憑證：指定由具備信賴的憑證授權中心（Certificate Authority，CA）所發布的憑證（Certification），提供具備安全性極高的公鑰基礎建設（Private Key Infrastructure，PKI）加解密方式驗證。

(d) 已對應到非對稱金鑰：直接從金鑰檔案，除了金鑰內容無法匯出，因爲不具備憑證，因此沒有過期的選項。

(3) 對應到認證：可指定在「物件管理」的「安全性」項目內設定的使用者或群組的「安全性認證」。

(4) 指定資料庫：指定輸入此帳號 / 密碼，通過驗證後，預設進入的資料庫名稱。如果此使用者具備有其他資料庫的操作權限，進入預設的資料庫後，仍可切換使用其他資料庫。

(5) 預設語言：設定要指派給使用者的預設語言，建議採用預設即可。

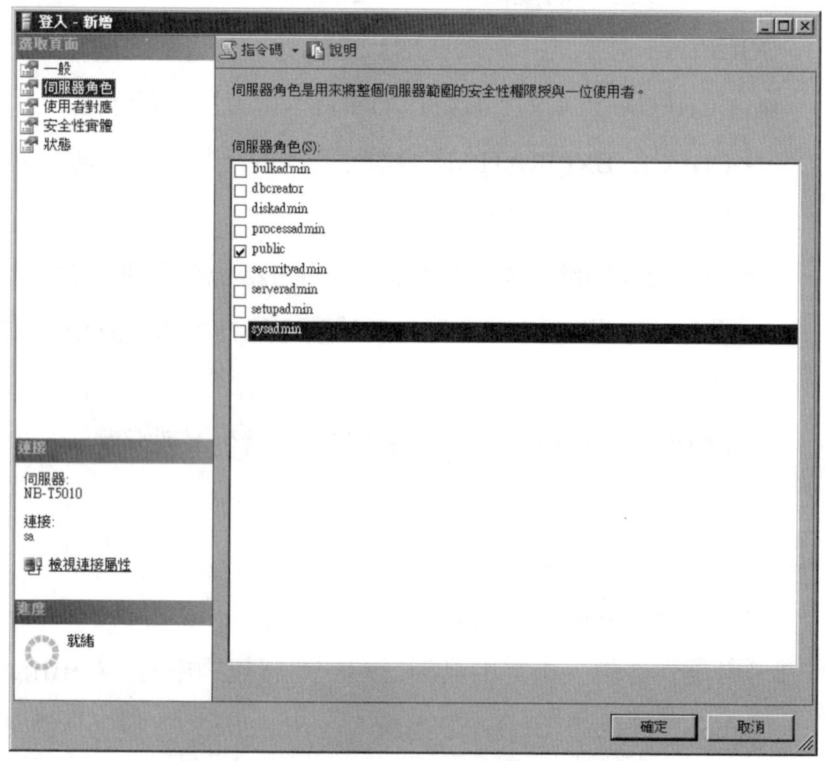

圖 7-35　登入設定「伺服器角色」頁面

如圖 7-35 所示，「伺服器角色」頁面的設定。設定此一使用者的伺服器角色。預設為 public ，各伺服器層級角色的說明請參考表 7-2 說明。

表 7-2　伺服器層級角色

伺服器角色	說明
bulkadmin	具備此伺服器角色的使用者可以執行 BULK INSERT 敘述。
dbcreator	具備此伺服器角色的使用者可以建立資料庫，還可以改變和還原本身的資料庫。
duskadmin	用來管理磁碟檔案的伺服器角色。
processadmin	擁有此伺服器角色的使用者能夠關閉在 SQL Server 執行個體中執行的處理程序（Process）。
public	最基本的伺服器角色，擁有 CONNECT 的連結資料庫權限。
securityadmin	此伺服器角色可以管理登入及其屬性。包括具備 GRANT 、DENY 、REVOKE 伺服器層級的權限。也具備 GRANT、DENY 和 REVOKE 資料庫層級的權限。此外，還包括可以重設 SQL Server 登入密碼。
serveradmin	擁有此伺服器角色的使用者具備可以變更整個伺服器組態選項與關閉伺服器的權限。
setupadmin	具備新增、移除連結伺服器，以及執行一些系統預儲程序（Stored Procedure）的權限。
sysadmin	擁有此伺服器角色的使用者可以執行伺服器中的所有活動。 預設 Windows BUILTIN\Administrators 群組的所有成員（也就是本機系統管理員群組），都是系統管理員（sysadmin）伺服器角色的成員。

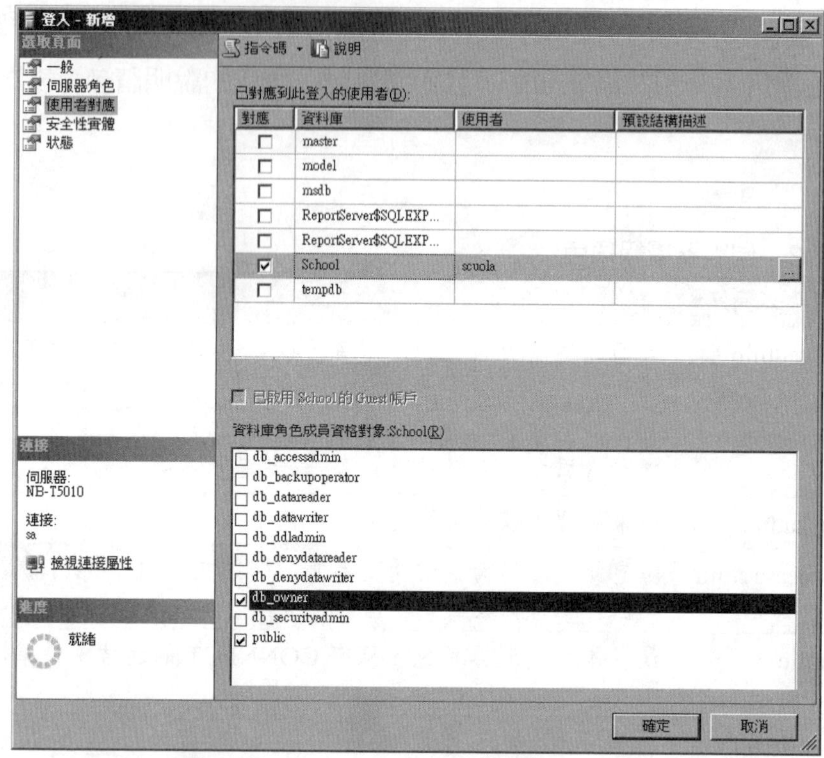

圖 7-36　登入設定「使用者對應」頁面

如圖 7-36 所示，「使用者對應」頁面的設定是用來設定此一使用者允許使用的資料庫，以及在各資料庫層級的使用角色（上方每一個「已對應到此登入的使用者」必須逐一設定各自具備的「資料庫角色成員資格對象」）。各資料庫層級角色的說明請參考表 7-3 說明。

表 7-3 資料庫層級角色

伺服器角色	說明
db_accessadmin	具備此資料庫角色的使用者可以新增、移除 Windows 登入、Windows 群組以及 SQL Server 登入的存取權。
db_backupoperator	具備資料庫備份的權限。
db_datareader	具備針對資料庫中的任何資料表或檢視執行 SELECT 敘述。
db_datawriter	具備新增、刪除或變更所有使用者資料表中的資料。
db_ddladmin	可在資料庫中執行任何 SQL 的「資料定義語言」（DDL）敘述。
db_denydatareader	限制不能讀取資料庫中任何使用者資料表的資料。
db_denydatawriter	限制不能新增、修改或刪除資料庫中任何使用者資料表的資料。
db_owner	可以在資料庫上執行所有的組態和維護作業。
db_securityadmin	擁有修改使用者具備的角色資格與管理權現。 db_owner 與 db_securityadmin 比較，兩者均具備管理資料庫角色使用者的資格；但只有 db_owner 資料庫角色的使用者可以新增使用者到 db_owner 資料庫角色。
public	每個資料庫使用者都屬於 public 資料庫角色。當使用者未授與或拒絕安全物件的特定權限時，該使用者會繼承授與給該物件之 public 的權限。

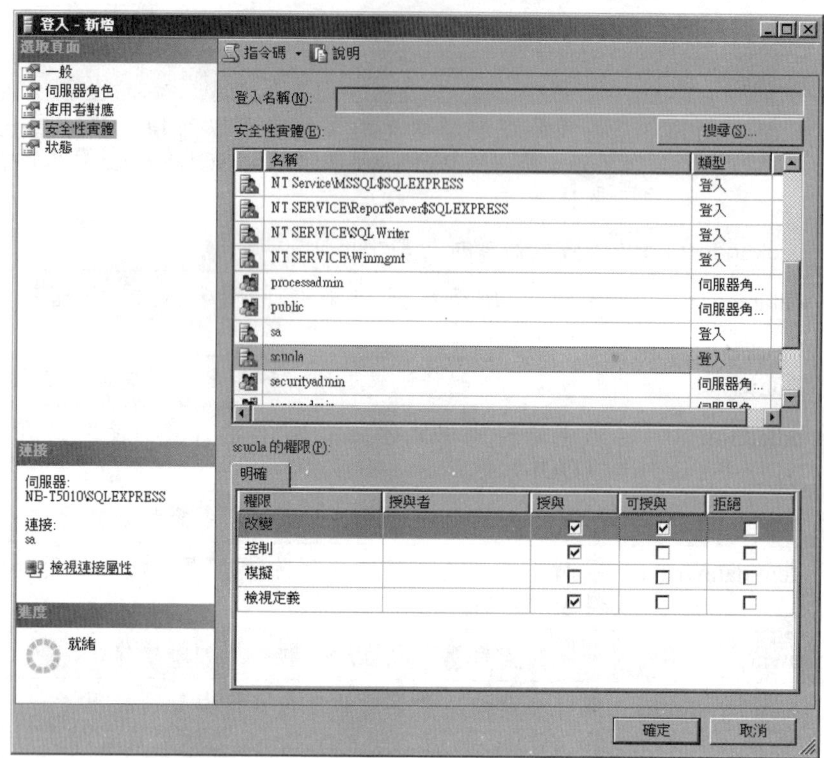

圖 7-37　登入設定「安全性實體」頁面

「安全性實體」頁面的設定，如圖 7-37 所示，主要是執行 SQL 的 GRANT 敘述，授與登入使用者安全性實體的權限。使用此頁面，先選點「搜尋 (S)」鈕，指定特定或是此伺服器內的各種物件（端點、登入、伺服器、可用性群組、伺服器角色）的搜尋方式，加入後再將資料庫安全性實體加入 [安全性實體] 方格中。然後選取方格中的安全性實體，並在 [明確] 權限方格中設定適當的權限。

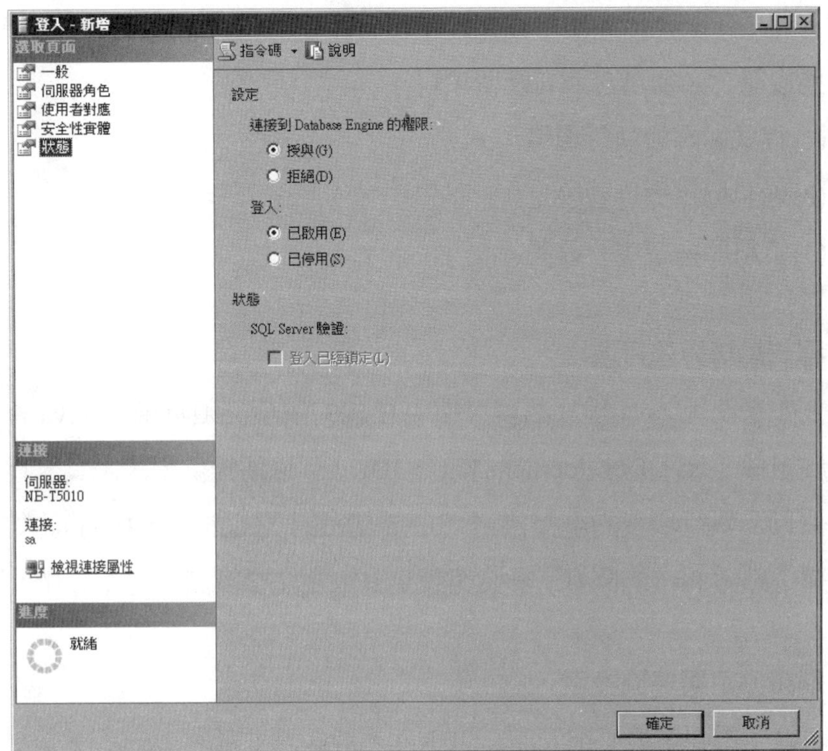

圖 7-38　登入設定「狀態」頁面

「狀態」頁面的設定，如圖 7-38 所示，主要是設定是否具備連接 Database Engine 的權限，以及是否允許登入使用資料庫。

第三節　Java 程式連結資料庫

這一單元分別測試使用簡單的 Java 程式連結資料庫系統，測試是否能夠使用程式正確存取資料庫的內容。此外，對於使用網站互動程式連結資料庫的程序與需要具備的背景知識較多，我們將它放在最後一個單元來介紹。使用程式連結資料庫存取資料，運作環境的準備有些複雜，必須包含下列幾個項目：

(1) 程式編譯與執行環境；

(2) 通訊協定與埠號設定；

(3) 資料庫系統中介軟體。

1. 程式編譯與執行環境

如果使用 Java 程式語言，撰寫程式的環境必須具備有 Java 程式發展組件（Java Development Kit ，JDK），以便提供編譯工具、程式套件以及執行環境的虛擬機器（Java Virtual Machine ，JVM）。如果你還不熟悉 Java 的開發，安裝與設定 JDK 的方式，請參見【附錄 A】。

2. 通訊協定與埠號設定

除了電腦環境必須安裝有 JDK，才能編譯並執行 Java 程式之外，安裝學習使用的 SQL Server Exprerss 版本，預設並沒有啓動 TCP/IP ，以及指定伺服器端接收 SQL 敘述的埠（Port）號。建議將 SQL Server 使用的通訊協定 TCP/IP 啓動，否則程式如使用 TCP/IP 協定方式使用網路（例如 Web），便無法連結此一資料庫系統。

【說明】

什麼是埠號（Port）？

我們知道 IP 封包的傳送主要是藉由 IP 位址連接兩端，但是每個連線的網卡基本就只能設定一個 IP ，到底這個連線的通道是連接到哪裡去呢？

此外，電腦同時可以處理很多作業，可能在上網的同時，也在收發信件、執行檔案傳輸（FTP 或 P2P），連接的通道怎麼知道收到的封包是要給哪一個作業的程式？

為了處理一個 IP 位址的通道連結，以及多個作業的封包歸屬，協定就設計了埠號（Port）。基於 16 位元的基礎，一個 IP 可以具備 $2^{16} = 65536$ 個埠號，每個執行的程序都至少分配一個埠號。就像一個住家地址，可以有許多細分的信箱號碼，大家就不會拿錯信件一樣。

不過如果每次執行時，隨機分配埠號，使得對方還要跟你的系統確認某一個作業這次用了哪一個埠號，造成些許不便。因此一些常用的作業就給予其固定的埠號，這些埠號通常小於 1024，且是提供給許多知名的 Internet 服務軟體用的。例如表 7-4 所列的一些 Internet 上常見的服務。

表 7-4　Internet 上常見服務預設的埠號一覽表

埠號	服務名稱	說明
21	FTP	檔案傳輸協定
23	Telent	遠端連線伺服器連線
25	SMTP	簡單郵件傳遞協定
53	DNS	用於名稱解析的網領名稱伺服器
80	WWW	全球資訊網伺服器
110	POP3	郵件收信協定
443	https	具備安全加密機制的 WWW 伺服器

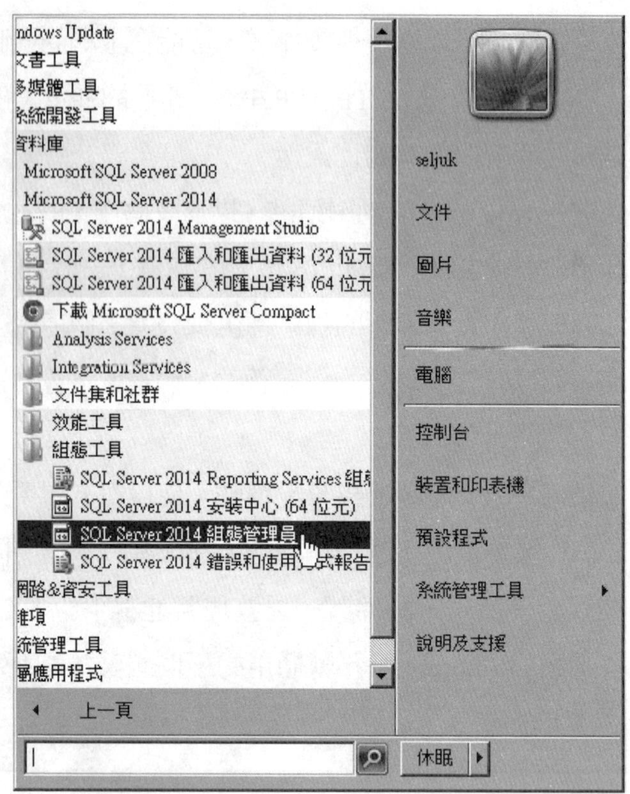

圖 7-39　資料庫「組態工具」選項

設定資料庫系統的 TCP/IP 協定與接收 SQL 敘述埠號的設定，請開啓如圖 7-39 所示的資料庫選項「組態工具」，執行如圖 7-40 所示的「SQL Server 組態管理員」。

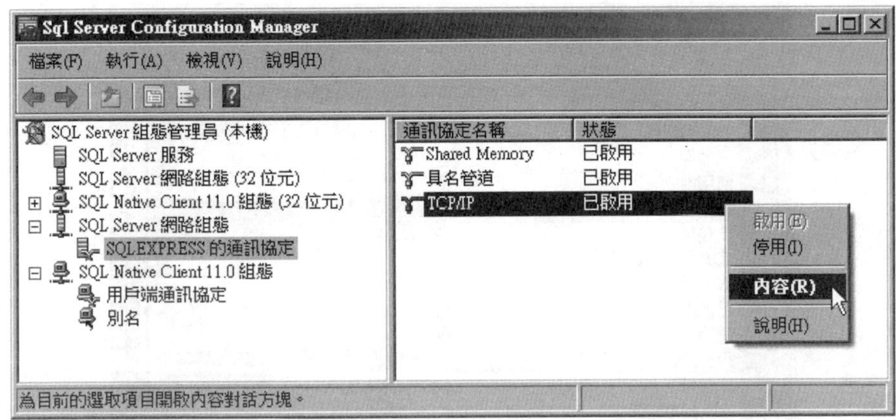

圖 7-40 「SQL Server 組態管理員」視窗畫面

參考圖 7-40「SQL Server 組態管理員」左方的表列，檢視「SQL Server 網路組態」確定其「SQLEXPRESS 的通訊協定」參數中，TCP/IP 通訊協定是啓動的狀態。如果不是，請按下滑鼠右鍵（或選點上方選單的「執行」選項），接著選擇「啓用」，並再選擇下方的「內容」選項，開啓如圖 7-41 所示 SQL Server 組態管理員「內容」的設定視窗。

參考圖所示，於「內容」視窗內，切換至「IP 位址」頁籤，瀏覽到「IPAll」的項目，將「TCP 通訊埠」設定爲 1433 。（爲何設定 1433，是因爲 SQL Server 過去各版本的慣例均是設定爲 1433，爲了方便開發的程式在往後連結使用其他版本的 SQL Server 時，至少避免連結使用不同的埠號而造成無法連結資料庫的困擾。）

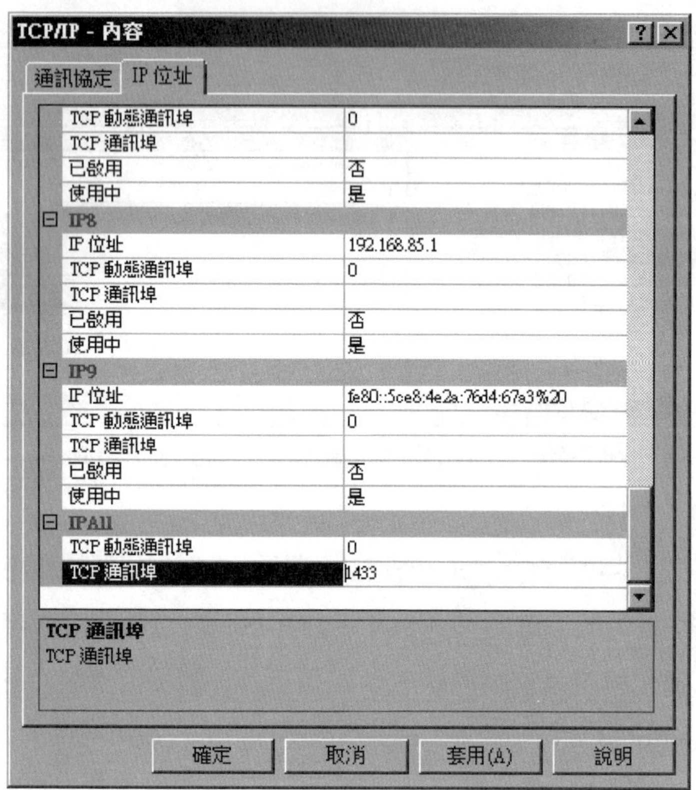

圖 7-41　SQL Server 組態管理員「內容」視窗畫面

3. 資料庫系統中介軟體

參見第二章，圖 2-6 所示的資料庫連結資訊流程圖，前端程式與後端資料庫系統之間必須存在一中介軟體，負責指引程式如何將 SQL 敘述送達資料庫系統，並將執行結果回應給執行的程式。中介軟體可以使用 ODBC ，也可以使用 JDBC 兩種方式，本書以 SQL Server 提供的 JDBC 原生驅動程式為例，參考表 7-5 說明，檔案可至微軟官方網站下載：http://www.microsoft.com/zh-TW/download/details.aspx?displaylang=en&id=11774

表 7-5 SQL Server 資料庫連結之 JDBC 驅動程式

檔案名稱	說明
sqljdbc.jar	支援 JDBC 3.0 。sqljdbc.jar 類別庫需要使用 Java 執行環境（Java Runtime Environment，JRE）5.0 版。
sqljdbc4.jar	支援 JDBC 4.0。 sqljdbc4.jar 類別庫需要使用 JRE 6.0 以上（含）版本。

資料來源：http://technet.microsoft.com/zh-tw/library/ms378422.aspx

由上述表內的描述，微軟 SQL Server JDBC 驅動程式不支援 JRE 1.4 的執行環境。使用 JDBC 驅動程式時，必須將 JRE 1.4 升級爲 JRE 5.0 或 JRE 6.0。如果你電腦安裝的是最新版 JDK ，表示是使用 JRE8.0 的執行環境（JRE 只是 Java 的執行環境，JDK 則除了執行的環境還具備開發需要的編譯器與諸多套件）。

下載的 JDBC 驅動程式可以考慮如圖 7-42 所示，放置到 Java 套件所在的目錄，例如筆者的 JDK 是安裝在磁碟機 C: 槽 Program Files 作業系統目錄的子目錄 Java\jdk1.7.0_51\jre\lib 內，所以就將先前下載的 sqljdbc4.jar 檔案置放在此目錄內。

圖 7-42 JDBC 驅動程式放置於 JDK 套件目錄

因爲 JDBC 驅動程式並不屬於 Java SDK 的一部分。因此，如果你想要使用它，就必須將環境變數的 CLASSPATH 設定爲包含 sqljdbc.jar 檔案或 sqljdbc4.jar 檔案所在的路徑。如果 CLASSPATH 遺漏 sqljdbc.jar 或 sqljdbc4.jar 的項目，應用程式將會擲出「找不到類別」或「資料庫無法連結」（Database can’t connection!!）的一般例外狀況。

【說明】

作業系統環境變數的設定，請於「控制台」選擇「系統」（或於「我的電腦」按下滑鼠右鍵，於浮動式選單中選擇「內容」），開啓「系統內容」。於「系統」→「進階系統設定」→「進階」頁籤內選點「環境變數」按鈕→開啓「環境變數」設定功能。

如圖 7-42 所示，設定 CLASSPATH 類別路徑。如果「系統變數」項目內沒有「CLASSPATH」變數，則按下「新增」鈕新增一個，如果已經有，則先選點該「CLASSPATH」變數，再按下「編輯」鈕，然後在變數值最後加上 **C:\Program Files\Java\jdk1.7.0_51\jre\lib\sqljdbc4.jar**

不過不要直接複製上述的文字，因爲你安裝的 JDK 版本可能與筆者安裝的版本並不相同（JDK 每兩三個月不等就會有新版推出）。相關說明請參見【附錄 A】

【注意】

設定 CLASSPATH，除了目錄位置，還必須包含該 .jar 檔案的名稱

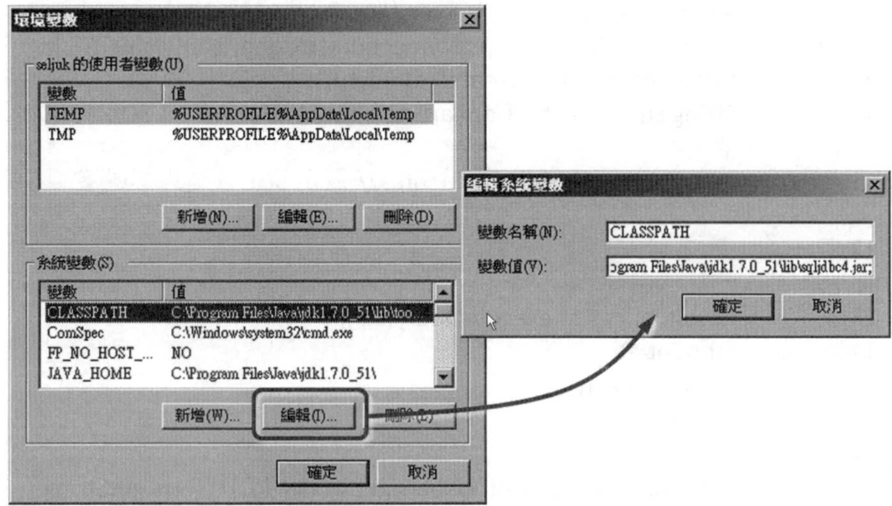

圖 7-43　作業系統環境變數 CLASSPATH 須加設 JDBC 驅動程式的路徑位置

OK！如果電腦安裝好 JDK，設定好環境參數的組態（如【附錄 A】）；也安裝了 SQL Server，設定好 TCP/IP 網路協定與埠號；也完成 sqljdbc4.jar 下載與該檔案存放位置的環境變數設定。接著請在電腦上撰寫上下列程式碼（如果沒有程式開發工具，可以使用記事本來撰寫程式碼，編寫時不要加上範例前方所編的編號）：

```
import java.sql.*;
public class Db{
    public static void main(String args[]){
        Connection con=null;
        try{
            Class.forName("com.microsoft.sqlserver.jdbc.SQLServerDriver");
            String strConn="jdbc:sqlserver://localhost:1433;database=school";
            con= DriverManager.getConnection(strConn,"shu","shu");
            Statement st = con.createStatement();
            String sql="select * from article"; // 設定欲執行的 SQL 敘述內容
            System.out.println("sql="+sql); // 顯示 SQL 敘述內容於畫面
            ResultSet rs = st.executeQuery(sql);
            int nCnt=0;
            while (rs.next() ){
                nCnt++;
                System.out.println("id="+rs.getString("id")+"-"+rs.getString
                ("name")+"( 價格 :$"+rs.getString("price")+", 庫存量 :"
                +rs.getString("inventory")+")");
            }
            System.out.println(" 總共查得筆數 : "+nCnt);
            rs.close();
            st.close();
            con.close();
        }catch(Exception e){
                System.out.println("Database can\'t connection!!");
                System.out.println(e.getMessage());
        }
    }
}
```

編輯完成後存檔（本範例筆者存於 D:\ 目錄下，檔名爲 Db.java），記住存檔的檔名與位置。

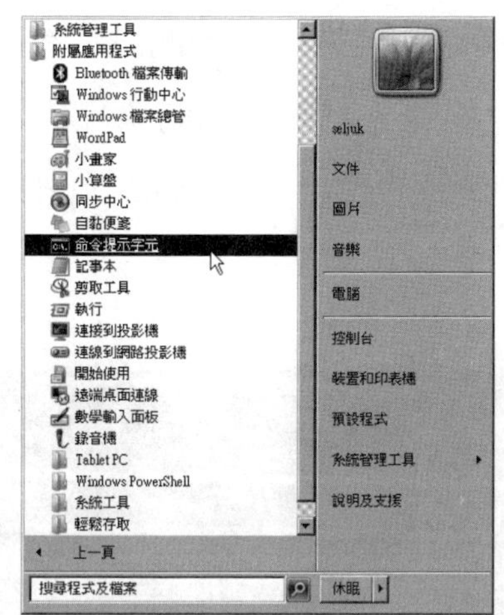

圖 7-44　執行「命令提示字元」選項

接著參考圖 7-44 所示的選項，開啓如圖 7-45 所示的「命令提示字元」視窗，於命令列下輸入：

```
D:\>javac Db.java
```

【說明】

「命令提示字元」使用的是 DOS 環境的操作指令。常用的操作指令簡易介紹請參見【附錄 B】。

指令「javac」表示編譯此程式，其後接的是程式檔案名稱。若程式碼有錯誤，則會出現訊息，若無則表示完成編譯，此時會產生一個相同檔名但副檔名爲 .class 的 bytecode 檔案，Java 實際可執行的就是 bytecode 檔案。因此接著請於命令提示字元輸入：

```
D:\>java Db
```

指令「java」表示執行，如果先前的設定都正確，資料庫內容也都存在，則結果便會如圖 7-45 所顯示的執行結果，將 school 資料庫的 article 表格的資料錄逐一取出 id 、name 、price 、inventory 等欄位的內容，組合顯示於螢幕上。

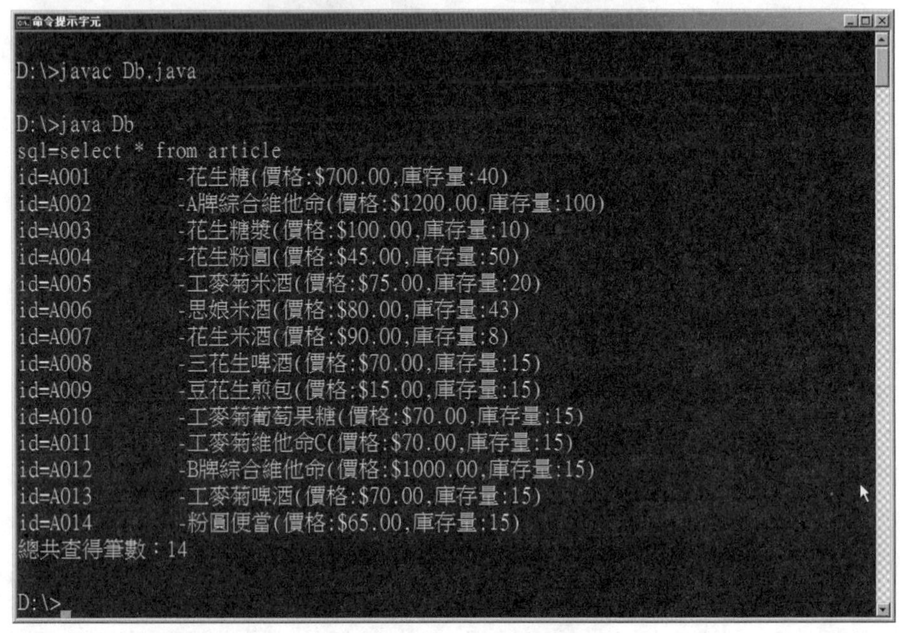

圖 7-45　編譯並執行 Java 程式存取資料庫內容

【說明】

資料庫通常不會單獨存在，而需要搭配應用程式協同運作，才能發揮資訊管理的效果。結合：應用程式複雜商業邏輯的處理、使用者互動的介面設計、以及連結後端負責儲存資料的資料庫，相互搭配才能達成商業應用系統的要求。因此學習資料庫，另一個目標的便是學習如何搭配應用程式的開發，才容易發揮資料庫的使用角色。如果你不熟悉 Java ，建議可以開始學習這一個至今廣為開發應用所採用的程式語言（最新的統計可參考網站：http://www.tiobe.com/index.php/content/paperinfo/tpci/index.html ）

Java 初步的學習可以參考【附錄 C】。連結資料庫的程式（網頁互動程式）介紹與說明，則請參考第十八章「網頁互動程式開發」

程式說明：

行 1：java.sql 提供資料庫的類別或介面，Java 連結資料庫須使用 java.sql 套件內的資料庫類別。

行 2~29：宣告此一範例的類別名稱為 Db。Java 程式以類別為單位，使用大括號 {} 代表範圍。

行 3~28：程式執行的進入點，也就是指定最先開始執行之處。Java「應用程式」以類別為執行單位，每一類別可包含零至多個方法（method ，類別內部擁有的函數，代表類別的「行為」）、零至多個屬性（attribute ，類別內部擁有的變數或物件，代表類別的「資料」）。程式最先執行的進入點，是一個類別的「方法」，其語法固定宣告為：public static void main（String args[]）

(a) public 與 static 為方法的修飾語。public 表示公用；static 表示靜態，也就是此類別不需建構成物件，即可呼叫執行此一方法。

(b) 方法名稱之前需要宣告回傳值型態，void 表示此方法無回傳值。

(c) main 即爲此方法的名稱。

(d) 方法名稱之後會有括號，內爲其傳入的參數（parameter）。參數的宣告爲：

資料型態／類別　　　變數／物件名稱

main 方法傳入的參數爲一個名稱爲 args 的 String 字串型態陣列。行 4~27：爲 main 方法內部的程式碼。

連結資料庫的程式，包括下列六個部分（若是使用無回傳的 SQL 敘述，例如新增資料、刪除資料，則沒有 (e) 項目）：

(a) 載入驅動程式：行 6 執行的 Class 類別的 forName() 靜態方法。

(b) 建立資料庫連線：行 8 執行 DriverManager 類別的 getConnection() 方法，將獲得的連線物件指定給名稱爲 con 的 Connection 類別的物件。

(c) 建立 SQL 敘述物件：行 9 執行先前產生的 con 物件的 createStatement() 方法。產生一個 Statement 類別的物件 st ，st 物件可用來承載 SQL 敘述，送至資料庫系統執行。

(d) SQL 操作與執行：行 13 執行 st 物件的 executeQuery（ ）方法，將方法內指定的 SQL 敘述（以本範例，SQL 敘述「select * from article」儲存於名稱爲 sql 的字串變數內）傳送至資料庫系統執行。並將執行結果，指定給 ResultSet 類別的物件 rs 。

(e) 處理回傳結果或資料集物件：行 15 至 19，使用 while 迴圈，執行 rs 物件的 next() 方法，逐一讀取先前 SQL 敘述執行結果的資料集，也就是逐筆資料錄內容。（資料集表示有 0 筆至多筆的資料錄集合，首先「指標」指向「第一筆資料錄之前」，每執行一次資料集物件 rs 的 next() 方法，指標就會移往下一筆資料錄，若指標有指到資料錄，便回傳 true ，否則回傳 false。while 迴圈便依據 true 還是 false 判斷是否繼續執行。

(f) 關閉 JDBC 物件：當資料讀取完畢，最後便是關閉使用的資料庫存取的物件，包括 con 、st 、rs 等物件。「關閉」對應用程式而言，代表的意義是結束物件的使用，清除對資料庫的連線，並釋放物件占用電腦的記憶體。

第二篇

結構化查詢語言

第八章　結構化查詢語言概述

SQL 是一種資料庫語言，用來查詢、增修、管理關聯式資料庫的內容。簡單的講，SQL 是使用者要求 DBMS 對資料庫執行各類動作的命令。

第一節　結構化查詢語言

結構化查詢語言（Structured Query Language，SQL）是在關聯式資料庫中，定義和處理資料的標準語言，也是一個在商業間，應用最廣泛的資料庫語言。

並非要 SQL 才能處理關聯式資料庫，而是 SQL 是大多數關聯式資料庫的標準介面。SQL 提供程式和使用者用於存取資料庫系統內資料的標準命令集。關聯式資料庫必須藉由 SQL 的功能，支援執行資料的定義（Definition）、處理（Manipulation）和控制（Control）。

1. 發展歷史

SQL 最早起始於 1970 年，由 IBM 在加州聖荷西市（San Jose，California）研究實驗室的 E. F. Codd 發表將資料組成資料表的資料關連模型的查詢代數與應用原則（Codd's Relational Algebra）。

1974 年，同一實驗室中的 D. D. Chamberlin 和 R. F. Boyce 依據 Codd's Relational Algebra 制定了一套規範語言－SEQUEL（Structured English QUEry Language）。兩年後，D. D. Chamberlin 將發展的新版

本 SEQUEL/2 建立在 IBM 的資料庫管理系統 System R 上。

1980 年時，SEQUEL 改名爲 SQL。1981 年 IBM 發表 SQL/DS 後，關聯式資料庫領域可以說是百家爭鳴，首先是 Relational Software 公司（後來更名爲 Oracle）發表第一個關聯式資料庫管理系統（RDBMS），並結合 SQL 成爲第一代上市發行 RDBMS 的主流。自此，隨著關聯式資料庫管理系統的發展，SQL 廣泛的被應用在各種資料庫管理系統上。

【說明】

SEQUEL 改名爲 SQL ，發音不變？正規來說不要把 SQL 發音爲 ['sikwəl]，而是應該直接按照字母念 Ess-Que-Ell 。

2. SQL 標準

爲了達到資料庫定義與應用模組，在各種不同的關聯式資料庫管理系統之間的可攜性，以及提供關聯式資料庫管理系統發展上的共通準則。由美國國家標準局（American National Standards Institute ，ANSI）的 X3H2 小組負責訂定了 SQL 標準（ANSI SQL），於 1986 年 10 月成爲 ANSI 標準，後來也被 ISO 納入爲國際上所認同的標準。因此其版本分爲：

(1) 1986 年的 ANSI X3. 135-1986（因爲並不以 SQL 爲名稱，所以後來並不列入 SQL 的發展版本）。

(2) 1989 年，美國 ANSI 採納在 ANSI X3.135-1989 報告中的定義，取代原先的 ANSI X3.135-1986 版本，稱爲 ANSI SQL 89。

(3) 1992 年再度改版推出 ANSI-SQL 92，或稱爲 SQL2，成爲目前各關聯式資料庫系統的標準語言。

(4) 最新的 SQL 標準爲 1999 年提出的 ANSI-SQL 99，或稱爲 SQL3，主要增加的部分是對物件導向資料庫與分散式資料庫提供支援。

目前資料庫系統廠商的產品所使用的 SQL 雖然都源自於 ANSI-SQL ，不過在支援上仍舊有些差異，再加上各廠商所擴充的一些語法、預儲程序的程式化功能（例如 SQL Server 使用 Transact-SQL 語法 [簡稱 T-SQL]；Oracle 使用 PL/SQL 語法，彼此完全不相容）…等，使得不同資料庫系統的產品仍有使用上的差異。基於本書的學習目標兼顧理論與實務的互通性，著重於應用資料庫系統的資料管理能力，並能將資料庫的設計實作於互動程式開發網站，因此 SQL 盡量以各廠商的資料庫系統產品均支援的語法爲原則。

第二節　SQL 指令集

有些人將 SQL 戲稱爲「Scarcely Qualifying as a Language」（還不夠格稱爲程式語言）。這麼說其實也有道理，SQL 雖稱爲查詢語言，卻涵蓋了資料庫管理的各種功能，就像一般我們都稱呼 SQL 的指令爲查詢指令，但這也並不表示 SQL 中所有指令的內容都在對資料庫做查詢的動作。而且其語言的基礎是關聯式代數，並不是程式語言，因此可以將 SQL 視爲一種關聯式的執行命令，而非像程式語言一般一行一行執行敘述的方式。

【說明】

學習 SQL 建議先大致了解各指令的分類即可，接著先熟習 SELECT 指令，再回頭學習 DML 、DDL 以及 DCL 的指令。主要原因是因為 SELECT 的語法較為複雜，而且在 DML 其他的指令，如 DELETE 、UPDATE 也會使用到一些 SELECT 指令的條件式。因此關於 SQL 指令集在本節僅先做基本的介紹，指令、語法的細節可先忽略。

【說明】

SQL Server 系統預設不分大小寫，所以指令、宣告可以使用大寫或小寫，其作用是一樣的。

SQL 的指令包含許多處理資料庫的命令，這些指令集依功能區分為三部份：

1. 資料定義語言（Data Definition Language，DDL）

用來定義資料庫的綱要（也就是系統後設資料 metadata），包括資料庫、使用者、資料表、視界（View）、索引（Index）、預儲程序（Stored Procedure）、觸發（Trigger）⋯等物件的新增、刪除、更改。

表 8-1　資料定義語言指令

指令	作用
ALTER	更改
CREATE	建立
DROP	刪除

資料庫的資料表（Table）是由列（row）和行（column）所組成的二維矩陣，可以使用 CREATE TABLE 來產生資料表。一旦資料表產生後，就可以開始填入資料。如果覺得資料表有不妥之處，想改變結構時，就可使用 ALTER TABLE 指令。當資料表沒有任何利用價值時，可使用 DROP TABLE 將它從資料庫中完全刪除掉。

2. 資料處理語言（Data Manipulation Language，DML）

用來處理資料庫中的資料，包括資料的新增（INSERT）、刪除（DELETE）、修改（UPDATE）與選擇（SELECT）等運算。

表 8-2　資料處理語言指令

指令	作用
DELETE	刪除
INSERT	新增
SELECT	選擇
UPDATE	修改

資料處理語言顧名思義，專門是用來處理資料表（Table）內的資料，所以千萬不要和 DDL 的指令混淆，例如刪除某一資料表裡的

資料紀錄，使用的是 DELETE 指令，而刪除系統的某一物件，例如資料庫、使用者、資料表、視界…等則是使用 DROP 指令。

3. 資料控制語言（Data Control Language，DCL）

用於保護資料庫權限的授權，以及包含交易控制語言（Transaction Control Language ，TCL）。「交易」是指每次所交付執行的一連串的動作，而這些動作形成一個工作單位，且每次的「交易」必須是完全執行，或完全不執行，而不允許只執行部分。

表 8-3　資料控制語言指令

指令	作用
GRANT	給予使用者存取資料庫物件的權利
REVOKE	收回 GRANT 所給予的存取權利
COMMIT	確認交易
ROLLBACK	放棄交易

【說明】

任何系統的硬體或軟體都會有某些潛在的問題，例如停電、硬碟毀損、程式發生例外、系統當機…等，這些都可能會造成資料庫資料的損壞。爲了減少不幸的事件發生，對於資料的處理，儘量做好交易控制，如此可以減少因系統問題而造成資料不一致的情況。

【說明】

在軟、硬體都沒有任何問題的情況下，因爲資料庫是提供多人使用的環境，尤其在多個人使用同一個資料表的時候，如果沒有做好交易的控制，資料庫還是可能會發生資料不一致。例如某甲從一個資料表讀取一筆資料，過一秒某乙正好也讀取該筆資料進行修改，這時某甲的程式使用的仍是原先讀取的資料，因此某甲做的任何資料處理的動作，可能都已不正確了。使用交易控制時，因爲系統會執行資料鎖住（Data Lock）的動作，因此可以降低不同使用者資料相互干擾的可能性。

GRANT 指令用來開放存取的權限；REVOKE 則是用來收回這些權限，例如配合 SELECT 指令，可以限制查詢資料的權限；配合 INSERT 指令，可以控制使用者能否新增資料；配合 DELETE 則可以限制那些使用者才允許刪除資料。

第九章 資料型態

欄位的屬性，也就是資料型態，是用來定義資料表的欄位能夠儲存哪一種資料，以及儲存的空間。因此，建立資料庫的資料表時，必須宣告各欄位的資料型態。SQL Server 基本的欄位資料型態包括：位元資料型態、整數資料型態、浮點資料型態、貨幣資料型態、日期與時間資料型態、字元字串資料型態、萬國碼字元字串資料型態、二進位資料型態，和「其他資料類型」。其他資料類型包括：標記資料型態、sql_variant 資料型態、XML 資料型態，還有 cursor 與 table 兩個只能用在 Transc-SQL，不能用在表格欄位的資料型態。

（參見：http://technet.microsoft.com/zh-tw/library/ms187752 (v = sql.90).aspx）

1. 位元資料型態

- **BIT**

  位元資料型態 bit 型態的欄位佔用一個位元組的空間，其值為 0 或 1 或 null。如果輸入異於 0 或 1 的值，都會被視為 1。因為位元資料的值是以 1 或 0 為主，因此特別適合只有兩個值的欄位使用，例如上 / 下、男 / 女、有 / 沒有、眞 / 假 …等。

2. 整數資料型態

整數資料沒有小數值。如表 9-1 所示，依據資料大小分為四個整數型態（和 Java 類似，只是名稱不同）：

- **TINYINT**

  型態具備 1 個位元組（也就是 8 個 bit）的空間，可以儲存 2^8=256

個數值範圍，因此可儲存 0-255 間的整數。

- **SMALLINT**

型態具備 2 個位元組（也就是 16 個 bit）的空間，可以儲存 2^{16}=65536 個數值範圍，切割正負的範圍，因此可儲存 –32768 到 32767 間的整數。

- **INT**

型態具備 4 個位元組的空間，可儲存 –2,147,483,648 到 2,147,483,647 間的整數，是 SQL Server 主要使用的整數資料型態。

- **BIGINT**

型態具備 8 個位元的空間，可儲存 −9, 223, 372, 036, 854, 775, 808 到 9, 223, 372, 036, 854, 775, 807 間的整數。bigint 資料型態通常是在整數值可能超過 int 資料型態所支援的範圍時使用。

表 9-1　整數資料型態

資料類型	可儲存之數值範圍	佔用空間
tinyint	0 到 255	1 個位元組
smallint	-2^{15}(−32, 768) 到 $2^{15}-1$ (32,767)	2 個位元組
int	-2^{31}(−2, 147, 483, 648) 到 $2^{31}-1$ (2, 147, 483, 647)	4 個位元組
bigint	-2^{63}(−9, 223, 372, 036, 854, 775, 808) 到 $2^{63}-1$(9, 223, 372, 036, 854, 775, 807)	8 個位元組

3. 浮點資料型態

- **DECIMAL 與 NUMERIC**

對於 SQL Server 而言，decimal 和 numeric 視爲相同的型態，都是

用來儲存具有小數點而且數值確定的數值。decimal 資料型態是遵循 ANSI-SQL 92，也就是 SQL2 規範的資料型態，而 numeric 資料型態則是舊版使用的資料型態，因此建議使用 decimal 而不要使用 numeric。使用此資料型態時，必須指定精確度與小數位數。宣告的方式爲：

decimal[(p[,s])]

s 表示小數位數，p 表示精確度（precision）。例如 decimal（10,3）表示共有七位整數三位小數，此欄位精確度爲十位（不含小數點）。若未指定時，系統預設爲 18 位精確度，內定小數位數爲 0。

- **FLOAT 和 REAL**

浮點資料型態是遵循 IEEE 的規範，float 表示一般浮點數，real 則表示倍精度浮點數（所以 Java 也有這兩個資料型態，不過 java 的倍精度浮點數名稱爲 double，而 SQL Server 則是使用 float），用來儲存具有小數的數值。此型態也稱爲不精確小數型態，因爲數值非常大或非常小時，其儲存的值常常只是近似值。

(1) float[(n)]

n 可從 1 到 53，表示此型態的二進位精確度。其值的範圍爲 −1.79E + 308 到 1.79E + 308。

(2) real[(n)]

和 float 型態相同。n 可爲 1 到 7，因此最多可以有 7 位精確度，其值範圍爲 −3.40E + 38 到 3.40E + 38。

如果使用 float 或 real 型態定義的資料欄位時，如果數值超過精確度的位數，會以四捨五入方式處理。

表 9-2　浮點數值資料型態

資料類型	可儲存之數值範圍	佔用空間
decimal	-10^{38} 到 $10^{38}-1$	依精確度佔 5 至 17 個位元組
numeric		
real	−3.40E + 38 到 3.40E + 38	4 個位元組
float	−1.79E + 308 到 1.79E + 308	8 個位元組

4. 貨幣資料型態

貨幣型態的資料是一具有小數的 decimal 型態數值，代表金融或貨幣值的資料類型，此型態的資料使用小數點來分隔局部的貨幣單位與完整的貨幣單位。例如 2.15 表示 2 元 15 分。不過使用上最多只能有四位小數位數，如果需要更多小數位數，建議可改使用 decimal 型態。輸入時必須在數值前加入幣別符號，如果是負值則幣別符號後面加「−」符號，不需要每三個字加逗號，但在列印時會自動加印逗號，並在指定前面有貨幣符號的貨幣值。SQL Server 不會儲存任何與符號相關聯的貨幣資訊，它只會儲存數值。

表 9-3　貨幣資料型態

資料類型	可儲存之數值範圍	佔用空間
smallmoney	−214, 748.3648 到 214, 748.3647	4 個位元組
money	−922, 337, 203, 685, 477.5808 到 922, 337, 203, 685, 477.5807	8 個位元組

5. 日期與時間資料型態

此型態用來儲存日期與時間的資料。最初只支援 datetime 和

smalldatetime 兩種日期的資料型態，在 SQL Server2008 之後的版本新增支援 date、time、datetime2 和 datetimeoffset 四種日期型態。

- **DATETIME**

  此型別的欄位顯示時內定的格式為「YYYY-MM-DD hh:mm:ss AM（或 PM）」，使用兩個 4 bytes 的整數儲存資料，其中 4 個位元組存放從西元 1753 年 1 月 1 日到該日之前或之後所經過的天數，另外 4 個位元組則儲存從零時起至該時間所經過的微秒數（milliseconds）。若輸入資料省略時間部分，系統將以 12:00:00:000AM 作為時間內定值。

- **SMALLDATETIME**

  同 datetime 型態，但儲存的資料較不精確，此型態只佔用 4 個位元組的儲存空間。其中兩個位元組用來儲存日期，另兩個位元組用來儲存時間，故此型別允許儲存的日期範圍為西元 1990 年 1 月 1 日至西元 2079 年 6 月 6 日，精確度到分鐘。

- **DATE**

  單獨儲存日期的資料型態。輸入格式為「YYYY-MM-DD」。

- **TIME**

  單獨儲存時間的資料型態。輸入格式為「hh:mm:ss」，時間可精確至 100 奈秒。

- **DATETIME2[(n)]**

  datetime2 可以視為 datetime 型態的延伸，提供更大的日期與時間範圍，以及時間的精確度。預設精確到秒的小數有效位數為 7 位，亦能夠自行指定小數位數（0~7）。

- **DATETIMEOFFSET**

  datetimeoffset 型態用來指定世界協調時間（Coordinated Universal Time，UTC）時間。例如中華民國（臺灣）的國家標準時間（National Standard Time，NST），比 UTC 快 8 小時，使用時可以配合預儲程序 @MyDatetimeoffset 宣告時區調整位移的範圍。

表 9-4　日期資料型態

資料類型	可儲存之數值範圍	佔用空間
datetime	日期範圍西元 1753 年 1 月 1 日到 9999 年 12 月 31 日，時間範圍 00:00:00 到 23:59:59.997	8 個位元組
smalldatetime	日期範圍西元 1900 年 1 月 1 日到 2079 年 6 月 6 日，時間範圍 00:00:00 到 23:59:59.9999999	4 個位元組
date	西元 1 年 1 月 1 日到西元 9999 年 12 月 31 日	3 個位元組
time	00:00:00.0000000 到 23:59:59.9999999	5 個位元組
datetime2	日期範圍西元 1 年 1 月 1 日到西元 9999 年 12 月 31 日，時間範圍 00:00:00 到 23:59:59	6-8 個位元組
datetimeoffset	日期範圍西元 1 年 1 月 1 日到西元 9999 年 12 月 31 日，時間範圍 00:00:00 到 23:59:59.9999999，時區位移範圍 −14:00 到 +14:00	10 個位元組

6. 字元字串資料型態

字串資料型態包括固定長度與變動長度兩種類型。固定長度表示宣告的長度即是資料儲存的空間大小，縱使資料內容小於宣告的長度，儲存的空間仍是占用宣告的大小。變動長度則是儲存的空間大小完全依據資料大小而儲存，資料量多則占較大空間，資料量少則占用較少空間。兩者最大差別是：固定長度的欄位資料較佔用空間，但處理效率較佳；變動長度的欄位處理資料的效率較差，但節省空間。所以要使用哪一種字串資料型態，還是需要依據資料的特性來考量，例如學號、身分證號這一類的欄位適合採用固定長度的型態；地址、專長這一類的欄位因爲資料長短不一，較適合使用變動長度的資料型態。

- **CHAR[(n)]**

  固定長度 char 型態的欄位用來儲存字元資料，最多可儲存 8000 個字元。只要一經宣告，不管輸入的資料長度爲何，將固定佔用 n 個位元組的儲存空間。如果輸入字串長度小於 n 時，若該欄位不允許「null」值，則系統會將不足部分補空白；若該欄位允許「null」值，則不足部分不補空白。若輸入資料超過宣告的長度，則其超出部分會被截掉。

- **VARCHAR[(n)|max]**

  varchar 原意是 character varying 的意思。varchar 型態同 char 型態，不過它是變動長度的型態。n 表示儲存資料的最大允許長度，最多可儲存 8000 個字元。此型態資料實際佔用的儲存空間會依據其輸入資料長度而定，但是輸入資料中的後置空白（trailing blanks）部分將不會被存入，所以也不列入佔用空間計算。若括號內不是指定一個 n 值，而是「max」，則表示可以最多儲存 2GB($2^{31}-1$ = 2,147,483,647) 個字元的資料。儲存體大小是輸入資料的實際長度再加上 2 位元組。

- **TEXT**

  可以儲存最大字串長度爲 2GB($2^{31}-1$) 個字元的變動長度的資料型態。

表 9-5　字串資料型態

資料類型	可儲存之數值範圍
char	1-8000 個字元
varchar	1-8000 個字元，若宣告為 varchar（max）則可以儲存上限為 2GB（$2^{31}-1$）個字元。
text	最大字串長度為 2GB($2^{31}-1$) 個字元的變動長度非 Unicode 資料。當伺服器字碼頁使用雙位元組字元時，儲存體大小仍是 2GB 個位元組，但若使用的是中文則是 1GB

7. 萬國碼字元字串資料型態

SQL Server 的欄位如果要同時儲存多國語言的萬國碼（Unicode），宣告的字串型態爲：nchar 、nvarchar 、ntext ，其中「n」前置詞代表的是 SQL-92 標準中的國家語言（national）之意。此外，在 SQL Server 使用 Unicode 字串的資料時，必需在字串前加上大寫字母 N 做爲前置詞，「N」前置詞必須爲大寫，例如：N' 萬國碼ユニコード万国 '。如果您沒有在 Unicode 字串常數前面加上 N 做爲前置詞，則 SQL Server 會在使用字串前，先將其轉換成目前資料庫的非 Unicode 字碼頁。

8. 二進位資料型態

二進位資料型態是用來儲存未經解碼的位元組串流，可以用來儲存圖片、影像、聲音，或是各類型電腦檔案（例如 Word 檔、PowerPoint 檔）…等。

- **BINARY[(n)]**

  固定長度的二進位資料，其長度爲 n 位元組，n 代表 1 到 8000 的值。

- **VARBINARY[(n|max)]**

  varbinary 原意是 binary varying 的意思，用來儲存變動長度的二進位資料。n 可以是 1 到 8000 之間的值。max 表示儲存體大小上限是 2GB（$2^{31}-1$）個位元組。

- **IMAGE**

  image 型態的欄位可以儲存大量的二位元資料（binary data），最多可儲存 2GB（$2^{31}-1$）個位元組的資料，SQL Server 不會嘗試解譯儲存的資料，必須由應用程式來解譯 image 型態的欄位內容的資料。例如，應用程式可以在宣告爲 image 型態的欄位內儲存 BMP 、TIFF 、GIF 或 JPEG 格式，之後從這個欄位讀取資料的應用程式必須能夠辨識資料的格式。

【說明】

在未來的 SQL Server 版本中，將移除 ntext 、text 和 image 等資料類型。建議避免使用這些資料類型，而改用 nvarchar(max) 、varchar(max) 和 varbinary(max)。請參見：http://technet.microsoft.com/zh-tw/library/ms189799.aspx

表 9-6　二進位資料型態

資料類型	可儲存之數值範圍
binary	固定長度二進位資料
varbinary	最多 2GB 的變動長度二進位資料
image	最多 2GB 的變動長度二進位資料

9. 標記資料型態

標記資料型態是顯示在資料庫內自動產生的唯一性二進位數字的資料類型，可以用來記錄資料的時間戳記或識別碼。

- **TIMESTAMP**

  雖然命名爲 timestamp，但此一型態完全和日期、時間無任何關聯。它相當於 binary(8) 或 varbinary(8) 型別。但是它有一重要的特性，就是在含有此一型態欄位的紀錄每次被異動時（新增或修改），此欄位值即會自動被更新，而且在同一資料庫內該欄位值是唯一的。每一資料表內僅能有一個 timestamp 型態的欄位。timestamp 儲存的空間大小是 8 位元組。timestamp 資料類型只是會遞增的數字，因此不會保留日期或時間。若要記錄日期或時間，請使用 datetime 資料類型。

- **UNIQUEIDENTIFIER**

  uniqueidentifier 類型宣告的欄位內容值是 16 位元組的「全域唯一性識別碼」（Globally Unique Identifier，GUID），需要使用 newid() 或 newsequential() 函數來產生。

表 9-7　標記資料型態

資料類型	可儲存之數值範圍	佔用空間
timestamp	固定 8 位元組的 2 進位值	8 個位元組
uniqueidentifier	固定 16 位元組的 2 進位值	16 個位元組

10. SQL_VARIANT

sql_variant 資料類型可以用來儲存除了 text 、ntext 、image 、timestamp 和 sql_variant 之外，所有 SQL Server 支援的資料類型的值。當欄位的內容可能會儲存多種不同型態，或是不確定欄位可處理的資料型態時，就可以宣告使用 sql_variant 型態來儲存數值、日期、字串等資料。

11. XML 資料型態

- **XML**

  xml 資料型態的欄位是用於儲存 XML 文件或 XML 資料，此外 xml 資料型態也支援 XML 索引而能加速資料的存取。

第十章 運算子

SELECT 指令是 SQL DML 中最複雜的指令，能夠下達相當多元的運算式，相對的也提供了強大的資料篩選能力。包括 DML 的 DELETE 、UPDATE 指令也會使用到 SELECT 的條件判斷式，而使用運算式時經常需要結合運算子來指定或結合執行的動作。不過在介紹運算子之前，先簡單介紹 SELECT 指令的基礎使用語法，以方便接下來的運算子介紹。

第一節 SELECT 語法

SQL Server 使用的 SQL 語法為 Transact-SQL ，相容於 SQL 但增加一些自訂的 SQL 語法，本書盡量不提特殊的語法，以避免造成使用其他資料庫系統時的困擾。SELECT 指令的語法為，各運算子的意義請參考表 10-1 說明，各運算子子句之間的順序不可對調（先 SELECT 再 FROM，其次才是 WHERE 子句，於此類推）：

```
SELECT    欄位項目    FROM    資料表名稱
 [WHERE    查詢條件 ]
 [GROUP    BY    分類欄位項目 ]
 [HAVING    查詢條件 ]
 [ORDER    BY    排序欄位項目 ]
```

【說明】

語法標示的慣例：

分隔號 | ：加上括號或大括號來分隔語法項目，表示只可以選擇其中一個項目。

方括號 [ ]：表示選擇性的語法項目。

大括號 { }：表示必要的語法項目。

【說明】

SQL Server 系統預設不分大小寫，所以指令、宣告可以使用大寫或小寫，其作用是一樣的。

表 10-1　SELECT 指令語法

運算子	說明
SELECT	顯示查詢結果的欄位，如果欄位不只一個，請用逗號「,」區隔
FROM	資料來源的資料表名稱，如果資料表不只一個，請用逗號「,」區隔
WHERE	條件判斷式，條件不只一個，可以使用 AND、OR 連接
GROUP BY	需要群組聚合的欄位，如果群組的欄位不只一個，請用逗號「,」區隔
HAVING	群組後的判斷條件，必須搭配 GROUP BY 子句
ORDER BY	指定查詢結果排序依據的欄位，預設為由小至大排序 (ascend)，如果指定排序的欄位不只一個，請用逗號「,」區隔

1. SELECT 運算子

SELECT 搭配 FROM 子句，是資料庫查詢最基本的子句語法。指定從（FROM）的資料表內輸出（SELECT）的欄位。執行結果的任何效果，不會影響實際存放在資料庫內的資料。

例：列出 CUSTOMER 資料表所有的內容

SELECT * FROM CUSTOMER;

解析：資料來源表格：CUSTOMER；顯示的欄位：全部，以「*」表示。敘述後的分號（；）代表結束，練習時可省略。

2. WHERE 運算子

如需有條件地從資料表中選取資料，便需要加上 WHERE 子句。透過 WHERE 子句設定查詢的條件，篩選出資料表的紀錄，再依據 SELECT 子句輸出指定的欄位

例：列出 CUSTOMER 資料表中，地址等於「台北市」的客戶姓名

SELECT NAME FROM CUSTOMER WHERE CITY= ' 台北市 ';

解析：資料來源表格：CUSTOMER；顯示的欄位 NAME；條件：CITY 等於「台北市」

【注意】

在 Java 程式中使用字串，前後需要使用雙引號「"」標示，但是 SQL 指令中使用字串時，前後是使用單引號「'」標示，在 SQL 指令中雙引號有另外的用途，請勿混淆。

第二節　SQL 運算子

運算子是一個符號，負責指定針對一個或多個運算式所執行的動作。

1. 算術運算子

運算子	說明	範例
+、-	單元運算子，表示一個正或負的運算式	SELECT * FROM employee WHERE -(comm-salary)>0
*、/	二元運算子，為乘、除運算	SELECT salary, salary*1.05, (salary*1.05) + comm FROM employee
+、-	二元運算子，為加、減運算	SELECT salary + comm FROM employee WHERE GETDATE()–hiredate > 365
%	餘數（或稱模數）	傳回除法的整數餘數。例如，12 % 5 結果是 2，因為 12 除以 5 的餘數是 2 SELECT

2. 指定運算子

等號（=）是唯一的指定運算子。用於修改資料或新增資料時，將內容指定給欄位。

例：將職員編號（empno）爲 2 的員工部門（deptno）改爲 10

```
UPDATE employee SET deptno=10 WHERE empno=2
```

解析：資料來源表格：employee；指定 deptno 欄位內容爲 10；條件：empno 等於 2

3. 字元運算子

運算子	說明	範例
+	連接運算子，用於銜接字串	SELECT '姓名：'+lastname FROM employee

4. 比較運算子

用於條件是兩者之間的比較，結果不是眞（true）就是假（false）

運算子	說明	範例
=	相等判斷	SELECT * FROM employee WHERE salary = 35000
!= 或是 <>	不等判斷	SELECT * FROM employee WHERE salary != 35000
> <	大於判斷 小於判斷	SELECT * FROM employee WHERE salary > 35000
>= <=	大於等於判斷 小於等於判斷	SELECT * FROM employee WHERE salary >= 35000
!> !<	不大於 不小於	select * from employee where (salary+comm)!>30000
IN	存在任何成員的判斷	SELECT * FROM employee WHERE job IN (670,671)
NOT IN	不存在任何成員的判斷	SELECT * FROM employee WHERE salary NOT IN (SELECT salary FROM employee WHERE deptno=30)
ANY（只能用於子查詢）	對一值與一個資料表中，每一值或查詢傳回的每一值做比較。在該運算子之前必須有 =，!=，<，>，<=，>= 運算子。	SELECT * FROM employee WHERE salary=ANY(SELECT salary FROM employee WHERE deptno=30)

運算子	說明	範例
	只要有任一個成立，即為 true 例如 >ANY(1,2,3) 表示 比較對象只要大於 1, 2, 3 任一數，也就表示只需大於 1 即成立。 [其中 1,2,3 表示子查詢之結果]	
SOME（只能用於子查詢）	ISO 標準中，SOME 就等於 ANY，只要有任一些成立，即為 true	
ALL	表示方法類似 ANY ，比較對象對資料表中所有值都成立，才為 True。 例如 *比較對象* >ALL（1,2,3）表示 比較對象必須大於 1, 2, and 3，也就表示需大於 3 [其中 1,2,3 表示子查詢之結果]	SELECT * FROM employee WHERE salary > all (select (salary+comm) from employee where comm >3500)
[NOT] BETWEEN X AND Y	[不] 存在 X 和 Y 區間的判斷	SELECT * FROM employee WHERE salary BETWEEN 20000 AND 30000
EXISTS	子查詢有獲得任意數目的資料集，則傳回 true true 則執行 select 之結果 false 則不執行 select 之結果	SELECT * FROM dept WHERE EXISTS (SELECT * FROM employee WHERE dept.id=employee.deptno)
X [NOT] LIKE Y	切截查詢，也就是部分符合的判斷。在 Y 中：符號「%」可包含任何 0 個或多個字元；「_」可包含任何單一字元	SELECT * FROM employee WHERE firstname LIKE 'JA%'
IS [NOT] NULL	判斷欄位內容是（否）為虛值，使用「IS」而非「=」執行比較的判斷	SELECT * FROM employee WHERE comm IS NULL

- 如果一列的某行缺少值，就說該行是虛值（Null），或者說包含一個虛值
- 虛值可出現在任何型態的行內。
- 要測試一個虛值，只能使用「比較」運算子 IS NULL 和 IS NOT NULL 操作

例：列出電話資料是虛值的所有客戶資料

SELECT * FROM customer WHERE tel IS NULL

解析：資料來源表格：customer；顯示的欄位：全部，以「*」表示；條件：tel 是 null

【說明】

「> ALL（1,2,3）」意義等同於「> 3」

「> ANY（1,2,3）」意義等同於「> 1」

- ALL, ANY, EXISTS 必須用於子查詢結果判斷，而 IN 則可用於表列或子查詢結果之判斷
- 基本上「IN 子句」可等於「=ANY 子句」
- IN 與 EXISTS 的區別：

  IN 是一個集合運算，判斷某一資料是否存在於某一集合內；

  而 EXISTS 是一個存在判斷，如果後面的查詢中有結果，則爲眞（true），否則爲假（false）

例如下列兩個 SELECT 運算式，執行的結果是相同的。

EXISTS 子查詢：

SELECT * FROM EMPLOYEE WHERE EXISTS (SELECT * FROM DEPT WHERE DEPT.ID=EMPLOYEE.DEPTNO AND LOCATION LIKE '一樓 %')

相等於 JOIN 查詢：

SELECT EMPLOYEE.* FROM EMPLOYEE, DEPT
WHERE DEPT.ID= EMPLOYEE.DEPTNO AND LOCATION LIKE '一樓 %'

5. 設定運算子

SQL Server 會提供下列設定運算子。設定運算子會將兩個或多個查詢的結果結合成單一結果集。

EXCEPT	SQL Server2005 之後版本新增的運算子。從左側查詢中傳回在右側查詢中找不到的任何個別值。	SELECT id FROM student EXCEPT SELECT id FROM course WHERE subject='CO'
INTERSECT	SQL Server2005 之後版本新增的運算子。傳回 INTERSECT 運算元左右兩側查詢都傳回的任何個別值	SELECT id FROM student INTERSECT SELECT id FROM course WHERE subject='CO'
UNION	將兩個或更多查詢的結果以聯集的方式結合成單一結果集	SELECT id FROM course WHERE subject not in ('CO','DB') UNION SELECT id FROM student WHERE gender='M'

第十一章 SELECT 查詢

練習檔案結構

以下爲本單元練習 SQL 語法所使用的資料表，以及資料表之間的關聯，提供練習 SQL 語法時的參考對照。

(1) 學生修課資訊

STUDENT 學生檔	
*Id	學號
Name	姓名
Address	地址
Birth	生日
Gender	性別

COURSE 修課檔		
*Id	FK	學號
*Subject	FK	科目
Score		成績

SUBJECT 科目檔		
*Id		科目代碼
Description		科目名稱
Teacher	FK	授課老師

TEACHER 老師檔	
*Id	教師代碼
Description	姓名
Title	職級
Password	密碼

圖 11-1(a)　學生修課資料表

(2) 商品銷售資訊

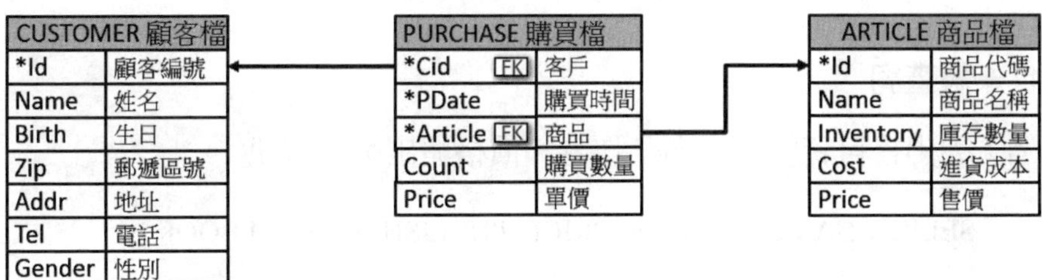

圖 11-1(b)　商品銷售資料表

(3) 圖書採購資訊

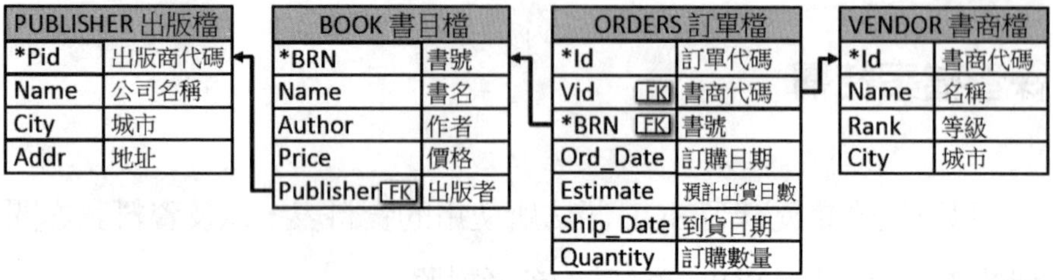

PUBLISHER 出版檔	
*Pid	出版商代碼
Name	公司名稱
City	城市
Addr	地址

BOOK 書目檔	
*BRN	書號
Name	書名
Author	作者
Price	價格
Publisher FK	出版者

ORDERS 訂單檔	
*Id	訂單代碼
Vid FK	書商代碼
*BRN FK	書號
Ord_Date	訂購日期
Estimate	預計出貨日數
Ship_Date	到貨日期
Quantity	訂購數量

VENDOR 書商檔	
*Id	書商代碼
Name	名稱
Rank	等級
City	城市

圖 11-1(c)　圖書採購資料表

*　表示主鍵（Primary key）
FK　表示外來鍵（Foreign key）
→　表示外來鍵指向資料的來源

註：這不是標準的資料表圖形表示方式，之後在資料庫設計的章節，會介紹 UML 類別圖（Class Diagram）來描繪資料表內涵以及資料表之間關聯的標準圖示。

第一節　SELECT 基本查詢

1. 一般查詢

例：列出書目資料的書名、作者、價格與出版者資訊

```
SELECT NAME, AUTHOR, PRICE, PUBLISHER FROM BOOK
```

解析：資料來源表格：BOOK；顯示的欄位：NAME, AUTHOR, PRICE, PUBLISHER

重點：FROM 指定資料來源的資料表，SELECT 指定取得的欄位

例：列出所有書目資料內容

```
SELECT * FROM BOOK
```

解析：資料來源表格：BOOK；顯示的欄位：全部，以「*」表示。

例：列出所有書目資料的價格

```
SELECT DISTINCT PRICE FROM BOOK
```

解析：資料來源表格：BOOK：顯示的欄位：PRICE。

重點：因爲此範例只要求列出價格，但有部分紀錄的價格相同，若要限制欄位內容不重複顯示，可以在欄位前加上 DISTINCT 運算子。DISTINCT 運算子會去除輸出欄位內容相同的紀錄，只顯示一筆。例如下列敘述因爲書號（BRN）欄位不會有重複的情況，所以 DISTINCT 不會有任何效果：

```
SELECT DISTINCT PRICE, BRN FROM BOOK
```

2. 算數查詢

例：列出所有書目資料的書名、價格、打八折後的價格

```
SELECT NAME, PRICE, PRICE*0.8 FROM BOOK
```

解析：資料來源表格：BOOK；顯示的欄位：NAME、PRICE、PRICE*0.8

重點：SELECT 指定取得的欄位，數值欄位可以使用算數運算子執行運算

例：列出所有書目資料的書名與作者，列出時請以「書名 / 作者」格

式輸出

SELECT NAME+'/'+AUTHOR FROM BOOK

解析：資料來源表格：BOOK；顯示的欄位：NAME+'/'+AUTHOR

重點：SELECT 指定取得的欄位，文字欄位可以使用字元運算子銜接其他字串（以單引號標示）或是字串欄位的內容。

3. 條件（WHERE）子句查詢

條件子句的查詢，使用 WHERE 加上判斷式。注意一個原則：WHERE 決定取得的紀錄；SELECT 決定取得的欄位。

例：列出書目資料中，書號大於 105 的書號、書名、作者、價格

```
SELECT BRN, NAME, AUTHOR, PRICE FROM BOOK
WHERE BRN > 105
```

解析：資料來源表格：BOOK；顯示的欄位：BRN 、NAME 、AUTHOR 、PRICE；條件：BRN 大於（>）105

例：列出書目資料中，書號 101、102、103、104 的書號、書名、作者與價格

```
SELECT BRN, NAME, AUTHOR, PRICE FROM BOOK
WHERE BRN=101 OR BRN=102 OR BRN=103 OR BRN=104
```

解析：資料來源表格：BOOK；顯示的欄位：BRN 、NAME 、AUTHOR 、PRICE；條件：BRN 是 101、102、103、104，關聯表特性：「所有屬性值都是單元值，不可以是一個集合」，意思就是不會有一筆紀錄的欄位內容既是 XXX，又是○○○。

所以這一個例子不會使用 AND ，AND 表示個判斷式均要符合，而是使用 OR 連接各個判斷式。

多個相同欄位的 OR 判斷，可以使用 IN 運算子，因此下列 SQL 敘述與上列的敘述執行效果完全一樣。

```
SELECT BRN, NAME, AUTHOR, PRICE FROM BOOK
WHERE BRN IN (101,102,103,104)
```

如果是數值欄位，且內容是連續的一個區間範圍，便可以使用 BETWEEN…AND：

```
SELECT BRN, NAME, AUTHOR, PRICE FROM BOOK
WHERE BRN BETWEEN 101 AND 104
```

需要注意的是，數值小的在前；數值大的一定要在後面。

例：列出所在城市開頭是「台」的書商資料

```
SELECT * FROM BOOKSTORE WHERE CITY LIKE '台%'
```

解析：資料來源表格：BOOKSTORE；顯示的欄位：全部，以「*」表示；條件：CITY 欄位開頭為「台」，只要是內容部分符合，就使用 LIKE 運算子，% 代表任意字元，因此條件「台」開頭，就表示第一字是「台」，之後的資料符合任意字元即可。

例：列出等級不大於等於 20 也不是城市開頭是「台」的書商資料

```
SELECT * FROM BOOKSTORE
WHERE NOT ( RANK >=20 AND CITY LIKE '台%')
```

解析：資料來源表格：BOOKSTORE；顯示的欄位：全部，以「*」表示；條件：本範例等級不大於等於 20 與城市名稱非「台」開頭，因此使用：

NOT(條件 1 AND 條件 2)

當要消除條件 1 與條件 2 的括號時，上述敘述等於（注意：AND 轉爲 OR）：

NOT 條件 1 OR NOT 條件 2

當然也可以將 NOT 反向改變條件的判斷內容，例如原本是「不大於等於 20」，就可以改寫成「小於 20」。因此，如下列三個判斷式，其執行的效果是一樣的：

- WHERE NOT (RANK >=20 AND CITY LIKE ' 台 %')
- WHERE NOT RANK >=20 OR CITY NOT LIKE ' 台 %'
- WHERE RANK<20 OR CITY NOT LIKE ' 台 %'

> **【說明】**
>
> A and B：邏輯表示式爲 $A \cap B$
>
> A or B：邏輯表示式爲 $A \cup B$
>
> not A：邏輯表示式爲 $\overline{A}$
>
> $\overline{A \cap B} = \overline{A} \cup \overline{B}$
>
> $\overline{A} \cup \overline{B} = \overline{A} \cap \overline{B}$

例：列出書商等級不是 20 也不是 30 的書商代碼、名稱、等級

```
SELECT ID, NAME, RANK FROM BOOKSTORE
WHERE RANK NOT IN (20,30)
```

解析：資料來源表格：BOOKSTORE；顯示的欄位：ID 、NAME 、RANK；條件：RANK 不是 20 也不是 30。因此下列三個條件表示式執行的效果是一樣的：

- WHERE RANK !=20 AND RANK !=30
- WHERE NOT (RANK=20 OR RANK=30)
- WHERE RANK NOT IN (20,30)

例：等級是 20 或是 30，且城市是在台北市、台南市，或是在台中市的書商，列出其代碼、名稱、等級與城市

```
SELECT ID, NAME, RANK, CITY FROM BOOKSTORE
WHERE RANK IN (20,30)AND CITY IN ('台北市', '台南市','台中市')
```

解析：資料來源表格：BOOKSTORE；顯示的欄位：ID 、NAME 、RANK 、CITY；條件：有兩組條件：(1) 等級、(2) 城市，兩組條件均需要滿足，因此使用 AND。等級需要符合 20 或 30，因此可以下列二個條件表示式擇一使用：

- RANK=20 OR RANK=30
- RANK IN (20,30)

不過要特別注意的是還有第二組的城市所在地的判斷，如果條件式寫成：

- WHERE RANK = 20 OR RANK=30 AND
  CITY IN ('台北市', '台南市','台中市')

執行結果是不正確的，因為我們實際是要執行「A or B」and C：但「A or B and C」的表示式，在邏輯上 and 的優先權高於 or，所以系統執行的實際會是「A or (B and C)」，因此要先將「A or B」先以括號表示其優先權。所以正確的寫法：

```
SELECT ID, NAME, RANK, CITY FROM BOOKSTORE
WHERE (RANK =20 OR RANK=30) AND CITY IN ('台北市','台南市','台中市')
```

同樣的方式，你可以自行試試，也將城市的 IN 判斷，改成 OR 判斷的寫法。

4. 排序查詢（ORDER BY）

ORDER BY 子句會將一個或多個指定的欄位排序查詢結果，同時指定兩個以上欄位排序時，欄位間需以逗號間隔，排序的欄位依序由 ORDER BY 子句內列出欄位的先後次序，第一欄位內容相同時，再依第二欄位內容排序，餘此類推。排序的遞增或遞減由修飾語 DESC 或 ASC 決定，預設欄位排序的方式是 ASC，因此 ASC 可省略。

表 11-1　排序修飾語

修飾語	說明
DESC	由大至小排序
ASC	由小至大排序（預設）

例：以書商名稱排序，列出書商代碼、名稱、等級與城市

```
SELECT ID, NAME, RANK, CITY FROM BOOKSTORE ORDER BY NAME
```

例：以書商城市排序，列出書商代碼、名稱、等級與城市，若城市

相同再依等級排序

SELECT ID, NAME, RANK, CITY FROM BOOKSTORE ORDER BY CITY, RANK

解析：資料來源表格：BOOKSTORE；顯示的欄位：ID、NAME、RANK、CITY；排序：依序以CITY、RANK欄位內容排序。CITY先列，表示先以CITY內容排序，若內容相同再依RANK排序

例：依價格由低到高，價格相同則依書名由小到大排序，列出書目資料內容。

SELECT * FROM BOOK ORDER BY PRICE DESC, NAME ASC

解析：資料來源表格：BOOK；顯示的欄位：全部，以「*」表示；排序：依序以PRICE、NAME欄位內容排序。PRICE先列，表示先以PRICE內容排序，欄位後加上DESC修飾語，表示由大到小排序，若內容相同再依NAME欄位內容排序，文字的排序方式會依據內碼排，中文內碼在設計時是以「筆畫、筆順、部首」順序編列；英文依據字母順序編列，因此NAME欄位後後加上ASC修飾語（因是預設，所以可以省略），表示由小到大排序。

【說明】

text、ntext、image或xml資料類型的欄位無法使用ORDER BY排序。

5. 合併查詢（JOIN）

當結合兩個或兩個以上有關聯的資料表作爲合併查詢時（稱爲 JOIN），如圖 11-2 所示，資料表之間必須使用外來鍵連結，若資料表之間沒有關聯或沒有使用適當外來鍵連結，將有紀錄數量相乘的錯誤結果產生。

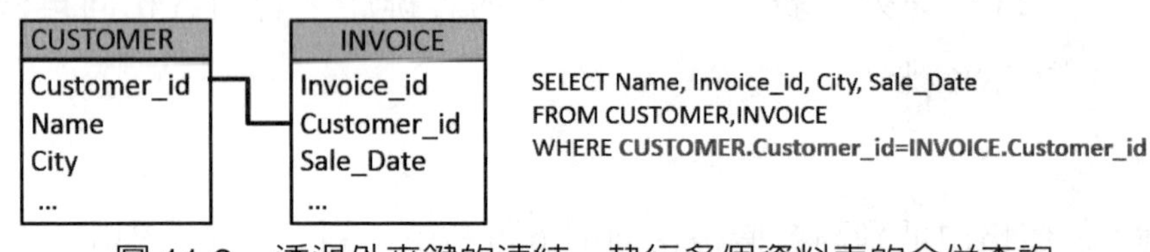

圖 11-2　透過外來鍵的連結，執行多個資料表的合併查詢

外來鍵通常關聯至資料所在的資料表的主鍵，目的就是確定取得外來鍵對應的「一筆」資料。（註：當然有可能是關聯至其他資料表的候選鍵而非主鍵，但我們盡量避免談例外，免得越談越複雜）例如圖 11-1(a) 的學生修課資料表之中，COURSE 修課檔的學生叫什麼名字，必須使用外來鍵 ID 欄位對應到 STUDENT 學生檔的 ID 欄位，取得「一筆」學生的資料，再顯示該筆紀錄的 NAME 姓名欄位內容。

外來鍵

	ID	SUBJECT	SCORE
1	5851001	CO	66
2	5851001	CT	80
3	5851001	RF	65
4	5851002	CG	80
5	5851002	CO	67
6	5851002	CT	68

主鍵

	ID	NAME	ADDRESS	BIRTH	GENDER
1	5851001	張三	基隆市愛三路	1979-01-12 00:00:00.000	F
2	5851002	李四	台北市復興北路	1980-10-24 00:00:00.000	M
3	5851003	王五	台北縣新莊市中正路	1981-04-15 00:00:00.000	M
4	5851004	錢六	台北縣板橋市文化路	1980-09-14 00:00:00.000	M
5	5851005	趙七	台北縣板橋市中正路	1982-03-02 00:00:00.000	F

圖 11-3　修課資料表以外來鍵關聯至學生資料表，取得學生資料

合併查詢可以視爲執行資料表之間資料的交集，如圖 11-4 所示，不過交集也有分成內部合併（Inner Join）與外部合併（Outer Join）兩種交集形式。而外部合併又再分爲左合併（Left Join）與右合併（Right Join）兩種。

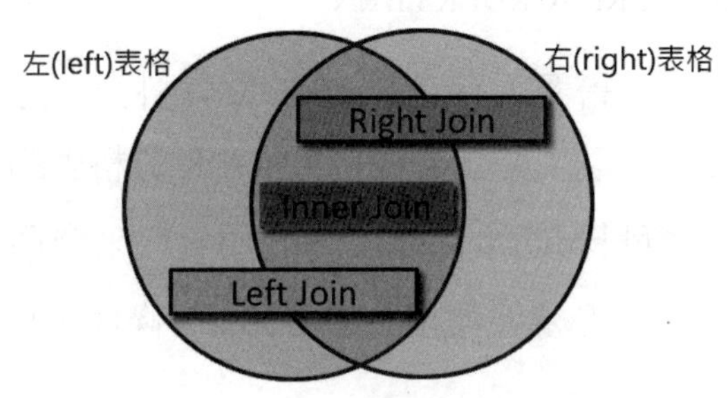

圖 11-4 資料表合併之示意圖

(1) Inner Join

因爲合併查詢的「外來鍵關聯至資料所在的主鍵」，屬於查詢的「條件」，因此 Join 的敘述是置於 WHERE 之處，語法可以如下：

資料表 A. 外來鍵欄位 = 資料表 B. 主鍵欄位

既然是條件式，等號「=」兩邊只要判斷成立即可，因此左右對調是一樣的：

資料表 B. 主鍵欄位 = 資料表 A. 外來鍵欄位

如果外來鍵的欄位集不只一個欄位，也就是說，多個欄位組合成外來鍵，相對的關連到資料所在的資料表主鍵的欄位集，也會是多個欄位。假設外來鍵爲兩個欄位組成的集合，則 Join 的敘述是置於 WHERE 之處，語法可以如下（建議使用括號將整組宣告括起來，以避免與其他判斷式造成 AND 、OR 優先權造成的執行錯誤狀況）：

(資料表 A. 外來鍵欄位 _1 = 資料表 B. 主鍵欄位 _1 AND 資料表 A. 外來鍵欄位 _2 = 資料表 B. 主鍵欄位 _2)

例：列出訂購的書名和所有訂單的欄位

```
SELECT NAME, ORDERS.* FROM BOOK, ORDERS
WHERE BOOK.BRN=ORDERS.BRN
```

解析：資料來源：「書名」存在於 BOOK 資料表、訂單資料存在於 ORDERS 資料表；顯示的欄位：BOOK 資料表的 NAME 欄位、ORDERS 資料表的全部欄位；因爲資料來源爲兩個或兩個以上資料表時，必須要使用合併（Join）條件，Join 條件透過外來鍵連結。

例：列出書名、書商名稱、訂購數量與訂購金額

```
SELECT BOOK.NAME, BOOKSTORE.NAME, QUANTITY,
    QUANTITY*PRICE
FROM BOOK, BOOKSTORE, ORDERS
WHERE ORDERS.BRN=BOOK.BRN AND ORDERS.VID=BOOKSTORE.ID
```

解析：資料來源：「書名」存在於 BOOK 資料表的 NAME 欄位、「書商名稱」存在於 BOOKSTORE 資料表的 NAME 欄位、「訂購數量」存在於 ORDERS 資料表的 QUANTITY 欄位、「訂購金額」存在於 ORDERS 資料表的 QUANTITY 欄位與 PRICE 欄位相乘。其中因爲「在 BOOK 與 BOOKSTORE 資料表均有相同的 NAME 欄位，因此執行時必須加上資料表名稱，以做爲區別」。

在不同資料表有相同的欄位名稱，一定要加上資料表名稱做區隔，稱之爲合格名稱（Qualify），否則執行會有如圖 11-5 所示的錯誤發生。不過縱使不同資料表之間，均沒有相同的欄位名稱，仍舊使用合格名稱，一樣是可以正確執行的。也就是說，缺少合格名稱的標示，會造成不同資料表有相同的欄位名稱模稜兩可的混淆；但不會有模稜兩可的混淆情況時仍舊使用合格名稱，只會讓 SQL 敘述更清楚，並不會造成錯誤（這就像是使用括號的時機一樣，少用可能會造成優先權執行先後產生的錯誤，多用則不會有問題）。

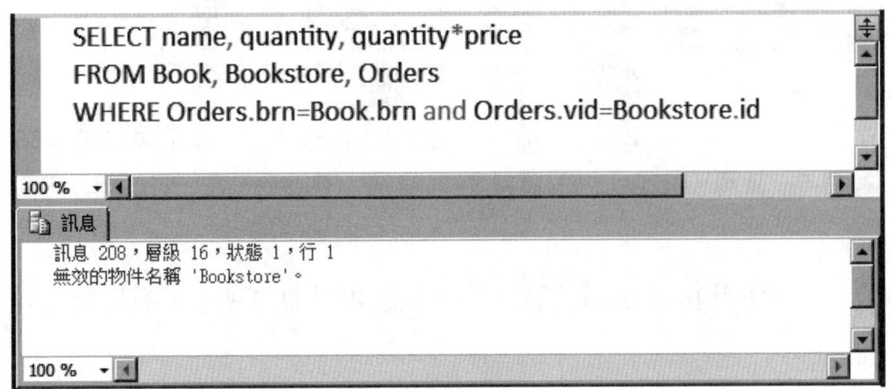

圖 11-5　缺乏合格名稱造成 SQL 敘述執行的錯誤

(2) Outer Join

除了上述將資料表「交集」的 Inner Join 的合併查詢方式，合併查詢還有左合併與右合併的Outter Join合併查詢方式。使用的語法爲：

SELECT 欄位 ,… FROM 資料表 A [LEFT|RIGHT] JOIN 資料表 B ON 資料表 A. 鍵 = 資料表 B. 鍵

FROM 子句內的資料表 A 及表示左方表格，執行 Left Join 時，會以資料表 A 的紀錄爲主，再取得資料表 B 的資料，縱使資料表 A

的資料沒有關聯的資料表 B 資料，亦會顯示。

參考圖圖 11-6 所示，書商（Bookstore）資料表有 12 筆紀錄，訂單（Orders）資料表有 17 筆紀錄，其中書商 ARI 、TAU 、TWI 、VIR、SCO、GOA、PIS 並沒有訂單紀錄。

Bookstore表格的紀錄

	ID	NAME	RANK	CITY
1	ARI	白羊書局	10	台北市
2	TAU	金牛書局	20	台中市
3	TWI	雙子書局	30	台東市
4	CAN	巨蟹書局	20	台東縣
5	LEO	獅子書局	10	台南市
6	VIR	處女書局	20	高雄市
7	LIB	天秤書局	30	台北市
8	SCO	天蠍書局	40	屏東市
9	ARC	射手書局	20	台中市
10	GOA	山羊書局	10	台中市
11	CAR	水瓶書局	30	屏東縣
12	PIS	雙魚書局	20	台中市

Orders表格的紀錄(以VID排序)

	ID	VID	BRN	ORD_DATE	ESTIMATE_DATE	SHIP_DATE	QUANTITY
1	P10007	ARC	101	2008-02-12 00:00:00	NULL	2008-06-10 00:00:00	10
2	P10008	ARC	102	2008-02-15 00:00:00	NULL	2008-06-10 00:00:00	30
3	P10006	CAN	106	2008-01-28 00:00:00	NULL	2008-04-10 00:00:00	10
4	P10002	CAN	102	2008-01-03 00:00:00	NULL	2008-04-10 00:00:00	20
5	P10001	CAN	101	2008-02-02 00:00:00	NULL	2008-05-10 00:00:00	30
6	P10003	CAN	102	2008-02-10 00:00:00	NULL	2008-05-10 00:00:00	20
7	P10004	CAN	104	2008-02-21 00:00:00	NULL	2008-05-10 00:00:00	40
8	P10005	CAN	105	2008-02-15 00:00:00	NULL	2008-05-10 00:00:00	20
9	P10017	CAN	105	2008-02-25 00:00:00	NULL	2008-05-10 00:00:00	25
10	P10009	CAR	102	2008-02-16 00:00:00	NULL	2008-06-10 00:00:00	40
11	P10013	LEO	102	2008-02-18 00:00:00	NULL	2008-05-10 00:00:00	40
12	P10014	LEO	106	2008-02-19 00:00:00	NULL	2008-05-10 00:00:00	10
13	P10015	LEO	106	2008-02-21 00:00:00	NULL	2008-05-10 00:00:00	20
14	P10016	LIB	105	2008-02-25 00:00:00	NULL	2008-05-10 00:00:00	20
15	P10010	LIB	102	2008-02-10 00:00:00	NULL	2008-06-10 00:00:00	20
16	P10011	LIB	104	2008-02-07 00:00:00	NULL	2008-04-10 00:00:00	20
17	P10012	LIB	105	2008-02-24 00:00:00	NULL	2008-04-10 00:00:00	30

圖 11-6　書商（Bookstore）資料表與的訂單（Orders）資料表的紀錄內容

所以使用 Inner Join 方式，只會顯示如圖 11-7 所示，有訂購的詳細資料：

```
SELECT*FROM BOOKSTORE, ORDERS WHERE BOOKSTORE.ID=ORDERS.VID
```

	ID	NAME	RANK	CITY	ID	VID	BRN	ORD_DATE	ESTIMATE_DATE	SHIP_DATE	QUANTITY
1	CAN	巨蟹書局	20	台東縣	P10006	CAN	106	2008-01-28 00:00:00	NULL	2008-04-10 00:00:00	10
2	CAN	巨蟹書局	20	台東縣	P10002	CAN	102	2008-01-03 00:00:00	NULL	2008-04-10 00:00:00	20
3	CAN	巨蟹書局	20	台東縣	P10001	CAN	101	2008-02-02 00:00:00	NULL	2008-05-10 00:00:00	30
4	CAN	巨蟹書局	20	台東縣	P10003	CAN	102	2008-02-10 00:00:00	NULL	2008-05-10 00:00:00	20
5	CAN	巨蟹書局	20	台東縣	P10004	CAN	104	2008-02-21 00:00:00	NULL	2008-05-10 00:00:00	40
6	CAN	巨蟹書局	20	台東縣	P10005	CAN	105	2008-02-15 00:00:00	NULL	2008-05-10 00:00:00	20
7	ARC	射手書局	20	台中市	P10007	ARC	101	2008-02-12 00:00:00	NULL	2008-06-10 00:00:00	10
8	ARC	射手書局	20	台中市	P10008	ARC	102	2008-02-15 00:00:00	NULL	2008-06-10 00:00:00	30
9	CAR	水瓶書局	30	屏東縣	P10009	CAR	102	2008-02-16 00:00:00	NULL	2008-06-10 00:00:00	40
10	LIB	天秤書局	30	台北市	P10010	LIB	102	2008-02-10 00:00:00	NULL	2008-06-10 00:00:00	20
11	LIB	天秤書局	30	台北市	P10011	LIB	104	2008-02-07 00:00:00	NULL	2008-04-10 00:00:00	20
12	LIB	天秤書局	30	台北市	P10012	LIB	105	2008-02-24 00:00:00	NULL	2008-04-10 00:00:00	30
13	LEO	獅子書局	10	台南市	P10013	LEO	102	2008-02-18 00:00:00	NULL	2008-05-10 00:00:00	40
14	LEO	獅子書局	10	台南市	P10014	LEO	106	2008-02-19 00:00:00	NULL	2008-05-10 00:00:00	10
15	LEO	獅子書局	10	台南市	P10015	LEO	106	2008-02-21 00:00:00	NULL	2008-05-10 00:00:00	20
16	LIB	天秤書局	30	台北市	P10016	LIB	105	2008-02-25 00:00:00	NULL	2008-05-10 00:00:00	20
17	CAN	巨蟹書局	20	台東縣	P10017	CAN	105	2008-02-25 00:00:00	NULL	2008-05-10 00:00:00	25

圖 11-7　書商訂購資料的 Inner Join 執行結果

但如果將書商（Bookstore）資料表作爲左表格，執行左合併（Left Join）查詢，以就是以 Bookstore 資料表爲主的查詢，沒有訂單紀錄的 ARI、TAU、TWI、VIR、SCO、GOA、PIS 書商紀錄也會列出：

SELECT * FROM BOOKSTORE **LEFT JOIN** ORDERS
ON BOOKSTORE.ID=ORDERS.VID

	ID	NAME	RANK	CITY	ID	VID	BRN	ORD_DATE	ESTIMATE_DATE	SHIP_DATE	QUANTITY
1	ARI	白羊書局	10	台北市	NULL	NULL	NULL	NULL	NULL	NULL	NULL
2	TAU	金牛書局	20	台中市	NULL	NULL	NULL	NULL	NULL	NULL	NULL
3	TWI	雙子書局	30	台東市	NULL	NULL	NULL	NULL	NULL	NULL	NULL
4	CAN	巨蟹書局	20	台東縣	P10006	CAN	106	2008-01-28 00:00:00	NULL	2008-04-10 00:00:00	10
5	CAN	巨蟹書局	20	台東縣	P10002	CAN	102	2008-01-03 00:00:00	NULL	2008-04-10 00:00:00	20
6	CAN	巨蟹書局	20	台東縣	P10001	CAN	101	2008-02-02 00:00:00	NULL	2008-05-10 00:00:00	30
7	CAN	巨蟹書局	20	台東縣	P10003	CAN	102	2008-02-10 00:00:00	NULL	2008-05-10 00:00:00	20
8	CAN	巨蟹書局	20	台東縣	P10004	CAN	104	2008-02-21 00:00:00	NULL	2008-05-10 00:00:00	40
9	CAN	巨蟹書局	20	台東縣	P10005	CAN	105	2008-02-15 00:00:00	NULL	2008-05-10 00:00:00	20
10	CAN	巨蟹書局	20	台東縣	P10017	CAN	105	2008-02-25 00:00:00	NULL	2008-05-10 00:00:00	25
11	LEO	獅子書局	10	台南市	P10013	LEO	102	2008-02-18 00:00:00	NULL	2008-05-10 00:00:00	40
12	LEO	獅子書局	10	台南市	P10014	LEO	106	2008-02-19 00:00:00	NULL	2008-05-10 00:00:00	10
13	LEO	獅子書局	10	台南市	P10015	LEO	106	2008-02-21 00:00:00	NULL	2008-05-10 00:00:00	20
14	VIR	處女書局	20	高雄市	NULL	NULL	NULL	NULL	NULL	NULL	NULL
15	LIB	天秤書局	30	台北市	P10010	LIB	102	2008-02-10 00:00:00	NULL	2008-06-10 00:00:00	20
16	LIB	天秤書局	30	台北市	P10011	LIB	104	2008-02-07 00:00:00	NULL	2008-04-10 00:00:00	20
17	LIB	天秤書局	30	台北市	P10012	LIB	105	2008-02-24 00:00:00	NULL	2008-04-10 00:00:00	30
18	LIB	天秤書局	30	台北市	P10016	LIB	105	2008-02-25 00:00:00	NULL	2008-05-10 00:00:00	20
19	SCO	天蠍書局	40	屏東市	NULL	NULL	NULL	NULL	NULL	NULL	NULL
20	ARC	射手書局	20	台中市	P10007	ARC	101	2008-02-12 00:00:00	NULL	2008-06-10 00:00:00	10
21	ARC	射手書局	20	台中市	P10008	ARC	102	2008-02-15 00:00:00	NULL	2008-06-10 00:00:00	30
22	GOA	山羊書局	10	台中市	NULL	NULL	NULL	NULL	NULL	NULL	NULL
23	CAR	水瓶書局	30	屏東縣	P10009	CAR	102	2008-02-16 00:00:00	NULL	2008-06-10 00:00:00	40
24	PIS	雙魚書局	20	台中市	NULL	NULL	NULL	NULL	NULL	NULL	NULL

圖 11-8 書商資料表 Left Join 查詢結果

以上述爲例，如執行右合併（Right Join）查詢，就會以訂單（Orders）資料表資料爲主，列出如圖 11-9 的結果：

SELECT * FROM BOOKSTORE **RIGHT JOIN** ORDERS ON
BOOKSTORE.ID=ORDERS.VID

	ID	NAME	RANK	CITY	ID	VID	BRN	ORD_DATE	ESTIMATE_DATE	SHIP_DATE	QUANTITY
1	CAN	巨蟹書局	20	台東縣	P10006	CAN	106	2008-01-28 00:00:00	NULL	2008-04-10 00:00:00	10
2	CAN	巨蟹書局	20	台東縣	P10002	CAN	102	2008-01-03 00:00:00	NULL	2008-04-10 00:00:00	20
3	CAN	巨蟹書局	20	台東縣	P10001	CAN	101	2008-02-02 00:00:00	NULL	2008-05-10 00:00:00	30
4	CAN	巨蟹書局	20	台東縣	P10003	CAN	102	2008-02-10 00:00:00	NULL	2008-05-10 00:00:00	20
5	CAN	巨蟹書局	20	台東縣	P10004	CAN	104	2008-02-21 00:00:00	NULL	2008-05-10 00:00:00	40
6	CAN	巨蟹書局	20	台東縣	P10005	CAN	105	2008-02-15 00:00:00	NULL	2008-05-10 00:00:00	20
7	ARC	射手書局	20	台中市	P10007	ARC	101	2008-02-12 00:00:00	NULL	2008-06-10 00:00:00	10
8	ARC	射手書局	20	台中市	P10008	ARC	102	2008-02-15 00:00:00	NULL	2008-06-10 00:00:00	30
9	CAR	水瓶書局	30	屏東縣	P10009	CAR	102	2008-02-16 00:00:00	NULL	2008-06-10 00:00:00	40
10	LIB	天秤書局	30	台北市	P10010	LIB	102	2008-02-10 00:00:00	NULL	2008-06-10 00:00:00	20
11	LIB	天秤書局	30	台北市	P10011	LIB	104	2008-02-07 00:00:00	NULL	2008-04-10 00:00:00	20
12	LIB	天秤書局	30	台北市	P10012	LIB	105	2008-02-24 00:00:00	NULL	2008-04-10 00:00:00	30
13	LEO	獅子書局	10	台南市	P10013	LEO	102	2008-02-18 00:00:00	NULL	2008-05-10 00:00:00	40
14	LEO	獅子書局	10	台南市	P10014	LEO	106	2008-02-19 00:00:00	NULL	2008-05-10 00:00:00	10
15	LEO	獅子書局	10	台南市	P10015	LEO	106	2008-02-21 00:00:00	NULL	2008-05-10 00:00:00	20
16	LIB	天秤書局	30	台北市	P10016	LIB	105	2008-02-25 00:00:00	NULL	2008-05-10 00:00:00	20
17	CAN	巨蟹書局	20	台東縣	P10017	CAN	105	2008-02-25 00:00:00	NULL	2008-05-10 00:00:00	25

圖 11-9　書商資料表 Right Join 查詢結果

【說明】

如果只有兩個資料表做左合併或右合併查詢，重點在於 FROM 子句後指定的資料表是左表格；JOIN 子句後指定的資料表是右表格。所以下列兩個 SQL 敘述是一樣的結果：

- SELECT * FROM BOOKSTORE **LEFT JOIN** ORDERS ON BOOKSTORE.ID=ORDERS.VID
- SELECT * FROM ORDERS **RIGHT JOIN** BOOKSTORE ON BOOKSTORE.ID=ORDERS.VID

6. 別名（Alias）的使用

別名分為「欄位別名」（標籤，Label）與「資料表別名」。欄位別名用於改變資料呈現時的欄位標籤內容；資料表別名則是避免冗長的資料表名稱，透過定義較短名稱的資料表別名（Alias），用於簡化 SQL 內資料表名稱的長度。

- 欄位別名宣告方式：

SELECT 欄位 " *欄位別名* "…FROM 資料表

• 資料表別名宣告方式：

SELECT 欄位 , … FROM 資料表 ***資料表別名*** **, …**

【注意】

1. 欄位別名宣告方式是在欄位名稱之後使用雙引號「"」標示，亦可使用 AS 修飾字；
2. 資料表別名宣告方式是在檔案名稱之後以空格間隔標示，亦可使用 AS 修飾字；
3. 欄位別名、資料表別名有效範圍只在同一 SQL 敘述內有效；
4. 使用資料表別名，則該 SQL 敘述內所有該資料表名稱均要使用該別名，不可再用原資料表名稱

例：列出書號、書名、作者、出版者名稱、城市與地址，並以書名排序。

SELECT BRN, B.NAME, AUTHOR, P.NAME, CITY+ADDR
FROM **BOOK B, PUBLISHER P**
WHERE B.PUBLISHER=P.PID ORDER BY B.NAME

解析：這例子中使用 B 代替 BOOK，P 代替 PUBLISHER，這些別名只在該查詢命令內有效。且別名可使用 AS 修飾字宣告，如下列的敘述，其執行結果與前相同：

SELECT BRN, B.NAME, AUTHOR, P.NAME, CITY+ADDR
FROM **BOOK AS B, PUBLISHER AS P**
WHERE B.PUBLISHER=P.PID ORDER BY B.NAME

例：列出書號、書名、作者、出版者名稱、城市與地址，欄位標籤以中文標示。

```
SELECT BRN" 書號 ",B.NAME" 書名 ",AUTHOR" 作者 ",P.NAME" 出版者 ",
    CITY+ADDR" 地址 "
FROM BOOK B, PUBLISHER P
WHERE B.PUBLISHER=P.PID ORDER BY B.NAME
```

解析：欄位別名是在 SELECT 子句內輸出的欄位名稱後方，以雙引號「"」標示，即會作為輸出的欄位標籤，如圖 11-10 所示，前一 SELECT 敘述並未使用欄位別名，輸出時保留原欄位名稱；後一 SELECT 敘述則使用欄位別名，輸出的內容相同，只有欄位標籤會改為指定的標籤名稱。

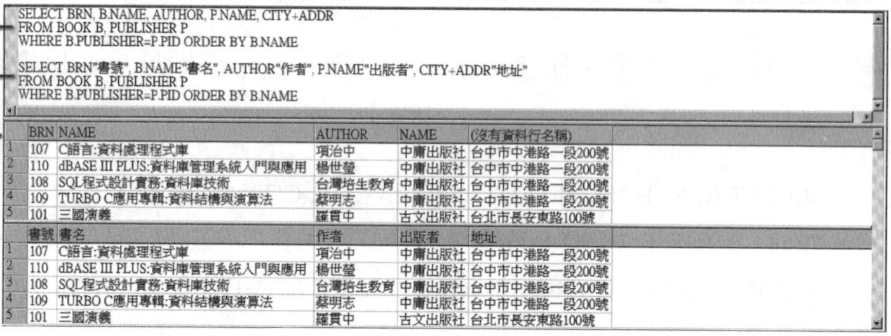

```
SELECT BRN, B.NAME, AUTHOR, P.NAME, CITY+ADDR
FROM BOOK B, PUBLISHER P
WHERE B.PUBLISHER=P.PID ORDER BY B.NAME

SELECT BRN"書號", B.NAME"書名", AUTHOR"作者", P.NAME"出版者", CITY+ADDR"地址"
FROM BOOK B, PUBLISHER P
WHERE B.PUBLISHER=P.PID ORDER BY B.NAME
```

	BRN	NAME	AUTHOR	NAME	(沒有資料行名稱)
1	107	C語言:資料處理程式庫	項治中	中庸出版社	台中市中港路一段200號
2	110	dBASE III PLUS:資料庫管理系統入門與應用	楊世瑩	中庸出版社	台中市中港路一段200號
3	108	SQL程式設計實務:資料庫技術	台灣培生教育	中庸出版社	台中市中港路一段200號
4	109	TURBO C應用專輯:資料結構與演算法	蔡明志	中庸出版社	台中市中港路一段200號
5	101	三國演義	羅貫中	古文出版社	台北市長安東路100號

	書號	書名	作者	出版者	地址
1	107	C語言:資料處理程式庫	項治中	中庸出版社	台中市中港路一段200號
2	110	dBASE III PLUS:資料庫管理系統入門與應用	楊世瑩	中庸出版社	台中市中港路一段200號
3	108	SQL程式設計實務:資料庫技術	台灣培生教育	中庸出版社	台中市中港路一段200號
4	109	TURBO C應用專輯:資料結構與演算法	蔡明志	中庸出版社	台中市中港路一段200號
5	101	三國演義	羅貫中	古文出版社	台北市長安東路100號

圖 11-10　使用欄位別名改變輸出的欄位標籤

同樣的，標籤別名亦可使用 AS 修飾字宣告，如下列的敘述，其執行結果與前相同：

```
SELECT BRN AS 書號 ,B.NAME AS 書名 ,AUTHOR AS 作者 ,
    P.NAME AS 出版者 ,CITY+ADDR AS 地址
FROM BOOK B, PUBLISHER P
WHERE B.PUBLISHER=P.PID ORDER BY B.NAME
```

第二節 SELECT 進階查詢

1. 聚合查詢

資料庫的函數，如同物件導向程式語言的方法，不過資料庫的函數一定會回傳一個單一的值。不同的資料庫統系統會提供許多函數，有些是特有、有些功能相同但函數名稱不同，不過聚合函數是 ISO 定義的標準函數，所以各廠商使用 SQL 語法的資料庫系統均具備。

聚合函數（Aggregate functions）是用來總結（summarize）多筆資料紀錄的函數。SQL 語法提供五種內建的聚合函數，可將傳入的欄位所有資料做計算，並回傳一個單一的值。各函數的功能請參考表 11-2 所示，其中 COUNT() 函數會傳回指定欄位的資料記錄個數，也就是值組數目；SUM()、AVG()、MIN()、MAX() 則是將指定欄位的資料集合，傳回這些數值的計算結果：

表 11-2　聚合函數

函數名稱	說明
COUNT()	計算指定欄位之資料集數目
SUM()	計算欄位內容之總合
AVG()	計算欄位內容之平均值
MIN()	計算欄位內容之最小值
MAX()	計算欄位內容之最大值

例：計算學生的人數

```
SELECT COUNT (*) FROM STUDENT
```

解析：資料來源：STUDENT資料表，此表格存放各個學生的資料錄，因此計算資料表的資料錄數量，就等於是學生的人數。

重點：COUNT() 函數需要傳入一欄位名稱，以便計算該欄位的資料數目，但如果該欄位內容有 null 會不被列入計算，因此若要計算資料錄的筆數，建議使用「*」代表整筆資料錄行計算。

例：列出 'CO' 科目所有修課的人數、總分、平均成績、最高分與最低分

```
SELECT COUNT (*) ,SUM (SCORE), AVG (SCORE),
              MAX (SCORE), MIN (SCORE)
FROM COURSE WHERE SUBJECT='CO'
```

解析：資料來源：COURSE 資料表；條件：SUBJECT 欄位內容等於 'CO' 的資料錄

例：列出學生「王五」的所有修課數目、總分、平均成績、最高分與最低分

```
SELECT COUNT (*), SUM (SCORE), AVG( SCORE),
              MAX (SCORE), MIN (SCORE)
FROM COURSE, STUDENT
WHERE COURSE.ID=STUDENT.ID AND STUDENT.NAME=' 王五 '
```

解析：資料來源：COURSE 資料表、STUDENT 資料表；條件：COURSE 與 STUDENT 的鍵關聯、NAME 欄位內容等於「王

五」的資料錄。

重點：要計算 COURSE 資料表「王五」學生的資料內容，因爲 COURSE 資料表只有學生學號，所以必須關聯至 STUDENT 資料表，方能從 STUDENT 資料表的 NAME 欄位判斷姓名。

需要特別注意，在一般 SELECT 敘述（特別強調，是在一般 SELECT 敘述，若在 GROUP BY 子句，則不受此限）：

- 聚合函數不能與一般欄位並列，因爲 SELECT 的結果，一般欄位會有多筆資料的可能，但聚合函數只會有一個值。聚合函數與一般欄位並列會有一對多，違反關聯式資料庫二維表格的規則。

  例：下列 SQL 敘述是錯誤的：

  ```
  SELECT NAME, MAX (PRICE), PRICE FROM BOOK
  ```

- 聚合函數不能直接使用在判斷條件，也就是不能直接與一般欄位做比較判斷。因爲資料庫管理系統必須掃描完整個資料表才能計算出聚合函數的值，而一般欄位的值則是逐一讀取便可取得。

  例：請列出購買價格高於平均購買價格的圖書資料。下列 SQL 敘述是錯誤的：

  ```
  SELECT * FROM BOOK WHERE PRICE > AVG (PRICE)
  ```

註：在一般 SELECT 敘述，需要在條件中使用聚合函數判斷，必須使用接下來要介紹的巢狀查詢。

2. 巢狀查詢

在 SQL 的 SELECT 查詢敘述內，可以在 WHERE 字句包含另一個 SELECT 查詢敘述。執行時 DBMS 會先執行子查詢的敘述，再將結果套入上一層（主查詢）執行。

例：請列出購買價格高於平均購買價格的圖書資料。

```
SELECT * FROM BOOK WHERE PRICE > (SELECT AVG (PRICE) FROM
BOOK)
```

解析：DBMS 會先執行「SELECT AVG (PRICE) FROM BOOK」敘述，得到購買平均價格 293.636363 的結果（以本書所附的資料爲例的計算結果），所以對系統而言，SQL 敘述等於是：

```
SELECT * FROM BOOK WHERE PRICE > (293.636363)
```

不過子查詢的結果可能會像上例一樣只有一個值，但也有可能會多個結果的值。當子查詢的結果只有一個值，如果資料型態是數值，則可以直接使用等於、大於、小於 … 等比較運算子進行運算；如果資料型態是字串，則可以使用比較或字串處裡的函數。但是如果子查詢的結果不只一個，就必須使用 IN 、SOME 、ANY 等判斷方式，也就是說也多個結果，就不能直接用比較運算子進行比較。

(1) 子查詢只有一個值

例：列出評比等級低於平均等級的書商名稱，以及評比的等級。

```
SELECT NAME,RANK FROM BOOKSTORE
  WHERE RANK < (SELECT AVG (RANK) FROM BOOKSTORE)
```

解析：平均等級必須使用子查詢，經由 AVG() 函數計算獲得例：列出購買價格比最高價少 100 元範圍內的書目資料。

```
SELECT * FROM BOOK
WHERE PRICE > (SELECT MAX(PRICE)FROM BOOK)-100
```

解析：使用 MAX() 函數可以求得指定欄位內容的最大值，因此「SELECT MAX (PRICE) FROM BOOK」獲得之結果便是 BOOK 書目資料表的 PRICE 價格欄位的最大值，也就是題目要求的最高購買價格，只要 PRICE 大於此價格減去 100 的數，便可符合題目要求的條件。

例：列出和（姓）Green 同部門的員工資料

```
SELECT * FROM EMPLOYEE
WHERE DEPTNO = (SELECT DEPTNO FROM EMPLOYEE WHERE
LASTNAME='Green')
```

解析：姓 Green 員工的部門在執行前並不知道，因此便需要透過子查詢求得該員工的部門。

例：列出比（姓）Green 薪水少的員工資料

```
SELECT * FROM EMPLOYEE WHERE SALARY < (SELECT SALARY
FROM EMPLOYEE WHERE LASTNAME='Green')
```

解析：姓 Green 員工的薪水在執行前不知道，因此需要透過子查詢先求得該員工的薪水。

(2) 子查詢傳回一個集合

如果子查詢的執行結果有可能會有不只一筆資料時，就必須使用 IN 運算子進行比較判斷（IN 運算子的比較判斷，等同於多個相同欄位的 OR 判斷）。而子查詢的 IN 運算子判斷，SQL 敘述通常也可以使用 JOIN 判斷達成相同的結果。

例：列出訂單有訂購書號 '101' 的書商名稱

```
SELECT NAME FROM BOOKSTORE
WHERE ID IN (SELECT VID FROM ORDERS WHERE BRN='101')
```

解析：訂購紀錄存在於 ORDERS 訂單資料表，NAME 書商名稱欄位存在於 BOOKSTORE 資料表。首先需要先獲知「有購買書號 '101' 的訂購紀錄」，因爲要找出訂購的書商，以便將書商名稱列出，因此查詢「有購買書號 '101' 的訂購紀錄」是要獲得書商的代碼（訂單資料表沒有書商名稱），但因爲「有購買書號 '101' 的訂購紀錄」可能會不只一筆，因此比較條件須使用 IN 運算子。

重點：子查詢的執行結果有可能會有不只一筆資料時，就必須使用 IN 運算子進行比較；判斷的欄位一定與子查詢結果的欄位性質一致。以本例題爲例，子查詢結果的 ORDERS.VID 欄位是書商代碼，主查詢就也是要以書商代碼（BOOKSTORE.ID 欄位）與之比較。

因爲子查詢的 IN 運算子判斷，SQL 敘述通常也可以使用 JOIN 判斷達成相同的結果。因此上述例題，也可使用下列 SQL 敘述，其執行結果是完全一樣的：

```
SELECT NAME FROM BOOKSTORE, ORDERS
WHERE BOOKSTORE.ID=ORDERS.VID AND BRN='101'
```

同樣的，也可以下列 SQL 敘述執行：

```
SELECT NAME FROM BOOKSTORE
WHERE EXISTS (SELECT * FROM ORDERS
              WHERE ORDERS.VID=BOOKSTORE.ID AND BRN='101')
```

例：找出沒人訂購書的書商

```
SELECT * FROM BOOKSTORE WHERE ID NOT IN
        (SELECT VID FROM ORDERS)
```

解析：訂單資料表記錄所有訂購的紀錄，包括書目與書商的資訊，所以書商代碼不存在於訂單資料表的書商，就是沒人訂購的書商

例：找出沒人訂購的書

```
SELECT * FROM BOOK WHERE BRN NOT IN
        (SELECT BRN FROM ORDERS)
```

等同於：

```
SELECT * FROM BOOK WHERE NOT EXISTS
        (SELECT * FROM ORDERS WHERE BOOK.BRN=ORDERS.BRN)
```

例：列出薪水比部門編號開頭為 2 的員工平均薪水還高的其他部門員工資料

```
SELECT * FROM EMPLOYEE
WHERE SALARY >
(SELECT AVG (SALARY) FROM EMPLOYEE WHERE DEPTNO LIKE '2%')
 AND DEPTNO NOT LIKE '2%'
```

例：列出與 Green 相同部門或薪水比他高的員工姓名、部門名稱和工資

```
SELECT LastName+' '+FirstName, Description, Salary
FROM EMPLOYEE, DEPT
WHERE DEPT.ID=EMPLOYEE.DEPTNO AND
(DEPTNO=(SELECT DEPTNO FROM EMPLOYEE WHERE LASTNAME='Green')
OR SALARY > (SELECT SALARY FROM EMPLOYEE WHERE LASTNAME='Green'))
```

重點：注意括號的時機，不需特別排除 Green。

(3) 群組功能（GROUP BY）

GROUP BY 子句是從 WHERE 所選出的資料重新組合，根據 GROUP BY 子句所指定的欄位將資料依內容分組，HAVING 是隸屬在 GROUP BY 子句內，作用與 WHERE 類似，但它是過濾由 GROUP BY 中所分組後的資料。

SQL 使用 GROUP BY 群組功能的語法，透過分組的方式，能夠獲得較為複雜的執行結果，因此也有許多要特別注意的使用原則：

- 需出現在 SELECT、HAVING、ORDER BY 之後的一般性欄位（非聚合函數的結果），必須一定要在 GROUP BY 有使用的欄位，才能使用於 SELECT、HAVING、ORDER BY 之處。

例：下列 SQL 敘述是錯誤的，因為 ID 並未列在 GROUP BY 的群組欄位，因此不能在 SELECT 子句中出現。

```
SELECT GENDER,ID,COUNT(*)FROM STUDENT GROUP BY GENDER
```

- 有使用在 GROUP BY 分組的欄位，可以不一定要出現於 SELECT 之處。

例：下列 SQL 敘述是正確可以執行的。列在 GROUP BY 的 GENDER

欄位，SELECT 可以不列。

```
SELECT COUNT(*)FROM STUDENT GORUP BY GENDER
```

- 使用在 GROUP BY 有多個群組的欄位時，不需分先後次序；

例：列出依據課目、性別分別計算學生人數與平均分數。其中在 GROUP BY 的 GENDER 、SUBJECT 兩個欄位的先後次序更換，不會影執行結果。

```
SELECT SUBJECT,GENDER,COUNT (*), AVG (SCORE)
FROM STUDENT,COURSE
WHERE STUDENT.ID=COURSE.ID
GROUP BY GENDER,SUBJECT
```

- 如果 GROUP BY 的欄位不包含主鍵，需考量欄位內容是否有相同但實際是不同的疑慮。若有，則需加上主鍵。

SELECT * FROM STUDENT

	ID	NAME	ADDRESS	BIRTH	GENDER
1	5851001	張三	基隆市愛三路	1989-01-12 00:00:00.000	F
2	5851002	李四	台北市復興北路	1990-10-24 00:00:00.000	M
3	5851003	王五	台北縣新莊市中正路	1991-04-15 00:00:00.000	M
4	5851004	錢六	台北縣板橋市文化路	1990-09-14 00:00:00.000	M
5	5851005	趙七	台北縣板橋市中正路	1992-03-02 00:00:00.000	F
6	5851006	陳八	台北市忠孝東路	1991-07-30 00:00:00.000	M
7	5851007	吳九	基隆市中正路	1990-10-24 00:00:00.000	F
8	5851008	畢十	苗栗市世界一路	1990-04-09 00:00:00.000	M
9	5851009	任閑齊	台北縣新莊市思源路	1990-05-18 00:00:00.000	M
10	5851010	吳奇農	桃園縣莊敬二路	1993-02-19 00:00:00.000	M
11	5851011	錢六	台北市木柵路	1992-04-21 00:00:00.000	F
12	5851012	背多分	台北市長安東路	1993-07-10 00:00:00.000	F
13	5851013	許十一	台北縣板橋市縣民大道100號	1992-09-17 00:00:00.000	M
14	5851014	紀十二郎	新竹市仁愛路200號	1993-01-01 00:00:00.000	F
15	5851015	楊十三	新竹市仁愛路200號	1993-01-01 00:00:00.000	F

圖 11-11　群組內容有相同但不同資料時，需加入主鍵分組

例：請依姓名分別列出各學生的平均成績與修課數。如圖 11-11 學生資料表的資料如有同姓名，若只以姓名方式分組，資料會被計算成如圖 11-12 所示，相同姓名（但不同人）均會被群聚在同一組而造成錯誤：

```
SELECT NAME,COUNT(*),AVG(SCORE) FROM STUDENT,COURSE
WHERE STUDENT.ID=COURSE.ID
GROUP BY NAME
```

	NAME	(沒有資料行名稱)	(沒有資料行名稱)
1	王五	5	82.400000
2	任閑齊	5	84.600000
3	吳九	4	82.750000
4	吳奇農	2	80.000000
5	李四	4	76.000000
6	張三	3	70.333333
7	畢十	2	88.000000
8	陳八	5	81.600000
9	趙七	5	75.200000
10	錢六	8	77.125000

圖 11-12　未以主鍵分群的不正確結果

因此正確的 SQL 敘述，必須加上學生的主鍵，使得相同姓名但不同人的資料基於主鍵的唯一性，而能夠正確地分組：

```
SELECT NAME,COUNT (*), AVG (SCORE) FROM STUDENT, COURSE
WHERE STUDENT.ID=COURSE.ID
GROUP BY NAME,STUDENT.ID
```

執行結果如圖 11-13 所示，可以和圖 11-12 未以主鍵分群的不正確結果相互比較。

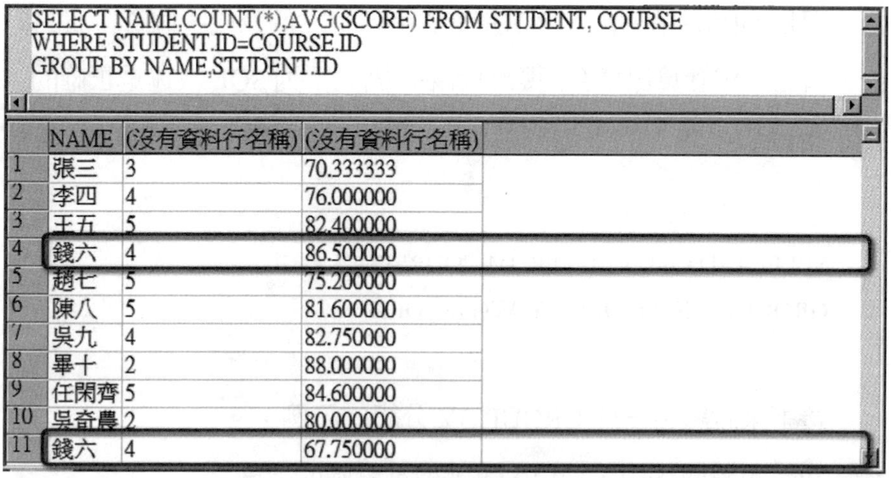

```
SELECT NAME,COUNT(*),AVG(SCORE) FROM STUDENT, COURSE
WHERE STUDENT.ID=COURSE.ID
GROUP BY NAME,STUDENT.ID
```

	NAME	(沒有資料行名稱)	(沒有資料行名稱)
1	張三	3	70.333333
2	李四	4	76.000000
3	王五	5	82.400000
4	錢六	4	86.500000
5	趙七	5	75.200000
6	陳八	5	81.600000
7	吳九	4	82.750000
8	畢十	2	88.000000
9	任閑齊	5	84.600000
10	吳奇農	2	80.000000
11	錢六	4	67.750000

圖 11-13　以主鍵分群的正確結果

不過並非所有資料都需要加入主鍵分群，主要還是考量資料的特性，是否有相同內容但需要分開統計的情況。例如計算學生之中，不同性別的平均分數，因爲性別沒有「內容相同但實際是不同」的情況，因此只要使用性別分組即可，不用考慮主鍵：

SELECT GENDER, AVG (SCORE) FROM STUDENT,COURSE GROUP BY GENDER

- GROUP BY 表示 DBMS 必須掃描整個資料表之後才能將指定的資料分好組別，因此可以在 SELECT、WHERE、ORDER BY 之後直接使用聚合函數。

回顧一般性的 SELECT 敘述，欄位不可以直接與聚合函數並列，所以下列 SQL 敘述是錯誤的：

select id,count (*) from course

但是DBMS在執行GROUP BY字句時，便完成整個資料表的掃描，因此能夠計算出聚合函數的結果，因此下列SQL敘述是正確的。

例：請以學生各人的平均分數排序，列出每位學生的學號與修課數目：

```
SELECT ID,COUNT (*) FROM COURSE
GROUP BY ID ORDER BY AVG (SCORE)
```

接下來就練習一些GROUP BY分組的範例：

例：求訂單資料表中，列出各書號與被訂購的次數

```
SELECT BRN, COUNT (BRN) FROM ORDERS
```

例：求訂單資料表中，列出各書號與被訂購的次數，並以書號排序

```
SELECT BRN, SUM (QUANTITY) FROM ORDERS GROUP BY BRN
```

例：列出訂單中，各訂購商購買各種書本的數量，並以書商代碼、書號排序

```
SELECT VID,BRN,SUM (QUANTITY) FROM ORDERS
GROUP BY VID,BRN ORDER BY VID,BRN
```

例：列出各學生的學號與平均成績

```
SELECT ID, AVG (SCORE) FROM COURSE GROUP BY ID
```

例：列出學生中男生、女生的人數

```
SELECT GENDER, COUNT (*)FROM STUDENT GROUP BY GENDER
```

例：求各向書商訂購書的總數，列出時請列出書商代碼與名稱。

```
SELECT ORDERS.VID, BOOKSTORE.NAME, SUM (QUANTITY)
```

```
FROM ORDERS, BOOKSTORE
WHERE ORDERS.VID=BOOKSTORE.ID
GROUP BY ORDERS.VID, BOOKSTORE.NAME
```

(4) 群組條件（HAVING）

HAVING 是針對分組後的統計資料再去篩選資料，也就是說 HAVING 主要是搭配 GROUP BY 子句，用來過濾掉 GROUP BY 分組結果的條件。

> 【訣竅】
> HAVING 與 WHERE 均是用於條件的判斷。
> - WHERE 的條件是執行於群組之前或沒有分組的判斷
> - HAVING 的條件則是執行於群組後的判斷

例：列出住在台北地區男女生人數

```
SELECT GENDER, COUNT (*) FROM STUDENT
WHERE ADDRESS LIKE '台北%' GROUP BY GENDER
```

解析：資料來源：STUDEND，地址住在「台北」，並非等於「台北」，因為是部分符合，所以使用 LIKE 運算子。地址的判斷是否有分組均可執行，僅是單純篩選符合的資料紀錄，所以置於 WHERE 子句。

例：列出男生（GENDER 欄位內容 ='M'）修課數目超過 3 門的學生姓名、修課數與平均成績。

```
SELECT NAME,COUNT (*), AVG (SCORE) FROM STUDENT, COURSE
WHERE STUDENT.ID=COURSE.ID AND GENDER='M'
GROUP BY STUDENT.ID, NAME HAVING COUNT (*) >3
```

解析：資料來源：STUDEND, COURSE ，因此在 WHERE 子句要有 JOIN 將兩資料表的鍵關聯。本題有兩個條件：

- 性別（GENDER='M'）的判斷，是否有分組均可執行，僅是單純篩選符合的資料紀錄，所以置於 WHERE 子句。
- 修課數需大於 3 門，是指各別學生修課數超過 3 門才符合條件，而這個條件必須是以學生分組後才能執行的判斷，因此必須置於 HAVING。

例：列出訂單檔中各商品購買總數超過20的訂單編號與購買總數（依訂單分組）

```
SELECT ID, SUM (QUANTITY) FROM ORDERS
GROUP BY ID HAVING SUM (QUANTITY) >20
```

解析：資料來源：ORDERS；顯示欄位：ID與分組後各組的數量加總，由此可以判斷是以訂單分組（才會列各組的編號，也就是訂單的編號），因此 GROUP BY 的欄位為 ID；沒有一般的判斷條件，因此無 WHERE 子句；但有（依據訂單）分組後判斷各組的購買總數，因為是購買數量的加總，因此使用 HAVING 執行 SUM（QUANTITY）是否大於 20 的判斷。

特定數值欄位內容的加總，使用函數：SUM（欄位）

計算資料錄的筆數，使用函數：COUNT (*)

例：請列出同一個書目資料下所有館藏總和被借超過 20 次的書目編號、書名與作者

```
SELECT BIB.BRN,TITLE,AUTHOR FROM HOLDING,BIB
WHERE HOLDING.BRN=BIB.BRN
GROUP BY BIB.BRN, TITLE, AUTHOR HAVING SUM (COUNT)>20
```

解析：資料來源：HOLDING 和 BIB ，因此在 WHERE 子句要有 JOIN 將兩資料表的鍵關聯。顯示欄位：BRN 、TITLE 、AUTHOR ，因爲 HOLDING 與 BIB 兩個資料表均有相同名稱的 BRN 欄位，因此必須標示合格名稱（Qualify）。判斷條件爲同一本書的館藏總和被借超過 20 次以上，表示需要以「書」爲依據分組之後，計算各「書」館藏的借閱總和，因此判斷條件屬於 HAVING（分組後的判斷）。有分組的情況時，顯示的欄位：BRN 、TITLE 、AUTHOR 就必須在 GROUP BY 有分組。

【說明】

對圖書館的組織而言，一個圖書館可能擁有多個分館（Branch），以書目資料管理而言，「書」會有一筆書目紀錄，但相同的書可能會購買多本，因此稱爲複本（Copies），所以通常應用在圖書館的資料庫表格，就需要考量到「書」–「分館」–「複本」間的關係。在名詞上，分館收藏的圖書，稱爲館藏（Holding），

例：列出修課人數最多的老師姓名、修課人數與平均成績

```
SELECT SUBJECT, J.DESCRIPTION,COUNT(*), AVG (SCORE)
FROM COURSE S,SUBJECT J
```

```
WHERE S.SUBJECT=J.ID
GROUP BY SUBJECT, J.DESCRIPTION
HAVING COUNT(*)>= ALL(SELECT COUNT(*)
FROM COURSE GROUP BY SUBJECT)
```

解析：條件要求「修課人數」最多的資料，由列出的資料可以判斷需要以科目分組。由所列的欄位可知資料來源：COURSE 與 SUBJECT 兩個資料表，別名分別取爲 S 與 J ，並在 WHERE 子句要有 JOIN 將兩個資料表的鍵關聯。**每位學生修習每門科**目的資料會儲存在各別資料紀錄值內，因此依據科目分組後使用 COUNT(*) 計算資料紀錄的筆數，即是修課的人數。但是各科目最多的修課數目，並不知道，只能透過分組計算各科目的修課數。因此使用子查詢透過分組先求得各科目的修課數，再判斷科目修課人數是否 >=ALL（大於等於 全部的）各科目分組數。

【說明】

函數 MAX（*欄位*）能夠計算最大值，但因爲分組後會以組爲單位，也就是結果就會有分組後的組數，是不能再以函數 MAX() 來找出各組中最大數的一組，也就是說，下列的 SQL 敘述是不能正確執行的：

```
HAVING COUNT(*)=(SELECT MAX(COUNT(*))FROM COURSE
GROUP BY SUBJECT)
```

而且子查詢的結果只能使用比較運算子（>= 、> 、= 、< 、<=）和 IN 、ANY 、SOME 、ALL 等判斷，是不能再使用聚合函數

進行運算，也就是說，下列的 SQL 敘述是不能正確執行的：

```
HAVING COUNT(*)=MAX(SELECT COUNT(*)FROM COURSE GROUP
BY SUBJECT)
```

【訣竅】

COURSE 修課資料表包括學生、科目、成績的資訊，因此：

- 以學生分組，可以計算各學生的修課數量、學生的成績分數；
- 以科目分組，可以計算各科目的學生人數、科目的成績分數。

例：列出修課平均成績最高的科目名稱與老師姓名

```
SELECT SUBJECT, J.DESCRIPTION, T.DESCRIPTION, AVG (SCORE)
FROM COURSE S,SUBJECT J,TEACHER T
WHERE S.SUBJECT=J.ID AND J.TEACHER=T.ID
GROUP BY SUBJECT,J.DESCRIPTION, T.DESCRIPTION
HAVING AVG(SCORE)>=
 ALL(SELECT AVG(SCORE)FROM COURSE GROUP BY SUBJECT)
```

【練習】

(1)列出家住在台北的男生，且平均成績高於 80 分的姓名、地址、平均成績與修課數

(2)列出部門人數超過 4 人以上的部門編號、人數與最高、最低的薪資

(3)列出部門平均薪水超過 35000 的員工資料

【訣竅】

群組之後，資料庫系統便以「組」為單位，可以列出各組的基本資料，但無法列出各組內容的「細節」。

如果要列出群組後各組的細節，則該「群組的敘述」要以子查詢方式處理

第三節　單元練習

SELECT 查詢是 SQL 命令中最為複雜，但也是使用需求最多的語法。畢竟資料庫儲存與管理的資料最大的目的就是為了提供有效的使用。因此，掌握學習的效果，期能發揮資料庫資料的使用效果，本節最後就列出一些練習題目，提供自我學習的評量與思考 SELECT 查詢語法的執行特性。

1. 請繪出 STUDENT, COURSE, SUBJECT, TEACHER 四個資料表的檔案結構。

除了透過 SELECT * FROM 資料表的 SQL 敘述，能夠將資料表整個內容傾印（dump）出來，以便分析其行與列的結構。另外也可以透過系統綱要來取得資料表的結構，SQL Server 提供三個與資料表有關的綱要表（Schema tables），這三個綱要表均為 INFORMATION_SCHEMA 系統物件的屬性：

- INFORMATION_SCHEMA.TABLES　　記錄此資料庫的所有資料表的資訊
- INFORMATION_SCHEMA.COLUMNS　記錄此資料庫各個資料表所有欄位的定義資訊

- INFORMATION_SCHEMA.VIWES　　紀錄此資料庫的視界（VIEW，虛擬表格）的資訊

【說明】

INFOMRATION_SCHEMA 結構的實施是依據 ANSI/ISO SQL 的標準。

例：列出所在資料庫的資料表清單。

```
SELECT * FROM INFORMATION_SCHEMA.TABLES
```

執行列出如圖 11-14 所示的結果。其中 TABLE_CATALOG 欄位紀錄資料庫名稱、TABLE_SCHEMA 欄位紀錄使用者、TABLE_NAME 欄位紀錄表格的名稱、TABLE_TYPE 欄位紀錄表格的型態，「BASE TABLE」表示實體表格（就是一般的資料表）；「VIEW」表示視界（虛擬表格）。

SELECT * FROM INFORMATION_SCHEMA.TABLES

100 %

結果 | 訊息

	TABLE_CATALOG	TABLE_SCHEMA	TABLE_NAME	TABLE_TYPE
1	School	dbo	BOOK	BASE TABLE
2	School	dbo	VENDOR	BASE TABLE
3	School	dbo	ORDERS	BASE TABLE
4	School	dbo	PUBLISHER	BASE TABLE
5	School	dbo	COPIES	BASE TABLE
6	School	dbo	EMPLOYEE	BASE TABLE
7	School	dbo	DEPT	BASE TABLE
8	School	dbo	BRANCH	BASE TABLE
9	School	dbo	BIB	BASE TABLE
10	School	dbo	HOLDING	BASE TABLE
11	School	dbo	PATRON	BASE TABLE

圖 11-14　列出資料庫內資料表的資訊

例：列出所在資料庫的 STUDENT、COURSE、SUBJECT、TEACHER 資料表的欄位資訊。

```
SELECT * FROM INFORMATION_SCHEMA.COLUMNS
WHERE TABLE_NAME IN ('STUDENT','COURSE','SUBJECT','TEACHER')
```

各資料表的欄位資訊列出如圖 11-15 所示的結果：

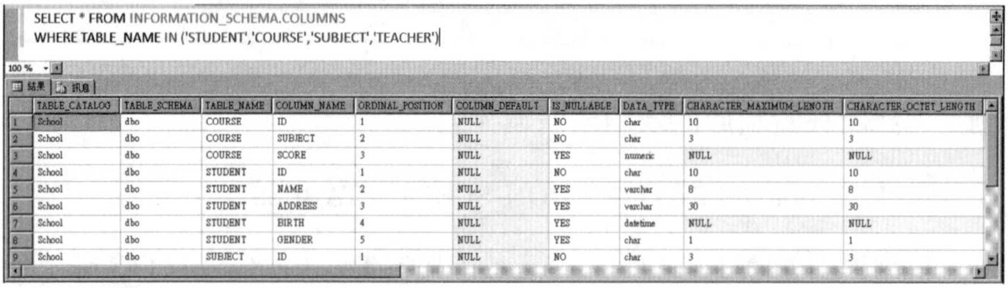

```
SELECT * FROM INFORMATION_SCHEMA.COLUMNS
WHERE TABLE_NAME IN ('STUDENT','COURSE','SUBJECT','TEACHER')
```

100 %

結果 | 訊息

	TABLE_CATALOG	TABLE_SCHEMA	TABLE_NAME	COLUMN_NAME	ORDINAL_POSITION	COLUMN_DEFAULT	IS_NULLABLE	DATA_TYPE	CHARACTER_MAXIMUM_LENGTH	CHARACTER_OCTET_LENGTH
1	School	dbo	COURSE	ID	1	NULL	NO	char	10	10
2	School	dbo	COURSE	SUBJECT	2	NULL	NO	char	3	3
3	School	dbo	COURSE	SCORE	3	NULL	YES	numeric	NULL	NULL
4	School	dbo	STUDENT	ID	1	NULL	NO	char	10	10
5	School	dbo	STUDENT	NAME	2	NULL	YES	varchar	8	8
6	School	dbo	STUDENT	ADDRESS	3	NULL	YES	varchar	30	30
7	School	dbo	STUDENT	BIRTH	4	NULL	YES	datetime	NULL	NULL
8	School	dbo	STUDENT	GENDER	5	NULL	YES	char	1	1
9	School	dbo	SUBJECT	ID	1	NULL	NO	char	3	3

圖 11-15　列出資料庫內各資料表的欄位資訊

例：列出所在資料庫的視界的資訊。可使用：

```
SELECT * FROM INFORMATION_SCHEMA.VIEWS
```

各視界的資訊列出如圖 11-16 所示的結果，其中 VIEW_DEFINITION 欄位內容為該視界建立的宣告語法。有關視界的建立會在第十四章第三節介紹，透過 INFORMAITON_SCHEMA.VIEWS 系統綱要表格的 VIEW_DEFINITION 欄位內容，不僅可以提供系統管理者（DBA）管理視界的結構與資料來源，也可以提供學習者了解一些視界宣告的語法。

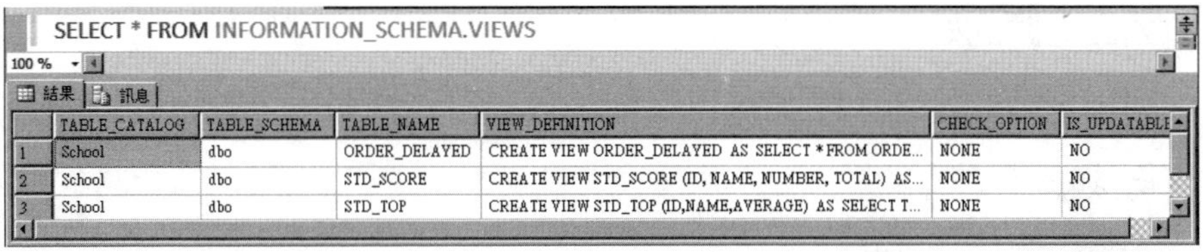

```
SELECT * FROM INFORMATION_SCHEMA.VIEWS
```

100 %

結果 | 訊息

	TABLE_CATALOG	TABLE_SCHEMA	TABLE_NAME	VIEW_DEFINITION	CHECK_OPTION	IS_UPDATABLE
1	School	dbo	ORDER_DELAYED	CREATE VIEW ORDER_DELAYED AS SELECT * FROM ORDE...	NONE	NO
2	School	dbo	STD_SCORE	CREATE VIEW STD_SCORE (ID, NAME, NUMBER, TOTAL) AS...	NONE	NO
3	School	dbo	STD_TOP	CREATE VIEW STD_TOP (ID,NAME,AVERAGE) AS SELECT T...	NONE	NO

圖 11-16　列出資料庫內各視界的資訊

2. 連續題

- 列出各科修課人數
- 列出學生的修課科目數量、平均成績
- 列出修課人數超過 8 人的修課科目代碼
- 列出修課人數超過 8 人的修課科目代碼、學生姓名及成績
- 列出修課人數超過 8 人的修課科目名稱、學生姓名及成績
- 列出修課人數超過 8 人的修課科目名稱、學生姓名及成績，並依科目名稱、成績、學號排序

3. 列出學生平均成績低於 80 分的學生學號、姓名、平均成績
4. 列出科目平均成績高於 75 分的科目名稱、授課老師姓名、平均分數
5. 列出修課平均成績比「5851006」平均成績還高的學生學號及其平均成績
6. 列出修課男生、女生的平均成績
7. 求資料庫分數最高學生的所有科目成績
8. 列出老師的開課數量
9. 列出有開課成功的老師姓名與開課數量（與第 7 題比較）

10.列出老師的姓名、開課科目數量

11.列出老師的姓名、開課科目名稱、各科目修課學生人數、修課的平均成績

第四節　XML

微軟在 SQL Scrver 支援 XML 的方式分爲兩種：

1. 關聯式資料表的欄位內容仍是標準的欄位資料型態，但允許輸出成 XML 文獻形式。
2. 關聯式資料表的單一欄位內容即是完整的 XML 文件。

SQL Server2000 之後的版本，開始支援第一種形式，提供將關聯式資料表的資料紀錄，使用 SELECT 敘述執行並輸出成 XML 文件格式的功能，而產生的方式只須在 SELECT 敘述最後加上 FOR XML 相關的指令宣告即可。至 2005 版本，開始支援第二種形式（請參見第十七章「資料庫與 XML」的介紹）

指令宣告：

```
FOR XML
{RAW|AUTO|EXPLICIT|PATH
[, XMLData]
[, ELEMENTS]
[, BINARY base64]}
```

- FOR XML：指定將查詢結果輸出成 XML。SELECT 查詢中指定 FOR XML 子句，就可以 XML 格式輸出結果。

在 FOR XML 子句中，可以指定下列四種模式之一：

- RAW：指定將查詢結果每一列資料以通用的 <row> 元素表示，各欄位內容以屬性方式表示。
- AUTO：指定將多種資料表查詢結果轉換成一個 XML 的巢狀元素，各欄位內容以屬性方式表示。（不支援 GROUP BY）
- EXPLICIT：傳回應建立之 XML 樹狀形式。EXPLICIT 模式可以混合屬性和元素、建立包裝函數和巢狀的複雜屬性，以及建立以空格分隔的值和混合的資料內容。相對地，EXPLICIT 模式的查詢比較繁雜。
- PATH：PATH 提供比較簡單的方式來混合元素與屬性。可以使用 EXPLICIT 模式查詢來建構 XML 格式的文件，但是 PATH 模式會比較繁雜的 EXPLICIT 模式提供較簡單的替代方案。

除了產生 XML 格式的文件之外，亦可再加上下列宣告，產生文件的綱要或編碼形式：

- XMLData：指定將查詢結果產生之 XML 內包含該資料表 Schema 之 DTD。
- ELEMENTS：指定將查詢結果之各欄位以元素型態傳回。（須配合 AUTO）
- BINARY base64：指定將傳回之二進位資料以標準的 base64 編碼。

例：以XML格式，列出學生個別的學號、姓名、修課數目與平均成績。

```
SELECT S.ID,NAME,COUNT(*)"Course_Num",
AVG(SCORE)"Average_Score"
```

FROM STUDENT S, COURSE C WHERE S.ID=C.ID

GROUP BY S.ID, NAME

FOR XML **RAW**

使用 FOR XML 的 RAW 模式，在 SQL Server 上執行的結果顯示如圖 11-17，每筆資料紀錄均各別以 <row> 元素表示，所有欄位內容均以屬性方式置於 <row> 元素內。

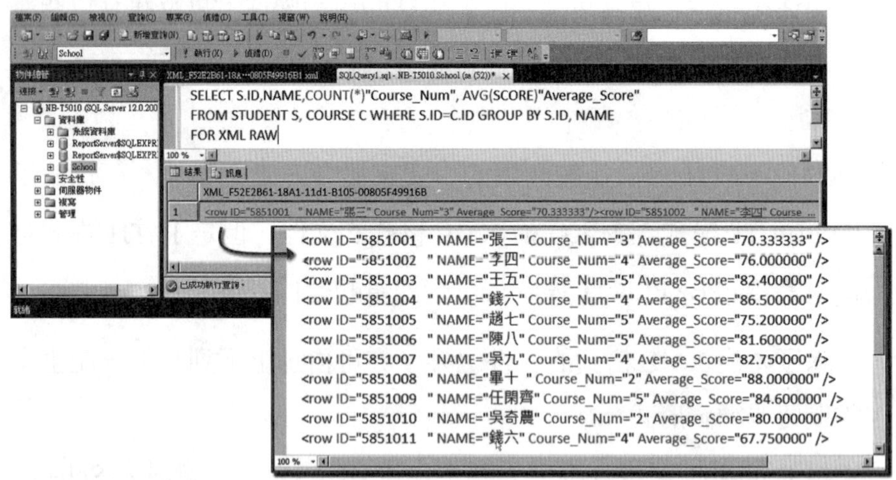

圖 11-17　SELECT 敘述執行輸出成 XML 文件格式

若要以資料表名稱作爲元素的標籤名稱，則可以使用 FOR XML 的 AUTO 模式，請參考下列範例。

例：以 XML 格式列出所有學生資料表的資料。

SELECT * FROM STUDENT FOR XML **AUTO**

執行結果顯示如圖 11-18 所示。

```
<STUDENT ID="5851001    " NAME="張三" ADDRESS="基隆市愛三路" BIRTH="1989-01-12T00:00:00" GENDER="F" />
<STUDENT ID="5851002    " NAME="李四" ADDRESS="台北市復興北路" BIRTH="1990-10-24T00:00:00" GENDER="M" />
<STUDENT ID="5851003    " NAME="王五" ADDRESS="台北縣新莊市中正路" BIRTH="1991-04-15T00:00:00" GENDER="M" />
<STUDENT ID="5851004    " NAME="錢六" ADDRESS="台北縣板橋市文化路" BIRTH="1990-09-14T00:00:00" GENDER="M" />
<STUDENT ID="5851005    " NAME="趙七" ADDRESS="台北縣板橋市中正路" BIRTH="1992-03-02T00:00:00" GENDER="F" />
<STUDENT ID="5851006    " NAME="陳八" ADDRESS="台北市忠孝東路" BIRTH="1991-07-30T00:00:00" GENDER="M" />
<STUDENT ID="5851007    " NAME="吳九" ADDRESS="基隆市中正路" BIRTH="1990-10-24T00:00:00" GENDER="F" />
<STUDENT ID="5851008    " NAME="畢十  " ADDRESS="苗栗市世界一路" BIRTH="1990-04-09T00:00:00" GENDER="M" />
<STUDENT ID="5851009    " NAME="任閑齊" ADDRESS="台北縣新莊市思源路" BIRTH="1990-05-18T00:00:00" GENDER="M" /:
<STUDENT ID="5851010    " NAME="吳奇農" ADDRESS="桃園縣莊敬二路" BIRTH="1993-02-19T00:00:00" GENDER="M" />
<STUDENT ID="5851011    " NAME="錢六" ADDRESS="台北市木柵路" BIRTH="1992-04-21T00:00:00" GENDER="F" />
```

圖 11-18　以資料表名稱作為標籤名稱的 AUTO 模式 (1)

不過 FOR XML 的 AUTO 模式不支援 GROUP BY 的查詢，而且如果查詢 JOIN 多個資料表，各資料表的資料會分開在不同元素（因爲 AUTO 模式是以表格名稱作爲元素的標籤名稱），請參考如圖 11-19 所示，下列範例的執行結果。

例：以 XML 格式，列出學生的學號、姓名、各修課科目名稱與科目成績。

```
SELECT STUDENT.ID, NAME, SUBJECT.DESCRIPTION, SCORE
FROM STUDENT, COURSE, SUBJECT
WHERE STUDENT.ID=COURSE.ID AND COURSE.SUBJECT=SUBJECT.ID
FOR XML AUTO
```

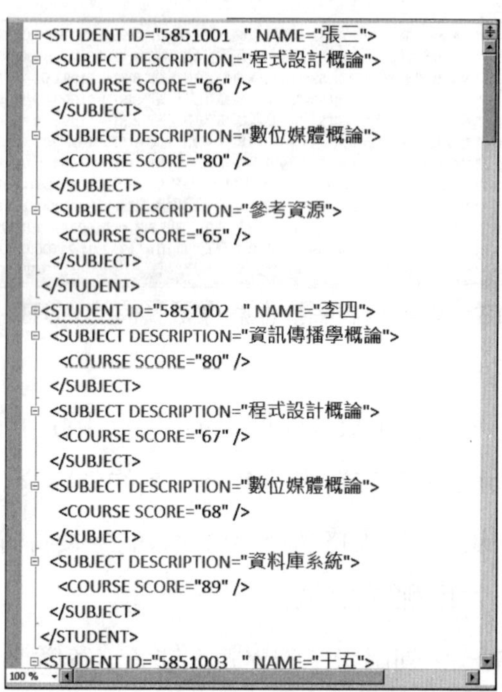

圖 11-19　以資料表名稱作為標籤名稱的 AUTO 模式 (2)

可以將內容自行加上一個根元素，確定符合 XML 文法規範（Validation），以 .xml 副檔名存入電腦端，便可以在瀏覽器上檢視、傳播。

第十二章　SQL 函數

第一節　函數

SQL Server 所使用的 Transact-SQL ，在遵循 SQL 的標準之外，也內建了許多擴充的功能。以處理和運算資料表資料內容的函數而言，除了提供 ISO 標準的聚合函數（表 11-2），另外還包含下列日期、字串與系統等較常使用於資料處理的函數：(註：使用時不限大小寫)

表 12-1　日期函數

函數	說明
GETDATE ()	取得伺服器的系統日期
DAY (date)	取得指定日期的日
MONTH (date)	取得指定日期的月
YEAR (date)	取得指定日期的年
DATEPART (datepart , date)	傳回指定 date 之 datepart 單位的整數。指定的 datepart 參數請參見表 12-2
DATEDIFF (datepart , startdate , enddate)	計算 startdate 至 enddate 距離多少個 datepart 單位。指定的 datepart 參數請參見表 12-2
DATEADD (datepart,number,date)	日期加上指定的 datepart 單位值。指定的 datepart 參數請參見表 12-2
DATENAME (datepart,date)	傳回代表指定日期之 datepart 的名稱。指定的 datepart 參數請參見表 12-2

表 12-2　DATEPART 參數對應值一覽表

Datepart 全稱	Datepart 簡寫	回應值範圍
YEAR	YY、YYYY	1753-9999
QUARTER	QQ、Q	1-4
MONTH	MM、M	1-12
DAYOFYEAR	DY、Y	1-366
DAY	DD、D	1-31
WEEK	WK、WW	1-53
WEEKDAY	DW	1-7（星期日 - 星期六）
HOUR	HH	0-23
MINUTE	MI、N	0-59
SECOND	SS、S	0-59
MILLISECOND	MS	0-999

表 12-3　字串函數

函數	說明
LEN (str)	求字串內容的長度
ASCII (str) CHAR (int)	求字串最左字元的 ASCII 值 將 ASCII 值轉為 ASCII 碼
LOWER (str) UPPER (str)	將字串全部轉為小寫 將字串全部轉為大寫
LTRIM (str)	去除字串前置空白
RTRIM (str)	去除字串後方空白
STR (float,[len,[decimal]])	將數字轉為字串，len 為字串總長度，decimal 為小數位數
STUFF (string1, start, len, string2)	將 string1 字串由 start 位置處刪除 len 個字元，並將 string2 字串由 start 處插入。

函數	說明
RIGHT (str_expr, int_expr)	從字串的最右邊往回取 int_expr 個字元。 例：RIGHT ('abcdefgh',5) 結果為「defgh」
LEFT (str_expr, int_expr)	從字串的最左邊位置取 int_expr 個字元。 例：LEFT ('abcdefg',5) 結果為「abcde」
SUBSTRING (str_expr, start, len)	由字串左邊算起第 start 位置取長度為 len 的字串
REPLACE (str_expr, str1, str2)	將字串 str_expr 的內容為 str1 取代成 str2

表 12-4　系統函數

函數	說明
ISNULL (expr, val)	將 expr 中為 NULL 值者以 val 值取代。

【說明】

SQL Server 的 Transact-SQL 提供內建的函數總類非常多，包括：系統函數、日期函數、字串函數、數學函數、轉換函數 …等，本書並不著重介紹 SQL Server 整個系統完整的使用細節，重點只在於資料處理的技巧，因此僅介紹用於處理資料的日期、字串函數爲原則。詳細的 SQL Server 內建函數請參見微軟 TechNet 技術文件庫（網址：http://technet.microsoft.com/zh-tw/library/ms174318.aspx）

由於這些函數均爲 Transact-SQL 所擴充定義的函數，並不相同於其他資料庫系統的函數，這點必須要注意。

第二節　函數練習

例：列出學生的學號、姓名與年齡。

```
SELECT ID, NAME, YEAR (GETDATE())-YEAR (BIRTH)  FROM
STUDENT
```

解析：年齡以今年減去出生年為原則，使用 GETDATE() 函數可獲得「今天的日期」，再將「今天的日期」傳入 YEAR() 函數執行，便可獲得「今年的年度」。同樣的方式，將 BIRTH 欄位的內容傳入 YEAR() 函數執行便可獲得「學生生日的年度」，將「今年的年度」減去「學生生日的年度」，便可獲得學生的年齡。

例：列出學生出生的民國年

```
SELECT ID, NAME, ' 民國 '+LTRIM ( STR (YEAR (BIRTH)-1911))+' 年 '
FROM STUDENT
```

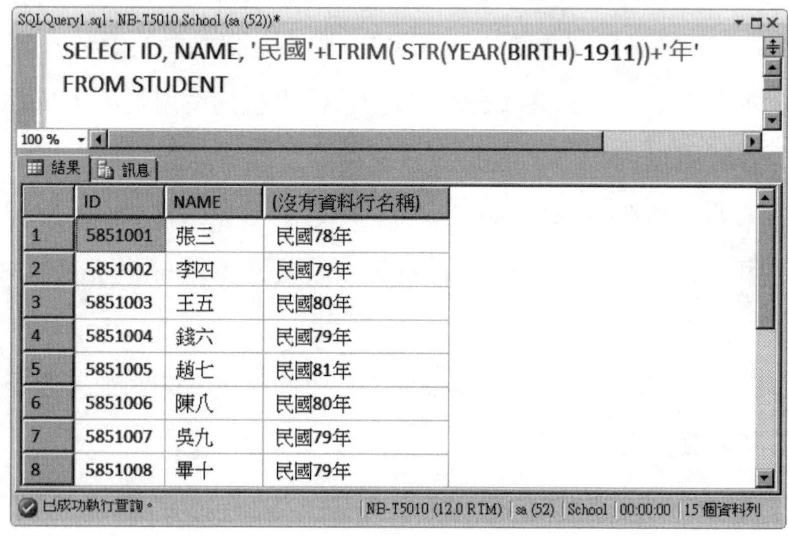

	ID	NAME	(沒有資料行名稱)
1	5851001	張三	民國78年
2	5851002	李四	民國79年
3	5851003	王五	民國80年
4	5851004	錢六	民國79年
5	5851005	趙七	民國81年
6	5851006	陳八	民國80年
7	5851007	吳九	民國79年
8	5851008	畢十	民國79年

圖 12-1　列出學生生日的民國年

解析：參見圖 12-2 所示，首先將 BIRTH 欄位的內容傳入 YEAR() 函數，獲得學生生日的年，再減去 1911 便可換算得到的民國的年度。若要前後加上文字描述，例如前加上「民國」、後加上「年」，因爲使用 YEAR()、MONTH()、DAY() 等日期函數計算回傳的結果爲數值，無法直接與字串銜接，因此必須轉換成字串。但又因爲轉換字串時，會將原數值資料的資料型態所宣告的空間保留爲空格，以致「數字轉成資料後，前方會保留空格」。所以要再將轉換成的字串傳入給 LTRIM() 函數，去掉左方（也就是字串前方）的空格。

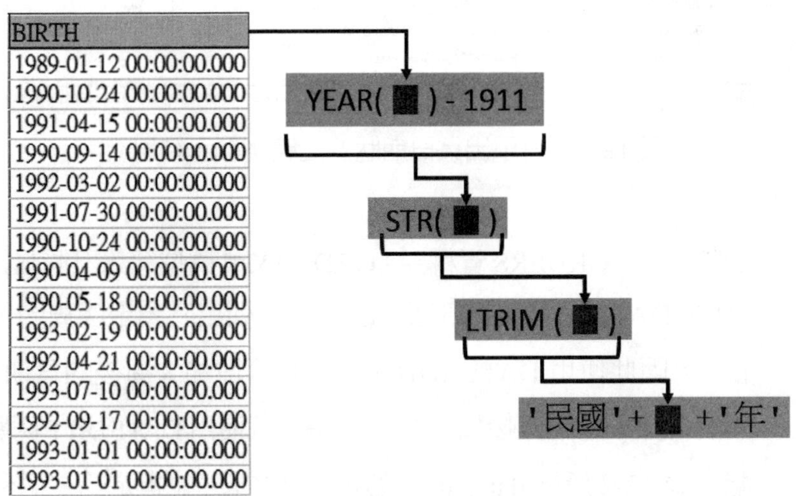

圖 12-2　民國年換算使用函數之流程

例：列出訂單的訂購日、預定 3 周的出貨日、實際出貨日、以及實際出貨日與預訂出貨日的差距日數。

```
SELECT ORD_DATE " 訂購日 ",
```

```
DATEADD (WK,3, ORD_DATE) " 預定出貨日 ",
SHIP_DATE " 實際出貨日 ",
DATEDIFF (DD,SHIP_DATE, DATEADD (WK,3,ORD_DATE))" 出貨準時 "
FROM ORDERS
```

SQLQuery1.sql - NB-T5010.School (sa (52))*

```
SELECT ORD_DATE "訂購日", DATEADD(WK,3, ORD_DATE) "預定出貨日",
SHIP_DATE "實際出貨日", DATEDIFF(DD,SHIP_DATE, DATEADD(WK,3,ORD_DATE)) "出貨準時"
FROM ORDERS
```

100 %

結果 | 訊息

	訂購日	預定出貨日	實際出貨日	出貨準時
1	2013-01-28 00:00:00	2013-02-18 00:00:00	2013-02-10 00:00:00	8
2	2013-01-03 00:00:00	2013-01-24 00:00:00	2013-04-10 00:00:00	-76
3	2013-02-02 00:00:00	2013-02-23 00:00:00	2013-03-10 00:00:00	-15
4	2013-02-10 00:00:00	2013-03-03 00:00:00	2013-02-20 00:00:00	11
5	2013-02-21 00:00:00	2013-03-14 00:00:00	2013-05-10 00:00:00	-57
6	2013-02-15 00:00:00	2013-03-08 00:00:00	2013-03-10 00:00:00	-2
7	2013-02-12 00:00:00	2013-03-05 00:00:00	2013-03-05 00:00:00	0

已成功執行查詢。 | NB-T5010 (12.0 RTM) | sa (52) | School | 00:00:00 | 17 個資料列

圖 12-3　訂單出貨日期狀況之範例顯示結果

解析：資料來源：ORDERS 資料表；ORD_DATE 欄位紀錄訂購日期、SHIP_DATE 紀錄交貨日期。題目要求列出「預定 3 周的出貨日」，因此使用 DATEADD() 函數計算增加 3 周後的日期。3 周的日數不建議直接加上 21 天計算，可使用 DATEDIFF 函數，配合表 12-2 所列 datepart 參數的「WK」，並指定第二個參數為 3，即表示 3 周之意。而「實際出貨日與預訂出貨日的差距日數」便是使用 DATEDIFF() 函數計算「實際交貨日欄位」與「預定 3 周的出貨日」之間差距的日數。

例：列出學生學號、地址，列出時請將地址中的簡體字「台」轉為正體字「臺」顯示。

```
SELECT ID, REPLACE (ADDRESS, ' 台 ', ' 臺 ') FROM STUDENT
```

解析：使用 REPLACE() 函數，函數要求傳入三個參數：(1) 處理的欄位；(2) 欲置換的原始字串；(3) 置換成的目的字串。因爲 REPLACE() 可用來置換字串，因此可以不限定只改變一個字。

例：列出所有職員的薪資總和（薪水 + 加給）。

```
SELECT SUM (SALARY+COMM)" 沒有處理 null 的運算 ",
SUM (SALARY+ISNULL (COMM,0))" 有避免 null 的運算 "
FROM EMPLOYEE
```

解析：資料來源：EMPLOYEE 資料表。由於某些資料紀錄的 COMM 欄位是 null ，會造成運算上的錯誤，因此使用 ISNULL() 函數指定 COMM 欄位如果是 null 時，便預設爲 0，並列出沒有處理 null 的薪資與有處理 null 的薪資，以便作爲比較。

第十三章　資料維護語言

資料維護語言（Data Manipulation Language，DML）的指令均是用來處理資料表內的資料錄。在學習完 DML 的 SELECT 語法，本單元接下來學習其餘 DML 的指令，包括如表 13-1 所列的新增、修改與刪除資料表的資料錄。

表 13-1　DML 指令

指令	功能
DELETE	刪除資料錄
INSERT	新增資料錄
SELECT	選擇
UPDATE	修改資料錄的欄位內容

第一節　修改資料錄

修改資料錄的命令，可以有兩種語法：

1. 透過子查詢的結果更改指定資料表的欄位內容

UPDATE 資料表 **SET (** 欄位 **1,** 欄位 **2...) = (** 子查詢 **) [WHERE** 查詢條件 **]**

子查詢結果的欄位，必須 1 對 1 地對應 SET 之後所列的欄位，否則會發生錯誤。

2. 直接將新的內容值指定給欄位

UPDATE 資料表 SET 欄位 1= 值 1, 欄位 2= 值 2... [WHERE 查詢條件]

修改的語法主要是掌握「UPDATE 資料表 SET 欄位 = 新值 WHERE 條件」，只要是條件滿足的資料錄其欄位內容就會被改爲新值，如果沒有條件，就表示全部資料錄的欄位內容都改爲新值。

例：學生 5851001 的生日更改爲 1989 年 2 月 12 日。

```
UPDATE STUDENT SET BIRTH='1989/2/12' WHERE ID=5851001
```

解析：日期格式前後須以單引號「'」標示，年月日的區隔可以使用斜線「/」或 ISO8601 標準所規範的連字符號「-」。

例：將所有地址中的簡體字「台」，更改成正體字「臺」

```
UPDATE STUDENT SET ADDRESS=REPLACE (ADDRESS,' 台 ',' 臺 ')
```

解析：本範例並不需要執行條件，使用 REPLACE() 函數將每筆資料錄的地址欄位中有簡體字的 ' 台 ' 轉換成正體字 ' 臺 ' 後，再指定給原先的地址欄位。

> 【說明】
> 這就是學習程式語言時，強調的「指定」要訣：右邊的值指定給左邊的變數。(只是現在指定符號的左邊是屬性，也就是欄位)

例：修課平均成績高於 80 分，且修課數量超過 4 門的學生，請將其 DB 課程成績開根號乘以 10。

```
UPDATE COURSE SET SCORE=SQRT (SCORE) *10
WHERE SUBJECT='DB'
        AND ID IN (SELECT ID FROM COURSE GROUP BY ID
                HAVING AVG (SCORE)>80 AND COUNT (*) >4)
```

解析：開根號的數學函數爲 SQRT() ，依據題意需先經過條件判斷，先選出「修課平均成績高於 80 分」AND「修課數量超過 4 門」的學生學號（因爲學號是主鍵），再將符合這些學號的 DB 課程成績做修改。

第二節　新增資料錄

新增資料錄的語法：

INSERT INTO 資料表 [(欄位 1, 欄位 2...)] VALUES (欄位值 1, 欄位值 2...)

指定的欄位不需是資料錄的全部欄位，當符合下列情況：(1) 未指定的欄位如果沒有預設值，則其內容會是 null；(2) 新增敘述內所指定的欄位一定要與欄位值相匹配。如果 INSERT INTO 指定的欄位包含該資料表的全部欄位，且次序亦依據資料表建立時宣告的次序，則欄位名稱可以省略，宣告爲：

INSERT INTO 資料表 VALUES (欄位值 1, 欄位值 2...)

例：新增一筆學號爲「5851020」、性別爲「M」、姓名爲「張三」、的學生資料錄。

```
INSERT INTO STUDENT (ID,GENDER,NAME) VALUES (5851020, 'M', '張三')
```

解析：執行成功後，學生資料表即會增加一筆學號爲 5851020 的資料錄。由於新增資料時，並未指定生日、地址等欄位的值，所以顯示時會如圖 13-1 所示，生日、地址等欄位的內容爲 null。

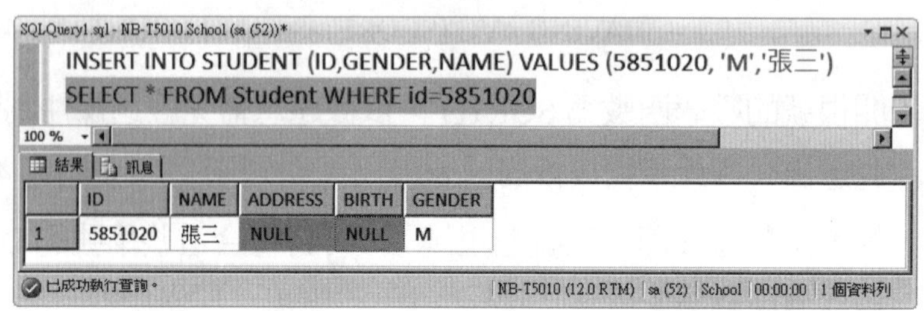

圖 13-1　新增時未指定欄位值其內容會是 null

例：新增一筆學號「5851021」、姓名「李四」、地址「臺北市文山區」、生日「1991 年 2 月 28 日」、性別爲「M」的學生資料錄。

```
INSERT INTO STUDENT VALUES
(5851021,' 李四 ', ' 臺北市文山區 ', '1991/2/28', 'M' )
```

解析：因爲新增紀錄所指定的欄位包含該資料表的全部欄位，且次序亦依據資料表建立時宣告的次序，因此可以省略欄位名稱。

【說明】

如何知道資料表建立時宣告的欄位次序？

使用系統綱要：INFORMAITON_SCHEMA.COLUMNS，其中「ORDINAL_POSITION」欄位內容即是紀錄資料表建立時欄位宣告的次序。參考圖 13-2 所示，列出「STUDENT」資料表的欄位資訊，可以由資料錄的「COLUMN_NAME」欄位知道「STUDENT」資料表有哪些欄位；由「ORDINAL_POSITION」欄位知道「STUDENT」資料表建立時欄位宣告的次序。

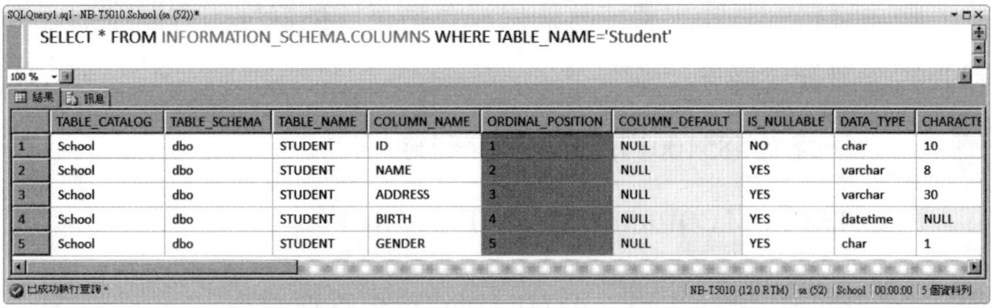

SQLQuery1.sql - NB-T5010.School (sa (52))*

```
SELECT * FROM INFORMATION_SCHEMA.COLUMNS WHERE TABLE_NAME='Student'
```

100 %

結果　訊息

	TABLE_CATALOG	TABLE_SCHEMA	TABLE_NAME	COLUMN_NAME	ORDINAL_POSITION	COLUMN_DEFAULT	IS_NULLABLE	DATA_TYPE	CHARACTE
1	School	dbo	STUDENT	ID	1	NULL	NO	char	10
2	School	dbo	STUDENT	NAME	2	NULL	YES	varchar	8
3	School	dbo	STUDENT	ADDRESS	3	NULL	YES	varchar	30
4	School	dbo	STUDENT	BIRTH	4	NULL	YES	datetime	NULL
5	School	dbo	STUDENT	GENDER	5	NULL	YES	char	1

已成功執行查詢。　NB-T5010 (12.0 RTM) | sa (52) | School | 00:00:00 | 5 個資料列

圖 13-2　使用 INFORMAITON_SCHEMA.COLUMNS 系統綱要表，檢視資料表的欄位資訊

例：學期由授課教師代碼為「T7」的老師新開了一門科目代碼為「EC」的「電子商務」課程。

INSERT INTO SUBJECT VALUES ('EC',' 電子商務 ', 'T7')

例：因為「EC」這門課是必修，所以請在修課資料表加入所有學生的資料，分數欄位內容為 null。

```
INSERT INTO COURSE (ID,SUBJECT,SCORE)
        SELECT STUDENT.ID, SUBJECT.ID, NULL
        FROM STUDENT, SUBJECT WHERE SUBJECT.ID='EC'
```

第三節　刪除資料錄

DELETE 指令用來將資料表內，符合指定條件的資料錄刪除，其基本語法為：

DELETE FROM 資料表 [WHERE 查詢條件]

刪除資料的時候，要注意如果沒有指定任何條件，會刪除指定資料表的全部資料錄。

例：刪除學號為 5851001 的所有修課紀錄。

```
DELETE FROM COURSE WHERE ID=5851001
```

例：刪除教師代碼為「T1」所有開課的學生修課紀錄。

```
DELETE FROM COURSE WHERE SUBJECT IN
        (SELECT SUBJECT.ID FROM SUBJECT, TEACHER
        WHERE TEACHER.ID=SUBJECT.TEACHER
            AND TEACHER.ID='T1')
```

解析：首先並不知道教師代碼「T1」開了那些課，因此使用子查詢列出「T1」所開的課程代碼（可能會不只一門課程）。DELETE 敘述再刪除掉符合 WHERE 條件判斷的「COURSE 資料表 SUBJECT 欄位內容」存在（IN）「子查詢結果的課程代碼」。

第十四章 資料定義語言

資料定義語言（Data Definition Language，DDL）是 SQL 負責資料結構定義與資料庫物件定義的語言，由 CREATE、ALTER 與 DROP 三個語法所組成。參見表 14-1，DML 與 DDL 均有新增、修改與刪除三個類型的命令，但是要記得DML專用於處理資料表的內容，而 DDL 則是處理資料庫的物件。

表 14-1　DML 與 DDL 命令

DML		DDL
INSERT	新增	CREATE
DELETE	刪除	DROP
UPDATE	修改	ALTER
SELECT	選擇	無

1. CREATE

CREATE 是負責資料庫物件的建立，包括資料庫、資料表、索引、預存程式、函數、觸發程序（Trigger）或是使用者…等物件，都可以使用 CREATE 指令來建立。

2. ALTER

ALTER 是用於資料庫物件修改結構的指令，例如更改資料庫儲存的空間、更改資料表的結構，包括更改資料表的欄位宣告、增加一個資料表的欄位、或是刪除一個資料表的欄位…等。

3. DROP

DROP 是刪除資料庫物件的指令，只要使用者具備足夠的權限，使用 DROP 指令即可刪除指定的資料庫物件。

【說明】

SQL Server 預設不分大小寫，所以宣告時使用大寫或小寫不會影響使用。

【說明】

本書所列的語法均為基本的語法，可滿足絕大多數資料庫建置的需要。如需參考完整的宣告語法，請參見微軟的線上說明。網址：http://msdn.microsoft.com/zh-tw/library/ms176061.aspx

第一節　資料庫

資料庫的維護，包括新增、刪除、修改，首先必須注意兩點：(a) 登入的使用者必須具備管理資料庫的權限；(b) 必須登入至系統資料庫（建議 master 資料庫），方能維護資料庫。

1. 新增資料庫

建立資料庫基本的宣告語法為：

CREATE DATABASE database_name [CONTAINMENT = {NONE|PARTIAL}]

```
[ON
    [PRIMARY ]<filespec>[ ,...n]
    [LOG ON <filespec>[ ,...n]]
]
```

語法之參數說明如下表所示：

表 14-2 建立資料庫語法之參數說明

參數名稱	說明
database_name	資料庫名稱，最多可有 128 個字元。
CONTAINMENT	指定資料庫的內含項目狀態。 NONE：非自主資料庫；PARTIAL：部分自主資料庫
ON	定義用來儲存資料庫之資料區段（資料檔案）的磁碟檔案。當其後接著一份定義主要檔案群組之資料檔案的 <filespec> 項目清單（以逗號分隔）時，必須使用 ON。主要檔案群組中的檔案清單後面可以以逗號分隔，接著一份定義使用者檔案群組及其檔案之選擇性 <filegroup> 項目清單。
PRIMARY	指定相關聯的 <filespec> 清單必須定義主要檔案。主要檔案群組中 <filespec> 項目所指定的第一個檔案會成為主要檔案。資料庫只能有一個主要檔案。如果未指定 PRIMARY ，CREATE DATABASE 敘述中列出的第一個檔案會成為主要檔案。
LOG ON	指定必須明確定義用來儲存資料庫記錄（記錄檔）的磁碟檔案。LOG ON 後面會接著定義記錄檔的 <filespec> 項目清單（如有多筆，需以逗號分隔）。如果未指定 LOG ON，系統會自動建立一個記錄檔，該檔案的大小是資料庫之所有資料檔的大小總和的 25% 或 512 KB 其中較大者。這個檔案會放置在預設的記錄檔位置中。

控制檔案 <fileSpec> 的詳細語法為：

```
<filespec>?::=
{(      NAME = logical_file_name ,
      FILENAME = {'os_file_name'|'filestream_path'}
      [ , SIZE = size [KB|MB|GB|TB]]
      [ , MAXSIZE = {max_size[KB|MB|GB|TB]|UNLIMITED}]
      [ , FILEGROWTH = growth_increment [KB|MB|GB|TB|%]]
)}
```

語法之參數說明如下表所示：

表 14-3　建立資料庫語法之控制檔案參數說明

參數名稱	說明
NAME	指定檔案的邏輯名稱
FILENAME	指定作業系統（實體）的檔案名稱。
SIZE	指定檔案的大小，未指定大小時預設為 1Mb，未指定單位時預設為 Mb。
MAXSIZE	檔案所能成長的大小上限，UNLIMITED 表示無限，直到硬碟最大空間，一般而言記錄檔（Log）上限是 2Tb，資料檔的上限是 16Tb。
FILEGROWTH	指定檔案的自動成長遞增大小。

最簡單的使用方式，是只指定資料庫的名稱，其餘皆採用預設值。

例：建立一個名稱為 Business 的資料庫。

```
USE master -- 切換至 master 系統資料庫
GO
CREATE DATABASE Business -- 建立資料庫
```

若是要指定資料庫的資料檔、記錄檔儲存的實體檔案位置、最初建置時的容量大小，以及成長的上限…等，可以參考下列範例：

例：建立一個名稱為 Accounting 的資料庫。

```
USE master;
GO
CREATE DATABASE Accounting
ON
( NAME = Accounting_dat,
   FILENAME = 'D:\MSSQL\data\Accounting.mdf ',
   SIZE = 100MB,
   MAXSIZE = 500MB,
   FILEGROWTH = 10MB )
LOG ON
( NAME = Accounting_log,
   FILENAME = 'D:\MSSQL\data\Accounting_log.ldf ',
   SIZE = 20MB,
   MAXSIZE = 80MB,
   FILEGROWTH = 5MB );
GO
```

2. 修改資料庫

修改資料庫時使用的基本語法為：

ALTER DATABASE {database_name|CURRENT}
{ MODIFY NAME = new_database_name }

語法之參數說明如下表所示：

表 14-4　修改資料庫語法之參數說明

參數名稱	說明
database_name	資料庫名稱
CURRENT	指定正在使用中的目前資料庫
MODIFY NAME	將資料庫名稱更改為 new_database_name 的名稱。

如需修改資料庫相關聯的檔案，除了上述 ALTER DATABASE 的宣告外，需要再加上下列的宣告語法：

```
ALTER DATABASE database_name
{   ADD FILE <filespec> [ ,...n ]
   | ADD LOG FILE <filespec> [ ,...n ]
   | REMOVE FILE logical_file_name
   | MODIFY FILE <filespec>
}

<filespec>::=
(    NAME = logical_file_name
     [ , NEWNAME = new_logical_name ]
     [ , FILENAME = {'os_file_name'|'filestream_path'}]
     [ , SIZE = size [KB|MB|GB|TB]]
     [ , MAXSIZE = {max_size[KB|MB|GB|TB]|UNLIMITED}]
     [ , FILEGROWTH = growth_increment [KB|MB|GB|TB|%]]
     [ , OFFLINE ]
)
```

語法之參數說明如下表所示：

表 14-5 修改資料庫語法之控制檔案參數說明

參數名稱	說明
NAME	指定檔案的邏輯名稱
NEWNAME	指定檔案新的邏輯名稱
FILENAME	指定作業系統（實體）的檔案名稱。
SIZE	指定檔案的大小，未指定時預設為 1Mb。
MAXSIZE	檔案所能成長的大小上限，UNLIMITED 表示無限，直到硬碟最大空間，一般而言記錄檔（Log）上限是 2Tb，資料檔的上限是 16Tb。
FILEGROWTH	指定檔案的自動成長遞增大小。
OFFLINE	將檔案設成離線，使檔案群組中的所有物件都無法存取。

例：修改 Accounting 資料庫，增加一大小爲 50 Mb ，實體檔案名稱爲 Testdata2.ndf 的資料檔。

```
USE master;
GO
ALTER DATABASE Accounting
ADD FILE
(   NAME = Accounting2,
    FILENAME = 'D:\MSSQL\DATA\Testdat2.ndf ',
    SIZE = 50MB,
    MAXSIZE = 100MB,
    FILEGROWTH = 5MB
);
GO
```

例：將上述例子在 Accounting 資料庫增加的 Testdat2.ndf 資料檔大小改為 80Mb。

```
USE master;
GO
ALTER DATABASE Accounting
MODIFY FILE
        (NAME = Accounting2,
        SIZE = 80MB);
GO
```

【說明】
改變資料檔的大小，不允許改小，只能改大，是為了避免資料庫存放的資料因為改小而造成儲放上的問題。

3. 刪除資料庫

要移除資料庫，使用 DROP DATABASE 並指定資料庫名稱，即可將該資料庫所有內容刪除。

例：刪除 Accounting 資料庫

```
DROP DATABASE Accounting
```

最後，對於資料庫管理師（DBA）而言，除了維護資料庫的效能之外，如需了解現有資料庫系統實體上已建置哪些資料庫，可以使用系統 sys.databases 資料表檢視：

```
SELECT * FROM sys.databases
```

第二節　資料表

資料庫的資料表（Table）是由列（row）和行（column）所組成的二維矩陣，使用 CREATE TABLE 來產生 Table。一旦 Table 產生後，就可以開始填入資料。產生新的資料表如果覺得有不妥之處，想改變 Table 結構時，可使用 ALTER TABLE 指令。當 Table 沒有任何利用價值時，可使用 DROP TABLE 將它從資料庫中完全刪除掉。

1. 新增資料表

新增資料表的基本的語法爲：

```
CREATE TABLE 檔案名稱
(  欄位名稱      資料型態      [ 限制 ],
   欄位名稱      資料型態      [ 限制 ],
         ……
         [ 主鍵宣告 ,]
         [ 外來鍵宣告 ]
)
```

新增資料表時，欄位宣告可以加上欄位限制（Constraint），較常使用的限制宣告包括：

- 主鍵宣告（當該檔案的主鍵只有一個欄位時）：PRIMARY KEY
- 預設值：DEFAULT '*值*'
- 檢查（當資料輸入時驗證的語法）：CHECK（*條件*）
- 不允許虛值：NOT NULL

若檔案的主鍵包含不只一個欄位，則主鍵必須單獨宣告（若主鍵僅一個欄位，亦可使用此種宣告方式）：

PRIMARY KEY (欄位 , 欄位 ,…),

若該檔案的某些欄位為外來鍵，則外來鍵的宣告為：

FOREIGN KEY (欄位 1, 欄位 2,…)

REFERENCES 主檔檔名 (欄位 1, 欄位 3,…)

[ON DELETE CASCADE][ON UPDATE CASCADE]

- ON DELETE CASCADE：表示外來鍵參照的資料表資料被刪除時，會連同此資料表的資料一併刪除；
- ON UPDATE CASCADE：表示外來鍵參照的資料表資料鍵值被修改時，會連同此資料表的外來鍵值一併更改。

例：宣告如圖 14-1 所示的三個資料表。

- 員工資料表（Personnel）：職號為五位數英數字、部門編號為四位英數字，不可為虛值、到職日預設為當日、薪資為整數且不能低於 22000 元；
- 專案資料表（Project）：專案編號 6 位文數字、起始日期不能是虛值，且預設為當日、執行日數為整數值、預算須包含兩位數小數。
- 專案工作表（Task）：一個專案包含多個執行的工作，因此 Task 資料表為 Project 資料表的副檔。工作序號為整數字、工作名稱為文數字。

員工資料表	
*Id	職號
Name	姓名
Depart	部門編號
Inauguration	到職日
Salary	薪資

專案資料表	
*Id	專案編號
Emp_No FK	負責員工
Start_date	起始日期
Days	執行日數
Budget	預算

專案工作表	
*Id FK	專案編號
*Seq	工作序號
Name	工作名稱
Start_date	工作開始日期
Days	執行天數

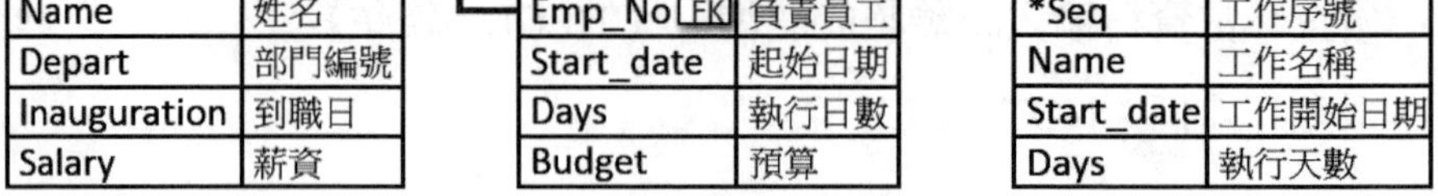

圖 14-1　練習建立的資料表

由本題題意說明，專案資料表（Project）的負責員工欄位爲外來鍵，參見員工資料表（Personnel）的主鍵：職號欄位。因此，員工資料表（Personnel）爲主檔，專案資料表（Project）爲副檔。因爲副檔有外來鍵要參見主檔的資料，因此建立檔案時必須先宣告主檔，再宣告副檔。

```
CREATE TABLE PERSONNEL
(   ID CHAR(5)PRIMARY KEY,
    NAME VARCHAR(10),
    DEPART CHAR(4)NOT NULL,
    INAUGURATION DATETIME DEFAULT GETDATE(),
    SALARY INTEGER CHECK (SALARY>=22000)
)

CREATE TABLE PROJECT
(   ID CHAR(6)PRIMARY KEY,
    EMP_NO CHAR(5),
    START_DATE DATETIME NOT NULL DEFAULT GETDATE(),
    DAYS INTEGER,
    BUDGET DECIMAL(10,2),
    FOREIGN KEY (EMP_NO)REFERENCES PERSONNEL(ID)
                    ON DELETE CASCADE ON UPDATE CASCADE
)
```

若主鍵欄位多於一個，則宣告可以另起一行，例如宣告 Task 資料表的敘述：

```
CREATE TABLE TASK
(   ID CHAR(6),
    SEQ INTEGER,
    NAME VARCHAR(50),
    START_DATE DATETIME NOT NULL,
    DAYS INTEGER,
    PRIMARY KEY (ID,SEQ),
    FOREIGN KEY (ID)REFERENCES PROJECT (ID)
                        ON DELETE CASCADE ON UPDATE CASCADE
)
```

在外來鍵宣告 ON DELETE CASCADE 表示主檔資料被刪除時，會連同副檔資料一併刪除；ON UPDATE CASCADE 表示主檔的主鍵資料更改時，會連同副檔資料一併更改，以確保外來鍵對應到的主鍵能保持一致。以這三個表格為例，先新增一些資料錄，以便提供稍後的說明。新增資料錄時，亦須遵照外來鍵的順序，先新增主檔的資料錄，再新增副檔（也就是外來鍵的資料表）的資料錄。以本範例為例，TASK 表有外來鍵關聯至 PROJECT 表；PROJECT 表有外來鍵關聯至 PERSONNEL 表，因此必須先有 PERSONNEL 表的資料錄，才能再有 PROJECT 表的資料錄，餘此類推。

- 新增 PERSONNEL 資料表的資料錄：

```
INSERT INTO PERSONNEL VALUES ('10201',' 張三 ','MK','2013/2/1',32000)
INSERT INTO PERSONNEL VALUES ('10202',' 李四 ','SE','2013/3/1',30000)
INSERT INTO PERSONNEL VALUES ('10203',' 李四 ','RD','2013/5/15',38000)
```

- 新增 PROJECT 資料表的資料錄：

```
INSERT INTO PROJECT VALUES ('00001','10202','2013/9/1',200,100000)
INSERT INTO PROJECT VALUES ('00002','10201','2013/10/1',150,150000)
```

- 新增 TASK 資料表的資料錄：

```
INSERT INTO TASK VALUES ('00001',1, ' 專案擬定 ', '2013/9/1',15);
INSERT INTO TASK VALUES ('00001',2, ' 系統安裝 ', '2013/9/12',10);
INSERT INTO TASK VALUES ('00001',3, ' 網頁規劃 ', '2013/9/22',45);
INSERT INTO TASK VALUES ('00001',4, ' 介面設計 ', '2013/10/15',30);
INSERT INTO TASK VALUES ('00002',1, ' 活動規劃 ', '2013/10/1',7);
INSERT INTO TASK VALUES ('00002',2, ' 場地布置 ', '2013/10/5',25);
```

【說明】

可以嘗試看看輸入已經新增過的資料，相同主鍵的內容再新增一次，系統會回應：「PRIMARY KEY 違反條件約束」的錯誤訊息，而不允許再次輸入，確保主鍵的唯一性。

如果取消 PROJECT 專案表的編號 00002 的專案紀錄，實際必須連同 TASK 專案工作表的相關工作項目紀錄一併刪除。因爲表格建立時有宣告 ON DELETE CASCADE ，因此如圖 14-2 所示，刪除 PROJECT 資料表的編號 00002 紀錄後，系統會自動將 TASK 所有編號 00002 的紀錄一併刪除。

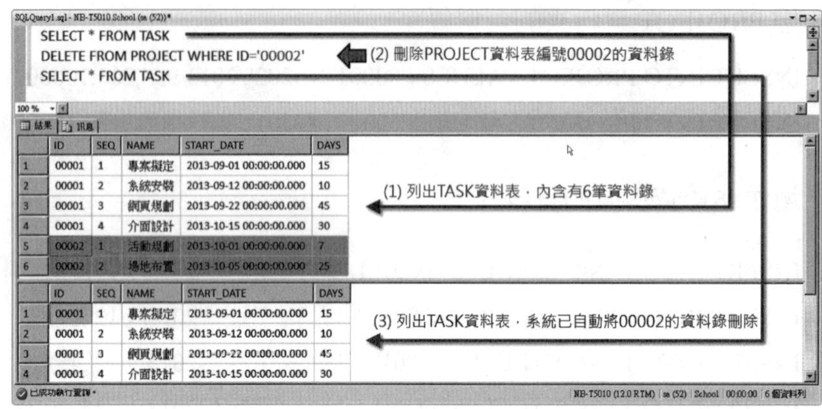

圖 14-2　ON DELETE CASCADE 串聯式刪除資料錄示範

2. 資料表字碼

(1) 字碼長度

參考下列範例，先建立一個包含兩個欄位的資料表，其中 NOTE 欄位宣告為長度 9 的變長字串：

```
CREATE TABLE TEMP (ID CHAR(3)PRIMARY KEY,
NOTE VARCHAR(9));
```

接著，請試著輸入下列 SQL 敘述資料，新增 TEMP 資料表的三筆資料錄：

```
INSERT INTO TEMP VALUES ('001',' 三個字 ');
INSERT INTO TEMP VALUES ('002',' 四個 words');
INSERT INTO TEMP VALUES ('003',' 這有五個字 ');
```

依據建立 TEMP 資料表的宣告，NOTE 應該可以存放 9 個字元的資料，但實際輸入第三筆資料時，卻會出現如圖 14-3 的錯誤訊息：

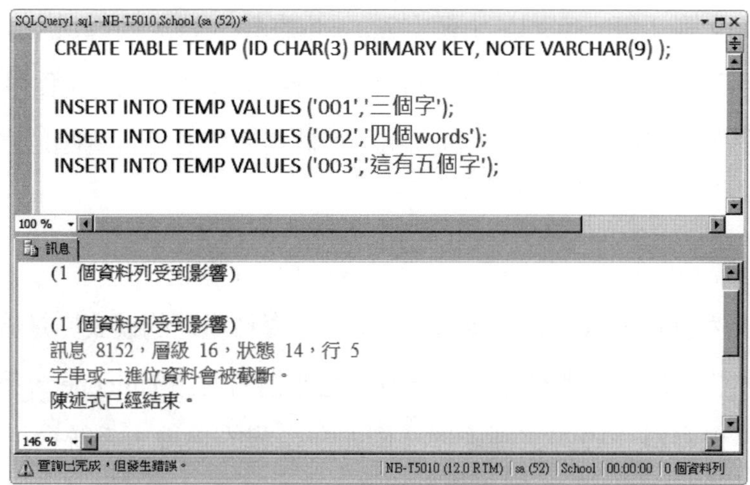

圖 14-3　輸入的字串長度超過欄位宣告的長度

訊息表示已經超過允許長度。若是以函數 LEN( ) 檢查資料內容，系統能夠很正確地依據字元數目計算出：

SELECT NOTE, LEN(NOTE) FROM TEMP

上述範例執行會得到如圖 14-4 所示的結果：

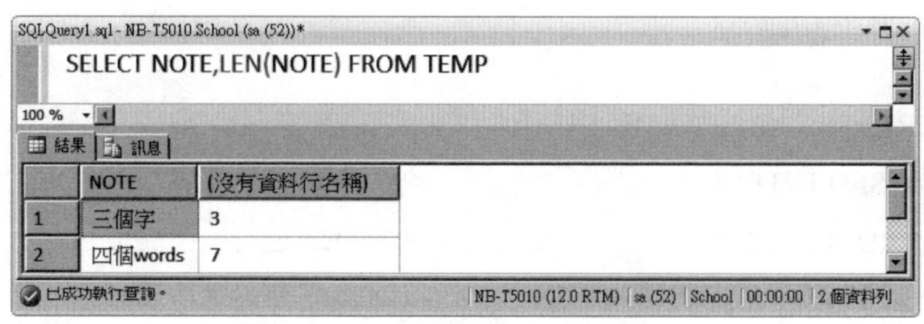

圖 14-4　檢視欄位內容的長度

所以要注意字串型態的欄位輸入的文數字資料，無論是中文、英文、符號或數字，計算長度時均是以字元爲處理單位，也就是說中文、英文等「每一字均是 1 個字元」。但在輸入時，因為「中文是以 2 個位元組為單位」，而「英文、符號或數字則是以 1 個位元組為單位」，資料型態所宣告的長度是指位元組，因此需要注意是否會超過宣告的長度。

(2) 多國語文並存

雖然 SQL Server 已經支援 Unicode，資料處理的模式亦是依據字元而非位元組，不過實際儲存資料若是非指名使用 Unicode，系統預設仍是以資料一般的字碼處理（例如在台灣的環境，系統會以 Big5 字碼為預設字元）。一般在使用上並不會有問題，但如果資料庫儲存的內容包含多國語文，例如正體中文、簡體中文、日文、韓文時，就需要使用 Unicode 作為儲存的字碼。SQL Server 如何存取 Unicode 字碼的方法，必須**同時結合下列兩項使用方式**：

- 宣告的欄位名稱必須使用 'n'，如 nchar, nvarchar
- 存入資料時必須在資料前加上一個 N 字元（必須大寫）

參考下列範例，首先建立一個練習使用的 TEMP_CHAR 資料表，其中包含三個欄位：

```
CREATE TABLE TEMP_CHAR
(   SEQ INTEGER,              -- 數字欄位
    ID NCHAR(5),              --Unicode 定長字串欄位
    NAME NVARCHAR(10),        --Unicode 變長字串欄位
    TITLE VARCHAR(10)         -- 一般變長字串欄位
)
```

接著，請試著輸入下列 SQL 敘述資料，新增 TEMP_CHAR 資料表的三筆資料錄。

INSERT INTO TEMP_CHAR VALUES (1, ' 山东 ',' 包兆茏 ',' 经理 ')
INSERT INTO TEMP_CHAR VALUES (2, N' 山东 ',N' 包兆茏 ',N' 经理 ')
INSERT INTO TEMP_CHAR VALUES (3, '山东', N'包兆茏图书馆',N'经理')

新增至資料表後，使用 SELECT 查詢指令，檢視 TEMP_CHAR 資料表的內容。顯示的結果如圖 14-5 所示：

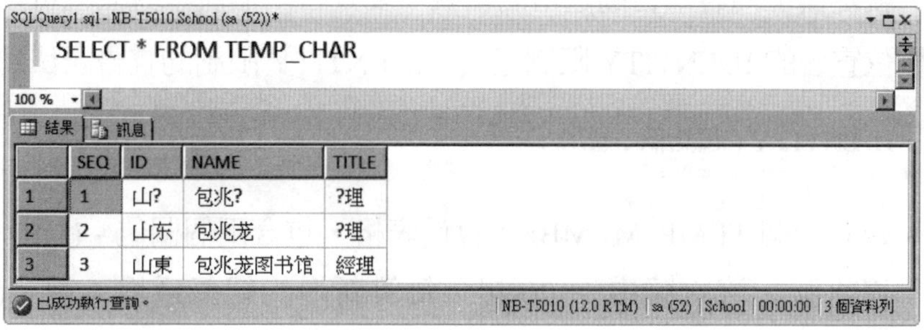

SQLQuery1.sql - NB-T5010.School (sa (52))*

SELECT * FROM TEMP_CHAR

100 %

結果 | 訊息

	SEQ	ID	NAME	TITLE
1	1	山?	包兆?	?理
2	2	山东	包兆茏	?理
3	3	山東	包兆茏图书馆	經理

已成功執行查詢。 | NB-T5010 (12.0 RTM) | sa (52) | School | 00:00:00 | 3 個資料列

圖 14-5　顯示 Unicode 資料

解析：第一筆紀錄完全沒有再資料前加上「N」字母標示，所以資料並不會以 Unicode 字碼處理；第二筆所有欄位均有加上「N」字母標示，但因爲 TITLE 欄位宣告時並未宣告爲 NVARCHAR()，所以仍舊會以預設的字碼處理；第三筆的 ID 欄位宣告爲 NCHAR()，但輸入的資料是一般預設的資料字碼（Big5），所以沒有加上「N」字母標示，仍可以正常輸入。

- 輸入資料時在前面加一 N 字元，就算是該欄位爲非 Unicode 亦可，並不會產生錯誤訊息。
- 欄位宣告爲 Unicode 字碼型態（NCHAR 或 NVARCHAR），若沒在字串前加上「N」字母標示，則不會存入 Unicode。

3. 自動編流水號（identify）

主鍵中的每一筆資料都是資料表中的唯一值，它是用來獨一無二地辨識一個資料表中的每一筆資料錄。如果主鍵必須由多個欄位組成，才能達成唯一識別性，但是過多的欄位相對也降低系統使用的便利性，因此有時會另新增一個「流水號」欄位來做爲主鍵。所謂流水號，就是欄位內容爲自動遞增的編號。要宣告一個流水號欄位可以使用欄位宣告的 IDENTITY 限制達成。IDENTITY 限制的宣告語法爲：

IDENTITY (起始值 , 遞增)

例：建立一個 TEMP_MEMBER 會員表格，包含兩個欄位：(1)ID 爲流水號，流水號由 1000 起，每筆新增的紀錄遞增 1 號；(2) NAME 爲變長字串。

```
CREATE TABLE TEMP_MEMBER
(    ID INTEGER PRIMARY KEY IDENTITY(1000,1),
     NAME VARCHAR(20))
```

參考圖 14-6 所示，輸入兩筆未指定 ID 主鍵欄位的值，再顯示 TEMP_MEMBER 資料表的內容，可以發現系統自動填入 ID 欄位的流水號。

```
INSERT INTO TEMP_MEMBER (NAME)VALUES (' 張三 ')
INSERT INTO TEMP_MEMBER (NAME)VALUES (' 李四 ')
```

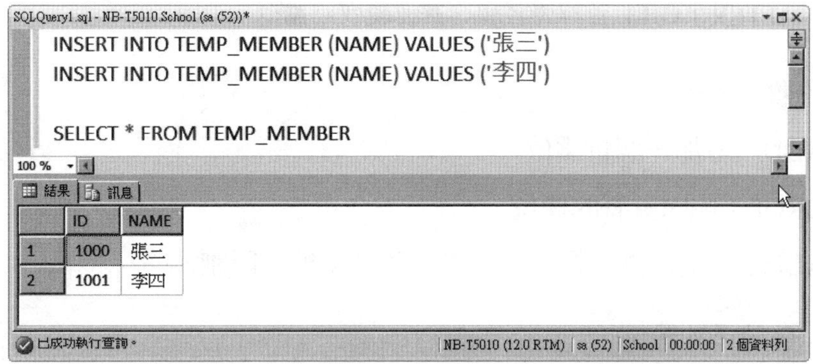

圖 14-6　系統自動產生欄位的流水號內容

若欲取得最近產生的流水號編號，也就是現有資料錄中最後產生的流水號碼，可使用下列語法顯示：

SELECT IDENT_CURRENT (' *資料表名稱* ')

例如要顯示 TEMP_MEMBER 資料表最後一筆產生的流水號碼：

SELECT IDENT_CURRENT('TEMP_MEMBER')

4. 修改資料表

表格被建立之後，隨著開發的功能修改，有時表格的結構需要有所改變。例如下列改變的需求：

- 增加一個新欄位
- 刪除一個既有的欄位
- 改變某一個欄位的名稱
- 更改某一個欄位的資料型態

這時就可以使用 ALTER 指令來進行資料表修改。ALTER 使用的語法爲：

ALTER TABLE *資料表名稱　修改類型　欄位*

修改類型包括：

- ADD：增加一個新欄位
- DROP：刪除既有的欄位
- ALTER：更改既有欄位的性質（資料型態、限制 …等）

參考下列範例：

例：於 DEPT（部門）資料表新增一個 POSITION（位址）欄位。

ALTER TABLE DEPT ADD POSITION VARACHAR(20)

例：將 DEPT（部門）資料表的 POSITION 欄位刪除

ALTER TABLE DEPT DROP COLUMN POSITION

例：將 DEPT（部門）資料表的 LOCATION 欄位原宣告的 VARCAHR() 資料型態的長度改爲 30。

ALTER TABLE DEPT ALTER COLUMN LOCATION VARCHAR (30)

5. 刪除資料表

有時也有需要刪除資料庫裡的資料表，以便做有效的管理。刪除資料表使用 DROP 指令，其語法爲：

DROP TABLE tablename

如同刪除資料錄（DELETE FROM… ）需要注意外來鍵關聯的情況一樣，刪除資料表時必須注意外來鍵所造成的刪除次序限制，先刪除副檔再刪除主檔，例如先前建立的：PERSONNEL 、PROJECT 、TASK 三個檔案。

- 建立資料表的次序：

  （最先）PERSONNEL >（其次）PROJECT >（最後）TASK
- 刪除資料表時，則必須反過來：

  （最先）TASK >（其次）PROJECT >（最後）PERSONNEL

```
DROP TABLE TASK;
DROP TABLE PROJECT;
DROP TABLE PERSONNEL;
```

第三節　視界

視界（VIEW）可以視爲另一種形式的資料表。和資料表一樣，視界也是由數個欄位定義所組成，只不過視界的欄位是來自其他資料表內的欄位，它並無自己定義的的欄位。使用者可以對視界執行 SELECT 、INSERT 、UPDATE 和 DELETE 的動作，或是利用 GRANT 指令將視界的使用權開放給特定的使用者等等。

1. 建立視界

新增一個視界的宣告語法爲：

CREATE VIEW 視界檔名 **(** 欄位 **,** 欄位 **,** …**)**
  AS
SELECT 欄位 **,** 欄位 **,** … **FROM** 檔案 **,** 檔案 **,** … **WHERE** …

視界的欄位必須與 SELECT 輸出結果的欄位數量一致。當 SELECT 輸出結果的欄位名稱沒有重複且均有名稱時，可以省略視界的欄位宣告，沿用原先的欄位名稱。建立視界的敘述之中，使用的

SELECT 子句有以下的限制：

- 不能使用 order by, compute 或 compute by 語句
- 不能使用 union 語句
- 不能使用 into 語句

(1) 範例：建立視界

例：應用 ORDERS 資料表。建立包含所有「出貨日期距訂貨日期超過 100 天」訂單資料 的 VIEW。

```
CREATE VIEW ORDER_DELAYED
AS
SELECT * FROM ORDERS
WHERE DATEDIFF(DD,ORD_DATE,SHIP_DATE)>100
```

解析：因爲是由 ORDERS 單一檔案選擇出符合「出貨日期距訂貨日期超過 100 天」的資料錄，不會有重複的欄位名稱，因此本例所建立的 ORDER_DELAYED 視界並未宣告欄位名稱，直接沿用原本 SELECT 結果的欄位名稱。爾後要列出「出貨日期距訂貨日期超過 100 天」的訂單資料時，如圖 14-7 所示，直接使用 SELECT 列出 ORDER_DELAYED 視界的資料即可。

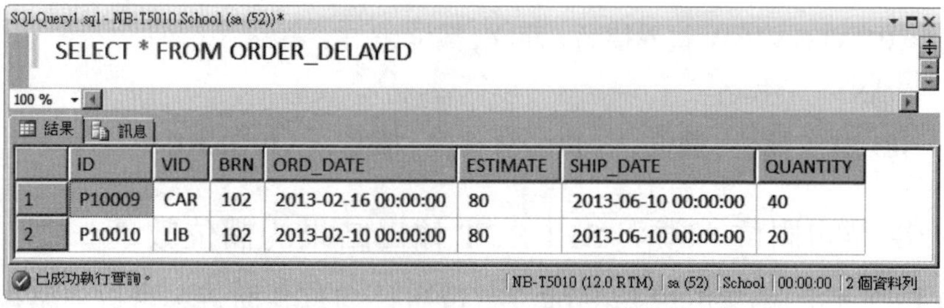

SQLQuery1.sql - NB-T5010.School (sa (52))*

```
SELECT * FROM ORDER_DELAYED
```

100 %

結果 | 訊息

	ID	VID	BRN	ORD_DATE	ESTIMATE	SHIP_DATE	QUANTITY
1	P10009	CAR	102	2013-02-16 00:00:00	80	2013-06-10 00:00:00	40
2	P10010	LIB	102	2013-02-10 00:00:00	80	2013-06-10 00:00:00	20

已成功執行查詢。 | NB-T5010 (12.0 RTM) | sa (52) | School | 00:00:00 | 2 個資料列

圖 14-7　視界如同一般資料表的使用方式

例：應用 Student 與 Course 資料表。建立包含所有學生學號、姓名、修課數目與總分的 VIEW。

```
CREATE VIEW STD_SCORE (ID, NAME, NUMBER, TOTAL)
AS
SELECT STUDENT.ID, NAME,COUNT(*), SUM(SCORE)
FROM STUDENT, COURSE
WHERE STUDENT.ID=COURSE.ID
GROUP BY STUDENT.ID, NAME
```

解析：因爲 SELECT 字句查詢的結果，運算的欄位（題中的 COUNT(*) 與 SUM(SCORE)）並不會顯示出欄位名稱，因此必須在 CREATE VIEW 的子句宣告所有的欄位名稱，宣告的數量必須與 SELECT 子句結果的欄位數量相符。

(2) 範例：建立 VIEW 的 VIEW

除了資料實際是儲存於原始資料表之內，視界的使用就如同一般資料表一般，因此也可以將視界再建立出新的視界。

例：依據 STD_SCORE 視界，建立一個只取平均成績前三名的視界。

```
CREATE VIEW STD_TOP (ID,NAME,AVERAGE)
AS
SELECT TOP 3 ID,NAME, TOTAL/NUMBER
FROM STD_SCORE ORDER BY TOTAL/NUMBER DESC
```

解析：本例中的 SELECT 子句使用「TOP 3」表示只取前三筆紀錄，結合排序（ORDER BY）的 DESC 遞減（由大到小）排列，因此可取得平均成績較高分數前 3 筆的學生資料。

2. 刪除視界

從資料庫中刪除一個現存的視界，執行的語法爲：

DROP VIEW *視界名稱*

例：刪除先前建立的 STD_TOP 、STD_SCORE 、ORDER_DELAYED 等視界。

```
DROP VIEW STD_TOP;
DROP VIEW STD_SCORE;
DROP VIEW ORDER_DELAYED;
```

對於資料庫管理而言，可以使用系統綱要表：INFORMATION_SCEMA.VIEWS 和 INFORMATION_SCHEMA.TABLES 列出資料庫內的視界。兩者的差別在於 INFORMATION_SCEMA.VIEWS 包含視界的宣告；INFORMATION_SCHEMA.TABLES 包含資料庫現有的資料表名稱與視界名稱。

例：使用 INFORMATION_SCHEMA.**VIEWS** 列出此一資料庫有哪一些 VIEW 表格。

```
SELECT TABLE_NAME FROM INFORMATION_SCHEMA.VIEWS
```

例：使用 INFORMATION_SCHEMA.**TABLES** 列出此一資料庫有哪一些 VIEW 表格。

```
SELECT TABLE_NAME FROM INFORMATION_SCHEMA.TABLES
WHERE TABLE_TYPE='VIEW'
```

第四節 索引

對關聯式資料庫，索引（Index）是相當重要的表格，系統透過索引直接指向我們所需的資料，因此能夠改善資料的存取速度。此外，若設定為唯一性（Unique）的索引，則可強制資料在單一表格內的唯一性。不過索引並不是獨立存在的表格，而是附加在某一資料表或是視界之下。資料庫管理師（DBA）可依實際所需手動建立索引檔，系統會依據宣告時指定的欄位，自動維護其內容。當資料表或視界被刪除時，系統亦會自動將該索引表格刪除。一個資料表可以宣告建立一個以上的索引表，每個索引表負責將特定的欄位集建立成索引。

- 沒有索引，資料庫管理系統必須為找尋一筆資料，而掃描整個資料表。
- 有索引，資料庫透過管理系統所管理的索引表格，計算出資料儲存在資料表中的位置後，直接讀取出。
- 系統必須花費時間去更新維護任何索引，所以在產生索引之前必須確定必要性。任何對資料表的資料紀錄新增、修改和刪除動作，均會觸發系統更新所屬的索引內容，因此越多的索引表會造成系統異動的效率降低。

【說明】

由於「設定為唯一性的索引，可強制資料在單一表格內的唯一性」，因此宣告為主鍵的欄位集，系統會自動為其建立一個唯一性的索引表。反過來說，宣告為主鍵的欄位就沒有必要自行再建立一個唯一性的索引表。

歸納一下上述索引表建立之觀念：

- 一個資料表或視界可以有 0 至多個索引表；
- 索引表一定屬於某一個資料表或視界；
- 索引表種類包含一般索引與唯一性索引（Unique）兩種，「唯一性」即表示建立該索引之欄位內容不可重複；
- 系統會自動依據主鍵欄位宣告一個「唯一性索引表」。

1. 建立索引表

索引表建立的宣告語法為：

CREATE [UNIQUE] [CLUSTERED | NONCLUSTERED] INDEX 索引表名稱
ON { 資料表名稱 | 視界名稱 } (欄位名稱 [ASC | DESC],...)

- UNIQUE 對資料表或視界建立一個唯一的索引（亦即任何兩個資料列都不許可有相同索引值的索引）。建立 UNIQUE 索引時，會將多個 NULL 值視為重複。
- CLUSTERED 指定建立一個叢集的索引表，反之 NONCLUSTERED 表示非叢集的索引表。每個資料表內只能建立一個叢集索引表，但可以建立多個非叢集的索引表，未指明的情況下索引表會以非叢集為預設格式。非叢集索引單純只存放指標資料，指標再指向磁碟中儲存的實體資料；叢集索引則是指標資料先指向一個經排序的樹狀結構，再透過樹狀結構的節點對應到磁碟中儲存的實體資料。
- 排序不是遞增「ASC」就是遞減「DESC」，若未註明，則預設為內定的「ASC」。欄位名稱從左至右的順序表示「索引」主要到次要的順序。

一般而言，索引主要還是應用在資料表，請參考下列建立索引表的宣告範例：

例：學生姓名經常被用來檢索，因此請宣告一個以學生姓名作爲索引的索引表。

```
CREATE INDEX STD_NAME ON STUDENT (NAME)
```

例：EMPLOYEE 職員表格的員工姓名分置於 LastName 與 FirstName，但搜尋資料時常以姓與名共同查詢，因此請宣告一個以職員姓名作爲索引的索引表。

```
CREATE INDEX EMP_NAME
ON EMPLOYEE (LASTNAME, FIRSTNAME)
```

例：請將圖書館 PATRON 讀者表格的身分證（PIN）欄位宣告爲唯一性的索引表。

```
CREATE UNIQUE INDEX PATRON_PIN ON PATRON (PIN)
```

解析：唯一性索引檔宣告語法主要是差別在 CREATE 命令之後，INDEX 識別字之前加上 UNIQUE 識別字。

2. 刪除索引表

從某一資料表刪除一個現存的索引表，其刪除的語法爲：

DROP INDEX *索引表名稱*

3. 檢視索引表

索引檔案資訊記錄於 SYSINDEXES 系統表格內，可以透過 SP_HELPINDEX 預儲程序列出特定某一個資料表的索引表，或使用

SP_STATISTICS 預儲程序列出特定某一個資料表索引檔的較多細節。

例：列出 STUDENT 學生資料表的索引表清單

```
SP_HELPINDEX   STUDENT
```

例：列出 STUDENT 學生資料表的索引表與統計明細

```
SP_STATISTICS   STUDENT
```

第五節　預儲程序

預儲程序（Stored Procedure，亦有翻譯為預存程序）是將一個或多個 Transact-SQL 敘述的群組儲存在 DBMS 內的資料庫物件，以便在往後重複使用。它們就和其他程式語言的副程式（subroutine）及函數（function）一般的作用：

- 接受傳入的參數，執行後將多個數值或執行成功與否的狀態值傳回呼叫的程式。
- 包含可在資料庫中執行作業的程式敘述。

預儲程序將執行的程式（如 SQL Server 的 Transac-SQL）、SQL 敘述預先編譯並儲存在伺服器端的 DBMS 內，因此具備許多優點，包括：重複使用的便利、降低網路流量的負荷、提升處理的效能 … 等，不過也因為必須使用 DBMS 專屬的程式語法（如 SQL Server 使用 Transac-SQL 、Oracle 使用 PL/SQL 語法），各家資料庫系統互不相容，因此會妨礙結合資料庫所開發之應用程式的可攜性。畢竟魚與熊掌不可兼得，預儲程序的優點是效率高，但相對的缺點便是專屬的語法，限制了資料庫移轉的方便性。

1. 建立預儲程序

建立預儲程序的語法爲：

CREATE PROC[EDURE] ***預儲程序名稱***
  [{@ ***參數名稱 資料型態*** **} [=** ***預設值*** **] [OUTPUT]] [, …n]**
AS
  SQL ***敘述*** **[…n]**

邏輯上來說，預儲程序包含了兩個部分：

- **檔頭（Header）**：定義了預儲程序的名稱、輸入和輸出參數，以及一些其他的處理選項。可以把它想像成一個 API（Application Programming Interace）或預儲程序的宣告。
- **主體（Body）**：包含了當預儲程序被呼叫時，所應該執行的 Transac-SQL 敘述。

預儲程序的檔頭和主體是由 AS 這個關鍵字來區隔。預儲程序的檔頭包含了參數的清單，而每個參數之間則使用逗號 ", " 加以區隔。每個參數的定義都包含了一個識別項和資料型別。參數的識別項必須以 @ 字元做爲開頭。

例：建立一個指定書名，即可取得該書名的書目（BIB 資料表）資料的預儲程序

```
CREATE PROC getTitle
  @Tit varchar(50)
AS
  select * from bib where title=@Tit
```

解析：此範例建立一個名稱爲「getTitle」的預儲程序，當中包含了一個輸入長度允許 50 個字元的參數。如圖 14-8 所示，當

getTitle 執行時，它會傳回一個結果集（Result Set），當中包含了所有在 BIB 檔案中，Title 欄位的值等於輸入參數的所有資料錄。

圖 14-8　預儲程序的建立與執行

例：建立一個傳入「訂購日期」與「數量」兩個參數的預儲程序，能夠取得訂單（ORDERS）資料表中，訂購日期欄位的內容大於「訂購日期」參數，以及數量欄位的內容大於等於「數量」參數的訂單紀錄。

```
CREATE PROC getOrder
   @ODate DateTime,
   @ONum Integer
AS
   select * from ORDERS where ORD_DATE > @ODate
   and QUANTITY >= @ONum
```

2. 呼叫預儲程序

預儲程序的主要目的之一就是依據預先撰寫的程式流程，而從 SQL Server 的資料庫中傳回有用且既定格式的資訊，並且可以再重複使用。而執行的方式可以使用 EXECUTE 命令，也可以直接呼叫預儲程序名稱。

例：執行 getTitle 預儲程序，並指定參數為「人口政策資料彙集」。

預儲程序執行：求書名為「人口政策資料彙集」的書目資料

```
EXECUTE getTitle ' 人口政策資料彙集 '
```

EXECUTE（可簡寫為 EXEC ，大小寫不限）接在其後的就是預儲程序的名稱。接著參考下列輸入兩個參數執行預儲程序的範例：

例：執行 getOrder 預儲程序，ODate 參數指定 '2013/2/1'；ONum 指定參數 40。

預儲程序執行：求訂購日期大於 '2013/2/1' ，且訂購數量大於等於 40 的訂購資料

```
EXECUTE getOrder '2013/2/1', 30
```

3. 刪除預儲程序

當不需要再使用某一個預儲程序時，刪除預儲程序的語法為：

```
DROP PROC[EDURE] 預儲程序名稱
```

例：刪除 getTitle 預儲程序。

```
DROP PROC getTitle
```

4. 修改預儲程序

修改預儲程序的一種方式是重新建立，另一種方式則是使用 ALTER PROCEDURE 敘述來修改預儲程序。

(1) 使用刪除原有的，再新增方式：

```
DROP PROC getTitle
GO
CREATE PROC getTitle
   @Price Integer
AS
   select * from bib where price > @Price
```

解析：上述包含兩個獨立的敘述，在第一個敘述（DROP PROC getTitle）之後加上 GO 命令，此命令是要求執行 GO 命令之前的敘述。因此系統會先將 getTitle 預儲程序刪除，之後才會再執行建立判斷價格大於參數值的 getTitle 預儲程序。

如果不確定一個預儲程序是否存在時，可以先撰寫一段程式來加以檢查。以避免刪除一個並不存在的預儲程序時，造成 SQL Server 產生的錯誤訊息。

```
IF EXISTS (select * from sysobjects
                where id=OBJECT_ID('getTitle')AND
                     OBJECTPROPERTY(id, 'isProcedure')=1)
       DROP PROC getTitle
   GO
       CREATE PROC getTitle
       @Price Integer
   AS
```

```
select * from bib where price > @Price
```

解析：系統綱要 sysobjects 表格紀錄資料庫的物件，使用 OBJECT_ID() 函數取得 getTitle 預儲程序的 id 編號（系統內部編號）判斷是否存在於 sysobjects 表格內，並使用 OBJECTPROPERTY() 函數判斷該 id 編號的物件是否爲預儲程序。如果條件符合，就依序執行刪除再建立的程序。

(2) 使用修改方式：

修改預儲程序使用 ALTER PROCEDURE 命令，實際內部運作的方式也是將原有的預儲程序刪除，再依據命令之子句重新建立新的預儲程序：

```
ALTER PROC getTitle
   @Price Integer
AS
   select * from bib where price > @Price
```

5. 系統預儲程序

除了使用者自行建立的預儲程序，SQL Server 資料庫系統亦內建了許多系統預儲程序（以 sp_ 名稱開頭）和擴充預儲程序（以 xp_ 名稱開頭），許多管理和參考活動，都可以利用系統預儲程序加以執行。SQL Server 提供了超過數百個系統預儲程序，其中常用的一些系統預儲程序簡述如表 14-6 所列，詳細的預儲程序介紹與說明，請參見微軟線上說明（網址：http://technet.microsoft.com/zh-tw/library/ms187961.aspx）

表 14-6　常用的系統預儲程序

名稱	參數	說明
sp_help	[@objname =] 'name'	參數指定目前資料庫的物件名稱，會傳回該物件的基本資訊；若未指定參數時，會傳回目前資料庫中所有類型物件的摘要資訊名稱
sp_helpdb	[[@dbname=] 'name']	列出指定的資料庫的資訊；若未指定資料庫名稱，會列出所有資料庫的相關資訊。
sp_helpuser	[@name_in_db =] 'security_account'	列出登入使用者的資訊；若未指定登入使用者會傳回所有登入使用者的資訊。
sp_helpindex	[@objname =] 'name'	列出資料表或視界上的索引資訊
sp_helplanguage	[[@language =] 'language']	列出指定的語言或所有語言的資訊
sp_helptext	[@objname =] 'name'	列出指定的視界、預儲程序、自訂函數或觸發的宣告內容
sp_procoption	[@ProcName =] 'procedure'	設定或清除自動執行預儲程序。每當啓動 SQL Server 的執行個體時，就會執行一個設為自動執行的預儲程序。
sp_who	[[@loginame =] 'login']	列出目前使用者、工作階段和處理程序的資訊
xp_loginconfig	['config_name']	列出 SQL Server 實例在 Windows 上運行時的登錄安全組態的配置 (未來的 SQL Server 版本將移除這項功能)
xp_logininfo	[[@acctname =] 'account_name']	列出有關 Windows 使用者和 Windows 群組的資訊
xp_msver	無	列出 SQL Server 的版本資訊

除了上述常用的一些系統預儲程序之外，若要列出現在資料庫使用者設定的預儲程序清單，可以使用系統預儲程序 sp_stored_procedures 列出指定的預儲程序名稱、擁有者、類型 … 等資訊；若未指定則會列出此一資料庫已宣告的所有預儲程序清單。此外，預儲程序名稱儲存在 sysobjects 系統資料表中，而 CREATE PROCEDURE 陳述式的文字則儲存於 syscomments 中。因此，也可以在「master 資料庫」裡，使用 SQL 敘述直接列出上述系統檔案的內容，檢視預儲程序的資訊。例如執行下列 SQL 敘述，列出所在資料庫的預儲程序資訊：

```
SELECT * FROM sysobjects WHERE xtype='P'
```

或執行下列 SQL 敘述，列出預儲程序建立時的宣告內容：

```
SELECT * FROM syscomments
```

亦可將這兩個系統資料表 Join 查詢，列出如圖 14-9 所示的預儲程序的相關資訊與宣告內容：

```
SELECT sysobjects.id, name, crdate, text
FROM sysobjects, syscomments
WHERE xtype='P' and sysobjects.id=syscomments.id
```

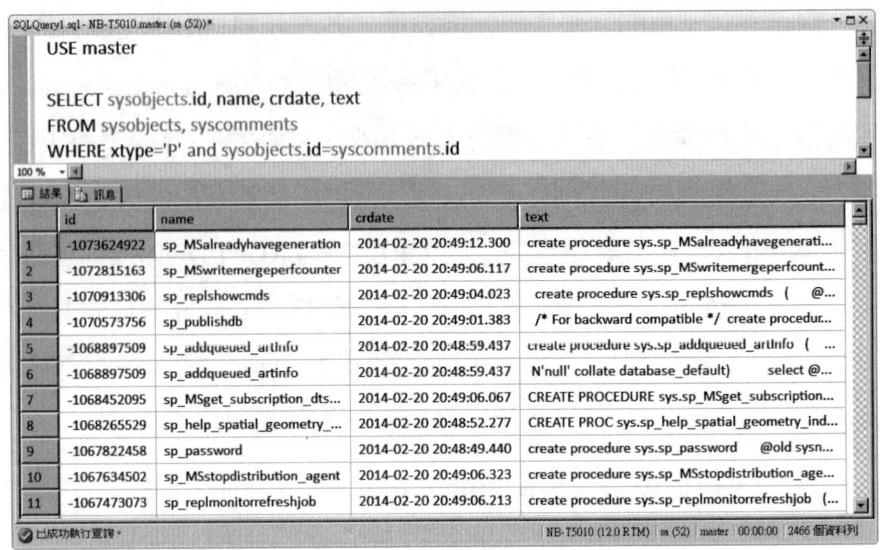
SQLQuery1.sql - NB-T5010.master (sa (52))*

```
USE master

SELECT sysobjects.id, name, crdate, text
FROM sysobjects, syscomments
WHERE xtype='P' and sysobjects.id=syscomments.id
```

100 %

結果 | 訊息

	id	name	crdate	text
1	-1073624922	sp_MSalreadyhavegeneration	2014-02-20 20:49:12.300	create procedure sys.sp_MSalreadyhavegenerati...
2	-1072815163	sp_MSwritemergeperfcounter	2014-02-20 20:49:06.117	create procedure sys.sp_MSwritemergeperfcount...
3	-1070913306	sp_replshowcmds	2014-02-20 20:49:04.023	create procedure sys.sp_replshowcmds (@...
4	-1070573756	sp_publishdb	2014-02-20 20:49:01.383	/* For backward compatible */ create procedur...
5	-1068897509	sp_addqueued_artinfo	2014-02-20 20:48:59.437	create procedure sys.sp_addqueued_artinfo (...
6	-1068897509	sp_addqueued_artinfo	2014-02-20 20:48:59.437	N'null' collate database_default) select @...
7	-1068452095	sp_MSget_subscription_dts...	2014-02-20 20:49:06.067	CREATE PROCEDURE sys.sp_MSget_subscription...
8	-1068265529	sp_help_spatial_geometry_...	2014-02-20 20:48:52.277	CREATE PROC sys.sp_help_spatial_geometry_ind...
9	-1067822458	sp_password	2014-02-20 20:48:49.440	create procedure sys.sp_password @old sysn...
10	-1067634502	sp_MSstopdistribution_agent	2014-02-20 20:49:06.323	create procedure sys.sp_MSstopdistribution_age...
11	-1067473073	sp_replmonitorrefreshjob	2014-02-20 20:49:06.213	create procedure sys.sp_replmonitorrefreshjob (...

已成功執行查詢。 NB-T5010 (12.0 RTM) | sa (52) | master | 00:00:00 | 2466 個資料列

圖 14-9　由系統資料表列出預儲程序的資訊內容

註：因爲使用的 school 資料庫只練習產生了一個觸發程序，爲了展示呈現多筆資料的效果，因此上述例子是使用了「USE master」這一個指令切換到 master 資料庫，顯示其已建立的觸發程序內容。爲了避免影響後續的練習，建議使用後，再執行「USE school」指令切換回 school 資料庫。

第六節　觸發

觸發（Trigger）程序是藉由設定某種條件來引發動作，當資料表出現特定事件時，滿足指定的條件便會開始進行對應的程序。如同預儲程序一樣，觸發程序也是一組 TRANSACT-SQL 指令的敘述，但是與預儲程序不同的是：觸發程序沒有傳入的參數，有沒有回傳值。觸發程序使用的時機是執行 TRANSACT-SQL 語言的 DDL 指令或 DML 指令時，需要自動執行一些自動化的操作。主要使用的情境是在異動資料時（如 INSERT 、UPDATE 、DELETE），能依據商業邏輯自動異動相關的其他資料表內容。例如學生修退學而刪除學生資料表的資料時，需要檢查圖書館借閱記錄是否都已完成歸還作業；商品銷售出去時，要連同計算庫存量，當庫存量低於安全存量時，要自動新增一筆進貨的訂單 … 等等。

觸發程序在 SQL Server 2000 版本之前只支援 DML 指令（INSERT 、UPDATE 、DELETE）的觸發程序，但在 2005 之後的版本增加了支援 DDL 指令（CREATE、ALTER、DROP）的觸發程序，使得能夠藉由觸發程序來協助執行資料庫的管理、分析等工作。

SQL Server 的觸發程序分爲資料異動前（INSTEAD OF）、異動後（AFTER）觸發兩種執行方式：

(1) AFTER 觸發程序：

在執行過 INSERT、UPDATE、DELETE 等 DML 的 SQL 敘述後才執行。發生強制違規時絕對不會執行 AFTER 觸發程序，所以，這些觸發程序無法用於可能妨礙強制違規的任何處理動作。

(2) INSTEAD OF 觸發程序：

用於資料異動前觸發的程序，你可以定義 INSTEAD OF 觸發程序對一或多個資料行執行錯誤或值檢查，然後在異動記錄之前執行其他動作。

1. 邏輯資料表

在 SQL Server 執行異動資料（DML 指令：INSERT 、

UPDATE、DELETE）的觸發過程中，系統自動會生成兩個臨時的資料表：Inserted 和 Deleted。這兩個資料表的結構與原始異動的資料表是完全相同的，Inserted 資料表用於存放新增的資料錄，Delete 資料表用於存放舊有的資料錄。

- 當新增資料錄時，新資料可以在 Inserted 資料表中得到。
- 當更新資料錄時，更新後的新資料，可以在 Inserted 資料表獲得；被更新原資料錄是舊的，所以可以在 Deleted 資料中取得。
- 當刪除資料錄時，可以在 Deleted 表中獲得刪除的資料錄。

表 14-7　觸發臨時資料表儲存內容

DML 指令	Inserted 資料表	Deleted 資料表
INSERT	保存新增的資料錄	無
UPDATE	保存更新後的新資料錄	保存更新前的舊資料錄
DELETE	無	保存刪除前的資料錄

2. 新增觸發程序

新增觸發程序的語法為：

```
CREATE TRIGGER 觸發程序名稱 ON 資料表名稱
FOR| AFTER| INSTEAD OF
[INSERT, UPDATE, DELETE] -- 觸發的條件
    AS
BEGIN
    -- 執行的 Transac-SQL 敘述
END
```

FOR 、AFTER 識別字均同是表示用來建立事前觸發程序，INSTEAD OF 識別字表示建立事後觸發程序。觸發事件的的 DML 指另包括 INSERT 、UPDATE 、DELETE ，如果觸發的事件不只一個指令，請用逗號區隔。

AS 識別字之後是執行的 TRANSACT-SQL 敘述，但並非所有的 TRANSACT-SQL 均可使用於此，在 DML 觸發程序中，不允許使用表 14-8 所列 TRANSACT-SQL 指令的敘述。

表 14-8　不支援觸發程序的 DDL 與 Transact-SQL 指令

ALTER DATABASE	CREATE DATABASE
DROP DATABASE	LOAD DATABASE
ALTER DATABASE	RESTORE DATABASE
LOAD DATABASE	RESTORE LOG

此外，當 DML 觸發程序觸發動作的目標是資料表或視界時，在 DML 觸發程序的主體內，也不允許有表 14-9 所列的 SQL 敘述。

表 14-9　不支援觸發程序的 DML 指令

CREATE INDEX(包括 CREATE SPATIAL INDEX 和 CREATE XML INDEX)
ALTER INDEX
DROP INDEX
DBCC DBREINDEX
ALTER PARTITION FUNCTION
DROP TABLE
用來執行下列動作的 ALTER TABLE：
新增、修改或卸除資料行。 切換資料分割。 加入或卸除 PRIMARY KEY 或 UNIQUE 條件約束。

參考下列範例，首先先建立一個用來儲存學生平均成績前三名的 STUDENT_RANKING 資料表，以便作爲觸發程序的練習資料表：

```
CREATE TABLE STUDENT_RANKING
(ID INTEGER PRIMARY KEY IDENTITY(1,1), -- 宣告爲自動編號
 SNO CHAR(10),
 NAME VARCHAR(8),
 AVERAGE DECIMAL(5,2))
```

(1) AFTER 觸發程序

例：建立一個觸發程序，只要有 COURSE 資料表有異動（INSERT 、 UPDATE 、DELETE），就將 SCORE 學生的平均成績重新新增至 STUDENT_RANKING 資料表內。

```
CREATE TRIGGER TG_SCORE_RANKING ON COURSE
FOR INSERT, UPDATE, DELETE
  AS
  TRUNCATE TABLE STUDENT_RANKING
  GO
  INSERT INTO STUDENT_RANKING (SNO, NAME, AVERAGE)
        SELECT TOP 3 STUDENT.ID, NAME, AVG(SCORE)
        FROM STUDENT, COURSE WHERE STUDENT.ID=COURSE.ID
        GROUP BY STUDENT.ID, NAME ORDER BY AVG(SCORE)DESC
```

解析：此範例使用 CREATE TRIGGER 建立一個名稱爲 TG_SCORE_RANKING 的觸發程序，並指定當 SCORE 資料表的資料有 INSERT 、UPDATE 、DELETE 的異動狀況時，就會觸發執行 AS 之後所指定將 SCORE 學生的平均成績重新新增至 STUDENT_RANKING 資料表內的 SQL 敘述。執行的 SQL 敘

述包括：

- 先清除 STUDENT_RANKING 資料表原有的資料，因為 STUDENT_RANKING 的 ID 欄位為自動編號的流水號，因此使用 TRUNCATE TABLE 指令刪除資料錄並讓自動編號歸零；
- 選擇學生修課資料平均成績前三名的資料，並將之新增（INSERT）至 STUDENT_RANKING 資料表。

(2) INSTEAD OF 觸發程序

參考下列建立的 Client 資料表與 Client_Info 視界：

```
CREATE TABLE Client  -- 資料表
 (ID    int PRIMARY KEY IDENTITY(1,1),  -- 自動產生流水號
  LastName   varchar(20) not null,
  FirstName  varchar(30) not null,
  Name AS (LastName+','+FirstName), -- 結合 Last_Name 與 First_Name 兩個欄位
  Tel    varchar(20));
GO -- 執行上述 SQL 敘述
CREATE VIEW Client_Info -- 視界
AS
  SELECT ID, LastName, FirstName, Name, Tel FROM Client
```

若執行下列新增的 SQL 敘述：

```
INSERT INTO Client_Info (ID, Last_Name, First_Name, Tel)
values ('111',' 張 ',' 三 ','091099999')
```

會因為 ID 欄位宣告為自動產生流水號，並不允許自訂值，會造成錯誤而無法新增此資料。若執行下列新增的 SQL 敘述：

```
INSERT INTO Client_Info (Last_Name, First_Name, Name, Tel)
values (' 張 ',' 三 ',' 張三 ', '091099999')
```

則會因為 Name 欄位是計算資料行，由 LastName 與 FirstName 兩個欄位結合而成，亦會造成錯誤而無法新增此資料。此時可使用宣告 INSTEAD OF 事前觸發的程序：

```
CREATE TRIGGER TG_CLIENT on Client_Info
INSTEAD OF INSERT
AS
BEGIN
   INSERT INTO Client
      SELECT LastName, FirstName, Tel FROM inserted
END;
```

在執行新增 Client_Info 視界的資料前，先將符合欄位宣告（以本範例，只需輸入 LastName, FirstName 與 Tel 欄位）的資料新增至 Client 資料表，如圖 14-10 所示，即可正常執行。

```
INSERT INTO Client_Info (LastName, FirstName, Name, Tel)
      values (' 張 ',' 三 ',' 張三 ', '0810999999')
INSERT INTO Client_Info (ID, LastName, FirstName, Tel)
      values ('999',' 李 ',' 四 ', '0710888888')
```

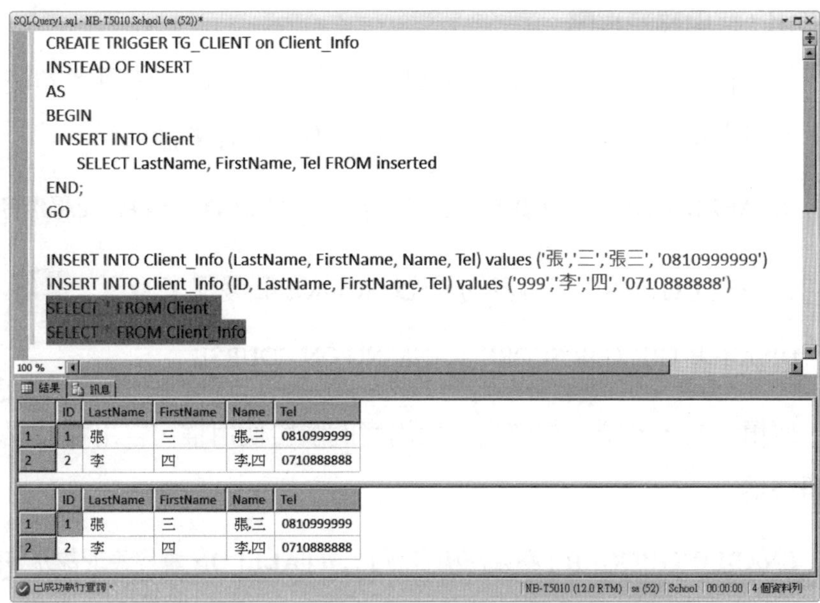
```
CREATE TRIGGER TG_CLIENT on Client_Info
INSTEAD OF INSERT
AS
BEGIN
  INSERT INTO Client
      SELECT LastName, FirstName, Tel FROM inserted
END;
GO

INSERT INTO Client_Info (LastName, FirstName, Name, Tel) values ('張','三','張三', '0810999999')
INSERT INTO Client_Info (ID, LastName, FirstName, Tel) values ('999','李','四', '0710888888')
SELECT * FROM Client
SELECT * FROM Client_Info
```

	ID	LastName	FirstName	Name	Tel
1	1	張	三	張三	0810999999
2	2	李	四	李,四	0710888888

	ID	LastName	FirstName	Name	Tel
1	1	張	三	張三	0810999999
2	2	李	四	李,四	0710888888

圖 14-10　執行 INSTEAD OF 觸發程序結果

視界具備不讓使用者直接處理資料表的資訊隱藏功能，亦有複合資料欄位的簡化顯示內容的優點，但常常會限制無法直接由視界異動其資料內容。如果要設計一個資料表，其中某個欄位要符合多個外來鍵，或者欄位值需要判斷是否合法，這時候就可以採用 INSTEAD OF 觸發程序，或者使用不可更新視界。因為無法直接異動視界的資料，這時候也可以在視界建立 INSTEAD OF 觸發程序，來達到透過實際的資料表異動資料的功能。如此，不但可以達到資訊隱藏、簡化顯示內容的優點，亦可實現透過視界異動資料的方便性（透過觸發程序，實際是對資料表操作，但對使用者而言，完全可以不知道實際資料表的存在，而達到眞正的資訊隱藏目的）。

3. 停用 / 啓用觸發程序

除了刪除觸發程序，若考量只是暫停某一位登入使用者的使用權，便可採用停用觸發程序的方式。停用觸發程序的語法為：

DISABLE TRIGGER {*觸發程序名稱* [,...n]|ALL} ON *資料表或視界名稱*

例：停用在 COURSE 資料表的 STD_SCORE 觸發程序。

```
DISABLE TRIGGER SCORE_RANKING ON COURSE
```

停用之後，若要恢復該登入使用者的觸發使用權，啓用觸發程序的語法為：

ENABLE TRIGGER {*觸發程序名稱* [,...n]|ALL} ON *資料表或視界名稱*

例：恢復啓用在 COURSE 資料表的所有觸發程序。

```
DISABLE TRIGGER ALL ON COURSE
```

4. 刪除觸發程序

當不需要再使用某一個觸發程序時，刪除觸發程序的語法為：

DROP TRIGGER *觸發程序名稱*

例：刪除 TG_SCORE_RANKING 觸發程序。

```
DROP TRIGGER TG_SCORE_RANKING
```

如要刪除觸發程序時，可以使用系統綱要 sysobjects 資料表，在刪除前先判斷觸發程序是否存在，以避免刪除一個並不存在的觸發程序時，造成 SQL Server 產生的錯誤訊息。

IF EXISTS(select name from sysobjects
where name=*觸發程序名稱* and xtype='TR')

第十五章　資料控制語言

資料控制語言（Data Control Language，DCL）：用於保護資料庫權限的授權，以及包含資料的交易控制，因此 DCL 又稱爲交易控制語言（Transaction Control Language，TCL）。

第一節　交易管理

交易（Transaction）是指每次所交付執行的一連串的動作，而這些動作形成一個工作單位，且每次的交易必須是完全執行，或完全不執行，而不允許只執行部分。萬一做到一半，系統當機時怎麼辦？當資料庫系統重新啓動時，假若資料庫未損毀，則系統會執行一個復原（recovery）的動作，回復先前的狀態（此復原動作需視不同資料庫系統而有不同動作模式）。不過一個交易包含的異動範圍，也就是說，系統並不知道哪些更動那些資料表的內容是同一個工作單位，因此需要透 DCL 來指定。

DCL 指令包括：COMMIT 、ROLLBACK 兩個命令，藉由 BEGIN TRANSACTION 啓動交易的控制：

(1) COMMIT：確認交易

結束當前交易，將當前交易所執行的全部修改永久化，同時刪除交易所設定的全部保留點（Savepoint），釋放該交易執行中所建立的資料鎖（Lock）。

(2) ROLLBACK：放棄交易

結束交易，撤銷當前交易中的全部改變，回復原先資料的內容，刪除該交易中所設定的全部保留點，釋放該交易執行中所建立的資料鎖。

使用的語法如下：

BEGIN TRAN[SACTION] [*交易名稱* **]**
COMMIT [TRAN[SACTION]] [*交易名稱* **]**
ROLLBACK [TRAN[SACTION]]
SAVE TRANS[ACTION] *保留點名稱* **(可 Rollback 至此名稱所異動的部分)**

1. 使用 COMMIT

例：下列範例包含兩個指令敘述，一個是修改學生姓名，一個是新增該學生修習 'LM' 科目的紀錄：

```
BEGIN TRAN -- 啓動交易控制

UPDATE STUDENT SET NAME=' 張參 ' WHERE ID='5851001'
INSERT INTO COURSE (ID, SUBJECT, SCORE)VALUES ('5851001','LM',79)

COMMIT -- 確認交易，正式將資料更新至資料表，並釋放資料鎖
```

由於兩個指令敘述包含在 BEGIN TRANSACTION 和 COMMIT TRANSACTION 之中，資料庫系統會確保這組 SQL 敘述一定會完全做完，如果執行中發生系統狀況（當機、系統毀損、停電）也會將資料回復原狀，而不會只做一半，以避免導致學生資料與選課資料不一致情形。

2. 使用 ROLLBACK

例：將上述範例的 COMMIT 更換成 ROLLBACK 執行更新學號 5851001 的姓名，並刪除其 'LM' 修課紀錄。

```
BEGIN TRAN

UPDATE STUDENT SET NAME=' 張三 ' WHERE ID='5851001'
DELETE FROM COURSE WHERE ID='5851001' AND SUBJECT='LM'

ROLLBACK
```

當系統遇到 ROLLBACK 命令時，便會復原所有的資料變動，回到 BEGIN TRANSACTION 前的狀態。

3. 使用儲存點

交易控制可結合儲存點的使用。儲存點可以使資料在復原時，指定復原至先前特定的 SQL 敘述執行位置。參考下列範例，BEGIN TRANSACTION 交易範圍設立了三個儲存點，分別命名為「item1」、「item2」、「item3」，可自行練習執行「ROLLBACK TRANSACTION *儲存點名稱*」，檢視資料異動的狀況：

```
BEGIN TRAN
  SAVE TRAN item1
    update student set name=' 張參豐 ' where id='5851001'
    nsert into course (id,subject,score)values ('5851001','LM',79)
  SAVE TRAN item2
    insert student values
                ('5951007',' 孫九 ',' 台北縣新店市 ','05/26/1982','M')
    insert into course values ('5951007','LM','80')
    insert into course values ('5951007','CO','75')
```

```
SAVE TRAN item3
   update course set score='85' where id='5851007' and subject='CO'
   delete course where id='5851006'
-- ROLLBACK TRAN item3
-- ROLLBACK TRAN item2
-- ROLLBACK TRAN item1
-- COMMIT
```

執行上述的敘述，若是執行 ROLLBACK TRAN item3，則表示要求回復到 item3 所執行的位置。如圖 14-11 所示，放棄 item3 之後的更新動作。

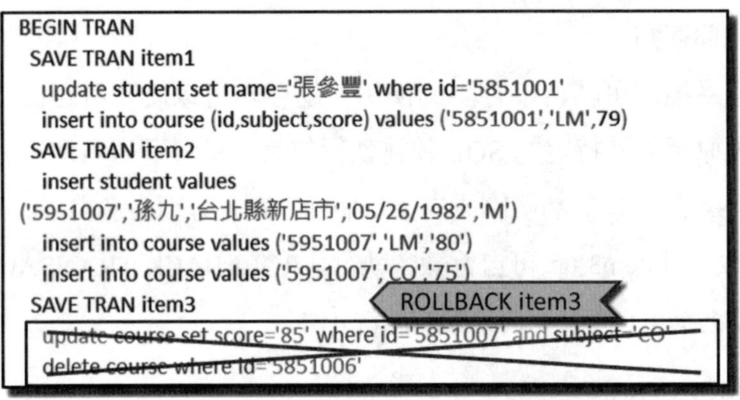

圖 14-11　執行 ROLLBACK 回復至儲存點

同理，若是執行 ROLLBACK TRAN item2，則表示要求回復到 item2 所執行的位置，放棄 item2 之後的更新動作。但若是執行了 COMMIT 指令，則表示完成所有異動，執行 ROLLBACK 無法再回復異動前的狀態。

第二節　資料授權

DCL 指令具備用在多個使用者環境執行資料庫存取的授權管理。

DCL 指令包括：GRANT 、REVOKE 兩個指令。使用此指令時必須注意，由於涉及安全管理，因此限定只有具備資料庫管理師 (DBA) 權限的使用者，或擁有者可以提供對資料庫權限的處理。

(1) GRANT：授予權利

指令用來授予使用資料庫物件的權限。

(2) REVOKE：撤銷權利

用來取消使用 GRANT 指令所授予的權利。

【說明】

本單元所介紹的使用者、權利的授予與撤銷、角色的設定 … 等等，除了使用指令執行之外，也可以使用 SQL Server2014 提供的視覺化介面 --「SQL Server Management Studio」的「物件總管」視窗設定。

1. GRANT

GRANT 指令是用來提供給使用者對資料庫物件的存取權利。其宣告的語法為：

```
GRANT {ALL| privilege_list}
ON object_name
TO {user_name |PUBLIC |role_name}
[WITH GRANT OPTION];
```

參數說明：

ALL| privilege_list	授予給使用者存取資料庫物件的權限，ALL 表示全部。
privilege_list	存取權限的範圍，如 select、insert、update、delete 的列表。
object_name	包括資料表、視界或預儲程序等資料庫物件的名稱。
user_name	將存取權限授權給指定的使用者。
PUBLIC	將存取權限授權給所有使用者
role_name	將存取權限授權給指定的角色。
WITH GRANT OPTION	允許被授權的使用者授予存取權限給其他使用者。

使用 WITH GRANT OPTION 必須特別小心，因為其允許被授權的使用者有權再將此一使用權限授予其他使用者，例如你使用了 WITH GRANT OPTION 授予對 employee 資料表的 SELECT 權利給 user1，則 user1 便可以將 employee 資料表的 SELECT 權利授予給其他使用者例如 user2。如果之後使用 REVOKE 從 user1 收回使用 SELECT 的權利，如果沒有加上 cascade 宣告，並不會收回 user2 對 employee 資料表的 SELECT 權利。

如圖 25-2 所示。假設資料庫系統的 school 現有 shu、user1、user2 三位使用者，shu 為資料庫擁有者，user1 與 user2 的資料庫角色均為 public。

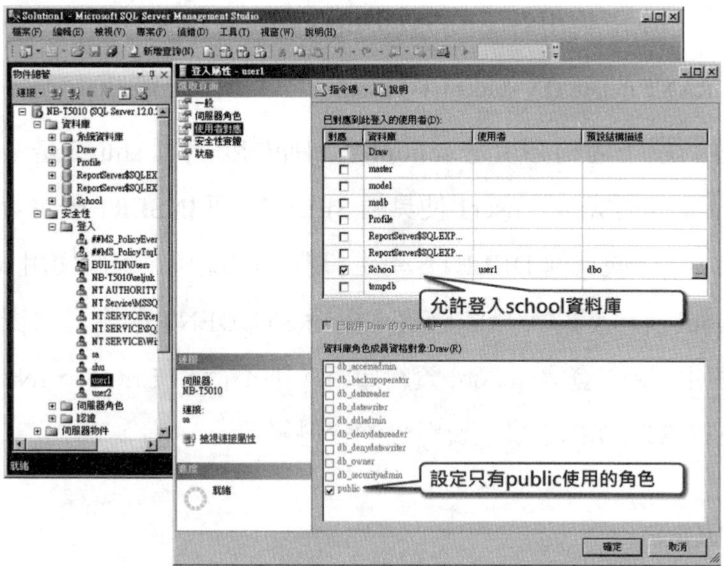

圖 15-2　設定只具備 public 角色使用 school 資料庫的 user1、user2 兩個使用者

【說明】

預設所有新增的使用者，都會自動設定為 public 這個伺服器角色。

public 角色只有允許連接 SQL Server 的權利而已，並沒有任何資料庫物件的存取權限。

例：授予 user1 使用者使用 STUDENT 學生資料表 SELECT 與 INSERT 的權利。

```
GRANT select, insert ON student TO user1
```

例：授予 user2 使用者使用 STUDENT 學生資料表 DELETE 的權利。

GRANT delete ON student **TO** user2

執行授予權利必須是 school 資料庫的擁有者 shu 或是系統管理者 sa。當執行完成，user1 便具備 SELECT 與 INSERT 學生資料表的權利；user2 便具備 DELETE 學生資料表的權利。因此使用 user1 登入 school 資料庫時，無法修改、刪除 STUDENT 學生資料表的資料錄；使用 user2 登入 school 資料庫時，則不行 SELECT 、INSERT 、UPDATE STUDENT 學生資料表的資料錄。

2. REVOKE

用於撤銷授予給使用者存取資料庫物件的權利。其宣告的語法爲：

```
REVOKE {All | privilege_list}
ON object_name
FROM {user_name |PUBLIC |role_name}
[cascade]
```

參數說明：

ALL | privilege_list	授予給使用者存取資料庫物件的權限，ALL 表示全部。
privilege_list	存取權限的範圍，如 select 、insert 、update 、delete 的列表。
object_name	包括資料表、視界或預儲程序等資料庫物件的名稱。
user_name	指定的使用者。
PUBLIC	所有使用者
role_name	指定的角色。
cascade	將原先被授權使用者擴散出去的使用權限回收

例：撤銷先前授權給 user1 使用 school 資料庫 STUDENT 學生資料表的 INSERT 權利。

REVOKE insert ON student **FROM** user1

3. 角色

角色（Role）是存取權利的集合。當一個資料庫有多個使用者時，很難逐一對每一個使用者授予或撤銷個資料庫物件的使用權限。因此透過角色的定義其權利範圍，再指定使用者的角色的方式（Role Based），便可以很方便地依據角色授予或撤銷權限的使用者，從而自動授予或撤消權利。SQL Server 2014 預設的系統角色包括伺服器層級與資料庫層級的系統角色。參見如表 15-1、15-2 所列。伺服器層級的系統角色的權限範圍為整個伺服器，用於管理使用者登入資料庫系統後的使用權限；而資料庫層級的系統角色則用於管理擁有此角色的使用者存取資料庫的權限。

表 15-1　伺服器層級的系統角色

系統角色	說　明
bulkadmin	具備此伺服器角色的使用者可以執行 BULK INSERT 敘述。
dbcreator	具備此伺服器角色的使用者可以建立資料庫，還可以改變和還原本身的資料庫。
duskadmin	用來管理磁碟檔案的伺服器角色。
processadmin	擁有此伺服器角色的使用者能夠關閉在 SQL Server 執行個體中執行的處理程序（Process）。
public	最基本的伺服器角色，擁有 CONNECT 的連結資料庫權限。

系統角色	說　明
securityadmin	此伺服器角色可以管理登入及其屬性。包括具備 GRANT、DENY、REVOKE 伺服器層級的權限。也具備 GRANT、DENY 和 REVOKE 資料庫層級的權限。之外，還包括可以重設 SQL Server 的登入密碼。
serveradmin	擁有此伺服器角色的使用者具備可以變更整個伺服器組態選項與關閉伺服器的權限。
setupadmin	具備新增、移除連結伺服器，以及執行一些系統預儲程序（Stored Procedure）的權限。
sysadmin	擁有此伺服器角色的使用者可以執行伺服器中的所有活動。 預設 Windows BUILTIN\Administrators 群組的所有成員（也就是本機系統管理員群組），都是系統管理員（sysadmin）伺服器角色的成員。

表 15-2　資料庫層級的系統角色

系統角色	說　明
db_accessadmin	具備此資料庫角色的使用者可以新增、移除 Windows 登入、Windows 群組以及 SQL Server 登入的存取權。
db_backupoperator	具備資料庫備份的權限。
db_datareader	具備針對資料庫中的任何資料表或檢視執行 SELECT 敘述。
db_datawriter	具備新增、刪除或變更所有使用者資料表中的資料。
db_ddladmin	可在資料庫中執行任何 SQL 的「資料定義語言」(DDL) 敘述。
db_denydatareader	限制不能讀取資料庫中任何使用者資料表的資料。
db_denydatawriter	限制不能新增、修改或刪除資料庫中任何使用者資料表的資料。

系統角色	說　明
db_owner	可以在資料庫上執行所有的組態和維護作業。
db_securityadmin	擁有修改使用者具備的角色資格與管理權現。db_owner 與 db_securityadmin 比較，兩者均具備管理資料庫角色使用者的資格；但只有 db_owner 資料庫角色的使用者可以新增使用者到 db_owner 資料庫角色。

除了預設的系統角色，爲了方便管理可以考慮自行建立一些角色。例如系統開發工程師的角色、公司員工使用者的角色、客戶使用者的角色 … 等。建立角色的指令屬於 DDL ，不過因爲角色的使用時機是介由 DCL 的指令指定給使用者。因此將角色指令的介紹放置於本單元。

(1) 建立角色

建立角色的宣告語法爲：

CREATE ROLE role_name [AUTHORIZATION owner_name]

參數說明：

role_name	建立的角色名稱。
AUTHORIZATION owner_name	擁有新角色的資料庫使用者或角色。如果未指定任何使用者，預設由建立該角色的使用者擁有。

註：下列建立角色的練習 ，必須使用具有系統管理權限的使用者，例如 sa（系統管理者帳號）方可執行。

例：建立一個使用者 user1 所擁有的資料庫角色 customer

```
USE school -- 進入 school 資料庫
CREATE ROLE customer AUTHORIZATION user1;
```

例：新增一個資料庫角色 manager，其擁有 db_securityadmin 固定資料庫的角色。

```
USE school -- 進入 school 資料庫
CREATE ROLE manager AUTHORIZATION db_securityadmin;
```

建立了角色之後，其可以擁有哪些權利，便可以使用先前介紹的 GRANT 指令授予角色指定的權利。例如：先前已授與 user1 具備 customer 的角色，若授予 customer 角色使用 school 資料庫的 student 學生資料表 SELECT、INSERT、UPDATE，以及建立資料表的權利，其執行的敘述爲：

```
use school; -- 進入 school 資料庫
GRANT select, insert, update ON student TO customer
GRANT create table TO customer
```

解析：因爲準備授權的 customer 角色是存在於資料庫 school，因此先確定進入的資料庫是 school。接著使用 GRANT 授權執行 student 學生資料表的 SELECT、INSERT、UPDATE 等 DML 指令給角色 customer；再使用 GRANT 授權執行 CREATE TABLE 建立資料表的 DDL 指令給角色 customer。

【說明】

建立角色的程序，通常會包括下列三個項目：

1. 新增一個角色；
2. 授予權利給此一角色；
3. 將角色授予給使用者。

(2) 修改角色

在資料庫角色中加入成員，或變更 SQL Server 中使用者定義資料庫角色的名稱時，可以使用 ALTER ROLE 指定更改。其使用的語法為：

```
ALTER ROLE role_name
{
  [ ADD MEMBER database_principal ]
  | [ DROP MEMBER database_principal ]
  | WITH NAME = new_name
}
```

參數說明：

role_name	角色名稱
database_principal	資料庫主體。可以是使用者或是角色
ADD MEMBER	將指定的資料庫主體加入此一角色
DROP MEMBER	將指定的資料庫主體從此一角色移除
WITH NAME =new_name	指定新的角色名稱。這個名稱不可已經存在於此資料庫中。

> 【說明】
>
> 因爲 SQL Server 在 2014 版支援 Azure 雲端的 SQL Server，在 Azure 上，ALTER ROLE 只能更改角色名稱。

例：新增一名稱爲engineer的角色，授予SELECT的權利給此一角色，將角色授予給使用者 user2。

```
USE school -- 先確定至 school 資料庫
CREATE ROLE engineer    -- 新增名稱爲 manager 的角色
GRANT select TO engineer  -- 授予 SELECT 的權利給角色 manager
ALTER ROLE engineer   ADD MEMBER user2   -- 將角色 manager 授予
        給使用者 user2
```

(3) 刪除角色

如果要撤銷角色的部分權利，可以使用 REVOKE 指令，但如果是要完全取消某一角色全部的權利，最直接的方式就是刪除該角色。刪除角色的語法爲：

```
DROP ROLE role_name
```

例：在資料庫 school 中，刪除資料庫角色 customer。

```
USE school;
DROP ROLE customer
```

解析：先前的範例，建立 customer 角色同時使用 **AUTHORIZATION** 敘述將此角色指定給使用者 user1，因此 user1 具備 customer

角色所擁有的權利。當刪除 customer 角色後，表示 user1 即喪失 customer 角色被授予的權利。

例：若要刪除角色 engineer，必須先撤銷此角色授予的使用者。

```
USER school
ALTER ROLE engineer DROP MEMBER user2  --撤銷角色 manager 授
        予的使用者
DROP ROLE engineer          --刪除角色
```

解析：先前的範例，建立 customer 角色後，使用 ALTER ROLE 的 ADD MEMBER 敘述將此角色指定給使用者 user2，因此刪除角色前，必須先使用使用 ALTER ROLE 的 DROP MEMBER 敘述撤銷 user2 的指定，方能使用 DROP ROLE 指令刪除。

第三篇

資料庫設計與應用

第十六章 資料庫設計概念

資料庫設計是「對某特定的使用者環境及應用中，進行資料庫結構的設計工作，以期能滿足使用者、所有應用過程的資訊需求」（Batini, et al, 1986）。一般而言，資料庫設計可分爲四個階段：

1. 資料需求的規格

涉及到不同使用者及群體有關資訊需求的確認。在執行系統開發時，此一階段主要是蒐集使用者的相關需求，執行初步調查（Preliminary Investigation）。需求的初步調查可能是由使用者自行調查，進行各方面的評估，產生需求建議書（Request for Proposal，簡稱 RFP），以便提供軟體廠商或人員進行系統開發。

2. 觀念設計（Conceptual design）

對使用者及應用系統的資訊觀點進行模型的建立，亦即建立「實體 - 關係」模型（Entity-Relation model，簡稱 ER model）或 UML 的類別關係，同時亦包括資料如何處理、如何使用的設計。透過概念性的圖形工具來表達資訊的作業流程，以便於讓不熟悉電腦的使用者交換意見，或釐清一些執行程序。

3. 邏輯設計（Logical design）

在邏輯設計階段中，係將觀念架構轉換成所選定的 DBMS 之邏輯資料模式。邏輯設計的結果可產生邏輯架構（schema），早期可能是關聯式、網狀式或階層式的邏輯架構中的一種，不過現今主要均是關聯式資料庫。因此在執行此設計階段的一項重要工作，便是確定適用的資料庫系統。

4. 實體設計（Physical design）

將邏輯資料模式轉換成某特定硬體及所選用的 DBMS 所適用的形式。實體設計係決定資料儲存的結構及檢索的路徑，因此在此階段，主要是完成資料庫的內部儲存空間、表格關聯、索引 …… 等資料結構的宣告。

無論是哪一個階段的設計，流程與圖形表示的標準化不僅影響開發的管理與溝通，也是軟體發展的成熟度指標，因此以下分別就資料庫設計的正規化，與系統分析與設計過程所仰賴的圖形表示方法，各別作一介紹。

第一節　正規化法

設計資料庫結構，也就是資料庫內資料表的結構關係，不正確的結構經常會造成使用上的問題、應用系統開發上的困難或資料的錯誤。因此在設計資料庫之前，必須要執行正規化（normalization），正規化主要的目的是達成資料的一致性，減少資料重覆的問題。不過，一旦消除了大部分的資料重覆問題，卻衍生出另一個問題：即資料查詢速度變慢！通常正規化，會將資料表由一個細分成數個表格，若要列出其中一筆資料，很可能需要合併（Join）相關的資料表，而 Join 的動作，將直接影響系統效率，造成查詢速度變慢，因而除了正規化的方法之外，有時也會考慮到「反正規化」，也就是違反正規化的作法。不過這通常是在系統複雜、使用者眾多、檢索負荷較高的系統設計時才可能需要考量的方式，因此並不在此介紹「反正規化」。

E. F. Codd 設計了關聯式代數所建立的模型，並於 1970 年提出第一正規化（First Normal Form ，簡稱 1NF），1971 年提出 2NF 與 3NF ，1974 年再與其同事 R. F. Boyce 提出 Boyce-Codd 正規化（簡稱 BCNF），後來一直到 2002 年之前還有 C. Date 的 4NF 、H. Darwin 的 5NF 、R. Fagin 的 Domain/key 正規化（DKNF）、N. Lorentzos 的 6NF 等後續的一些正規化。不過在實際規劃設計資料庫時，通常只會用到前三個正規化即可滿足需求，原因在於多數資料庫的結構並不複雜，因此本單元將以前三個正規化爲主。

1. 第一正規化（1NF）

就像蓋樓房一般，先有一樓才有二樓。正規化的過程也是必須先有 1NF ，然後才有 2NF。1NF 的定義是：一個關聯表 R 的每個屬性都是單元值。爲了達成 1NF，表格必須具備下列條件：

- 必須爲行與列的二維式表格；
- 表格的每一列（row，資料錄）只描述一件事情；
- 每一行（欄位）只含有單一事物的特性（欄位的唯一性）；
- 每一列（row）的欄位內只允許存放單一值；
- 每個行（欄位）的名稱必須是獨一無二的；
- 沒有任何兩筆資料是相同的；
- 列或行的先後順序無關。

因此，1NF 的主要目的是確立關聯式資料庫的二維表格，以及降低資料儲存的重複性（Redundancy）。實施的具體方式是：將表格之中一對多的資料予以分割，以滿足上述的條件。

【說明】

這裡都是以「表格」（關聯表），而不是使用「資料表」來稱呼，是因為正規化的過程是在設計資料庫結構的階段，等到正規化完成，使用 SQL 語法眞正建立了資料庫，並在資料庫內新增了實際的 Table，那才是資料表。

2. 第二正規化（2NF）

介紹 2NF 之前，先說明功能相依（Funcational Dependency），功能相依是指表格與表格之間的相互關係，若某個表格中有兩個欄位Ａ及Ｂ，當Ａ欄位值可推導出Ｂ欄位值，稱功能相依性。即若一關連R，其屬性 Y 功能相關於屬性 X ，記作 R.X → R.Y；若且唯若 R 中有二個 X 值相同時，其 Y 值亦相同。以學生的資料為例：

學號	姓名	系所	班級

可以知道「姓名」、「系所」、「班級」是依存於「學號」，當知道某一個學號，可以確知是哪一位學生的姓名、系所；但當獲知一個姓名，並不一定就是某位學生，除了可能有同名同姓，姓名也會更改。因此，每一個符合 1NF 的表格必須含有一個主鍵，這個主鍵可以是一個或一個以上的欄位所組成的集合，表格主鍵之外的其他欄位，必須功能相依於主鍵之下，也就是由主鍵決定其他欄位的值。歸納上述的說明，可以知道要達成 2NF 必須：

- 已 1NF；
- 記錄中每筆資料可由主鍵單一辨視，但不能由部份主鍵來辨識。

因此，2NF 的主要目的是確立表格的功能相依，實施的具體方式是：設定主鍵，保持 1NF 切割的各表格之間的關聯性。

3. 第三正規化（Third Normal Form）

已經 2NF 的表格，在某些情況仍會有異常的狀況發生，這些異常的狀況主要是遞移相依（Transitive Dependency）所造成的原因。所謂遞移相依是指在一個表格中，如果某一欄位值可決定其他欄位值，但這些欄位中又存在某一欄位可以決定剩餘欄位值，就稱為遞移相依。也就是說，若 R.A → R.B 且 R.B → R.C，則 R.A → R.C 成立，此種相關性稱為遞移相依。若有上述情況存在，在刪除資料時，可能會造成其他資料遺失損毀。為了達成 3NF，表格必須具備下列條件：

- 已 2NF
- 所有和主鍵無關之資料項彼此間獨立。

因此，3NF 的目的就是在於消除遞移相依的情況，實施的具體方式是：有自我相依的欄位必須再分割，並維持 2NF 的主鍵關聯性。

練習

(1) 若欲建立「商品銷售資料庫」，於需求分析後「客戶購買細目」應包含之資料範例摘錄如表 16-1 所示，請標示出第一、第二、第三正規化之結果。

表 16-1　商品銷售資料正規化練習範例

<table>
<tr><th>客戶編號</th><th>姓名</th><th>地址</th><th>電話</th><th>客戶類型</th><th>類型說明</th><th>商品代碼</th><th>商品名稱</th><th>商品定價</th><th>實際售價</th><th>購買數量</th><th>購買日期時間</th></tr>
<tr><td rowspan="2">A001</td><td rowspan="2">張三</td><td rowspan="2">台北市文山區XX路</td><td>2222-3456</td><td rowspan="2">N</td><td rowspan="2">普級</td><td>11</td><td>雞精</td><td>50</td><td>50</td><td>20</td><td>21 May 2003</td></tr>
<tr><td>0915-999999</td><td>19</td><td>維他命</td><td>300</td><td>300</td><td>1</td><td>15 Jul 2003</td></tr>
<tr><td rowspan="4">A002</td><td rowspan="4">李四</td><td rowspan="4">台北市士林區XX路</td><td rowspan="4">2345-6789</td><td rowspan="4">N</td><td rowspan="4">普級</td><td>11</td><td>雞精</td><td>50</td><td>50</td><td>10</td><td>18 Jul 2003</td></tr>
<tr><td>12</td><td>魚肝油</td><td>200</td><td>200</td><td>2</td><td>20 Oct 2003</td></tr>
<tr><td>19</td><td>維他命</td><td>300</td><td>280</td><td>2</td><td>21 Oct 2003</td></tr>
<tr><td>11</td><td>雞精</td><td>50</td><td>50</td><td>8</td><td>15 Nov 2003</td></tr>
<tr><td>A003</td><td>王五</td><td>台北縣XX路</td><td></td><td>G</td><td>金級</td><td>12</td><td>魚肝油</td><td>200</td><td>180</td><td>10</td><td>05 Jun 200</td></tr>
<tr><td rowspan="2">A004</td><td rowspan="2">錢六</td><td rowspan="2">新莊市XX路</td><td>0968-123456</td><td rowspan="2">V</td><td rowspan="2">白金級</td><td>12</td><td>魚肝油</td><td>200</td><td>160</td><td>20</td><td>18 Jul 2003</td></tr>
<tr><td>0910-232323</td><td>19</td><td>維他命</td><td>300</td><td>240</td><td>25</td><td>10 Sep 2003</td></tr>
<tr><td rowspan="2">A005</td><td rowspan="2">趙七</td><td rowspan="2">台北市景美區XX街</td><td rowspan="2">0912-168168</td><td rowspan="2">G</td><td rowspan="2">金級</td><td>11</td><td>雞精</td><td>50</td><td>45</td><td>15</td><td>08 Jan 2004</td></tr>
<tr><td>16</td><td>奶粉</td><td>250</td><td>225</td><td>3</td><td>14 Dec 2003</td></tr>
</table>

- 1NF：表格的欄位有一對多便分割

- 2NF：設定主鍵，保持關聯性

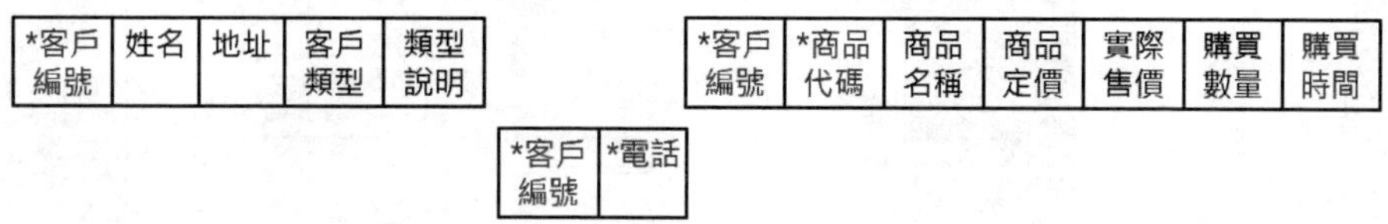

- 3NF：消除遞移相依

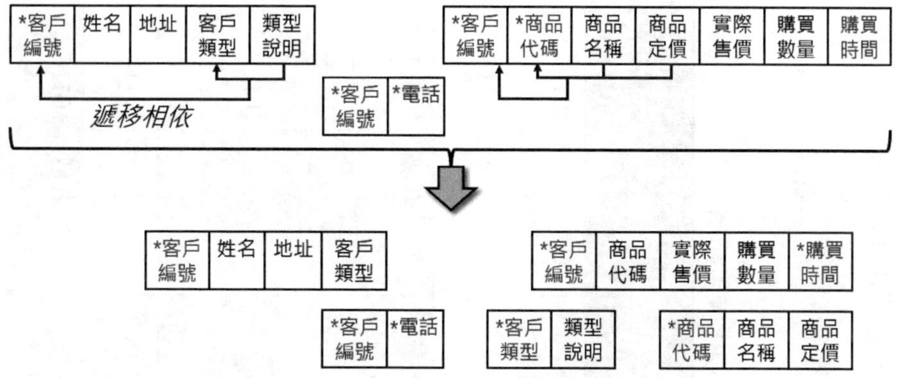

(2) 欲建立圖書館流通作業，於使用者需求分析後「借閱資料」應包含之資料範例如表 16-2 所示，設計下列訂單之資料庫檔案。

表 16-2　圖書館圖書借閱正規化練習範例

讀者編號	讀者姓名	讀者系所	系所代碼	系所說明（全稱）	讀者類型	類型說明	借閱資料編號（登錄號）	書目編號	書名	作者	借閱日期	應還日期
A001	張三	資傳	IC	資訊傳播學系	C	大學生	10111	100	職場導向	張三	21 May 2002	21 Jul 2002
							10113	101	資料庫理論	李四	21 May 2002	21 Jul 2002
A002	李四	會計	AC	會計及國際貿易學系	T	老師	10112	100	職場導向	張三	18 Jul 2002	18 Sep 2002
							10114	102	程式設計	王五	20 Jul 2002	20 Sep 2002
							10117	103	XML 與 JAVA	錢六	20 Jul 2002	20 Sep 2002
							10118	104	密碼學	趙七	20 Jul 2002	20 Sep 2002
A003	王五	資管	IM	資訊管理學系	U	研究生	10115	102	程式設計	王五	05 Jun 2002	05 Jul 2002
A004	錢六	資管	IM	資訊管理學系	T	老師	10116	102	程式設計	王五	10 Jun 2002	10 Aug 2002
							10119	104	密碼學	趙七	10 Jun 2002	10 Aug 2002

- 1NF：表格的欄位有一對多便分割

讀者編號	讀者姓名	讀者系所代碼	讀者系所	讀者系所說明	讀者類型	讀者類型說明

登錄號	書目編號	書名	作者	借閱日	應還日

- 2NF：設定主鍵，保持關聯性

讀者編號 (PK)	讀者姓名	讀者系所代碼	讀者系所	讀者系所說明	讀者類型	讀者類型說明

讀者編號 (PK)	登錄號 (PK)	書目編號	書名	作者	借閱日	應還日

說明：第二個表格以「讀者編號」和「登錄號」兩個欄位共同為主鍵，若借閱的圖書歸還後，系統仍舊保存借閱的紀錄（以便日後統計借閱狀況），則此資料並不會因借閱歸還而被清除，這時就必須要再增加「借閱日」作為主鍵。本範例重點在於熟悉正規化的程序，因此儘量簡化資料使用的狀況，因此只以「讀者編號」和「登錄號」兩個欄位共同為主鍵。

- 3NF：消除遞移相依

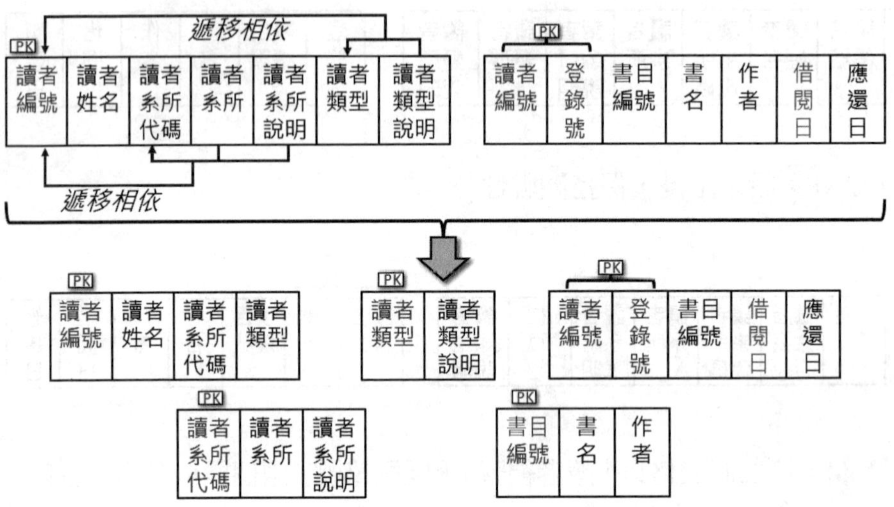

(3) 一美容公司，希望規劃一個客戶資料管理的系統。包括記錄客戶的姓名、生日、地址與性別。以及客戶的子女姓名、生日、與性別。希望能藉以管理客戶在公司的編號、消費總金額、何時到店內做過何種保養，以及該次保養的花費與美容師名字。請規劃出此一系統的資料庫檔案與欄位，並予以正規化後，畫出其實體關係圖。（假設每次保養只由一位美容師負責）

- 1NF：表格的欄位有一對多便分割

子姓名	子生日	子性別

姓名	生日	地址	性別	客戶編號	消費總金額

到店日期時間	保養種類	保養花費	美容師

• 2NF：訂主鍵，保持關聯性

客戶編號 (PK)	子姓名 (PK)	子生日	子性別

姓名	生日	地址	性別	客戶編號 (PK)	消費總金額

客戶編號 (PK)	到店日期時間 (PK)	保養種類	保養花費	美容師

• 3NF：消除遞移相依

2NF 的表格並未發現有遞移相依的欄位，因此至 2NF 即已完成資料的正規化。

第二節 圖示法

無論是資料庫設計、程式開發、甚至安裝、部署等作業項目，由結構化程式（Structure programming）擴充到物件導向程式設計（Object-oriented programming，OOP）發展了許多圖示的方法。而近幾年來統一塑模語言（Unified Modeling Language，UML）逐漸被廣泛地使用在物件導向軟體工程，以及資料庫設計領域的圖示，但爲兼顧一般在資料庫設計時所採用的圖形表示方法，因此本節分爲兩個部分：(1) 傳統圖示法－介紹 DFD 與 ERD 爲主的圖形表示方式；(2) 統一塑模語言－介紹 UML 之中用於資料庫設計的類別圖（Class Diagram）表示方式。

1. 傳統圖示法

應用在表達資料庫設計的表格結構、表格資料與功能之間關係的圖示，常見的包括有資料流程圖（Data Flow Diagram，DFD）與實體關係圖（Entity-Relationship Diagram，ERD）。此外爲了方便設計好的眾多表格，能提供開發時方便地查閱其屬性，另外還有資料字典（Data Dictionary），不過資料字典並沒以固定的格式，只要是能夠將表格的所有說明、細節表列如同字典一般，方便查閱即可。

(1) 資料流程圖

資料流程圖（Data Flow Diagram，DFD）是結構化系統分析與設計（Structured Systems Analysis and Design，SSAD）主要使用的標準描述工具之一。DFD 將一組處理或程序的邏輯資料流程記錄成文件，包括資料在系統內部之間、系統與外部之間、組織內各部門之間、或組織與外部之間的流動情形，表達資料來源（Source）、終點（Destination）及儲存之處（Data store）。因此，從 DFD 可以了解各項外部實體的資料流通介面，並且知道需要那些資料儲存處可用來儲存資料，以支援處理過程所需的資料或所產生的資料。DFD 主要有二種目的：

- 顯示資料在系統中的流向；
- 描述處理資料流程的功能項目。

通常「資料流」是用來表示程式中各個敘述之間所傳遞的訊息，DFD 則是將這個傳遞的關係以圖形以類似網路的結構來表示一個系統。DFD 使用下列四種符號描述資料的流動流程：

- 資料流：箭頭符號，表示資料的流通路徑。
- 處理單元：圓型符號，代表一個個體或程序。流入資料經此個體或程序處理後，轉換成流出資料。
- 檔案：上下直線或是三邊方框符號，表示資料儲存的物件。
- 外部實體：矩形符號，代表正在描述之系統以外的其他系統或外部個體。

參考如圖 16-1 所示，描述會計薪資系統處理薪資發放流程的 DFD 範例圖示。

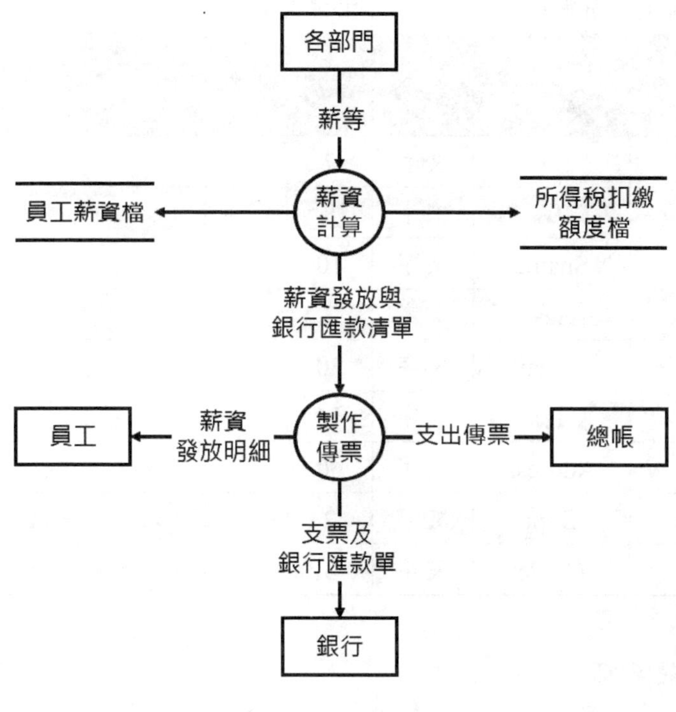

圖 16-1 DFD 範例圖

(2) 資料字典

資料字典通常是用來描述資料庫結構與資料表、欄位的名稱、內容與格式等資料的定義，提供工程師於開發或維護時，查閱資料庫表格的相關資訊。如表 16-3 所示的一個資料表的資料字典的範例。

表 16-3　資料字典表格內容範例

系統名稱：線上考試與查詢系統					
日　期：2014 Feb 02				項次：1/50	
檔案名稱：使用者基本資料表					
檔案組織：索引循序檔		主鍵值：學號			
資料元素名稱		型 態	長度	小數	備 註
中 文	英 文				
學號	Sid	文字	7		
密碼	PW	文字	8		
姓名	Sname	文字	10		
性別	Sex	文字	2		
電子郵件	E_mail	文字	30		
電話	Tel	數字	14		
住址	Address	文字	60		
系所	Dept	文字	2		外來鍵。Dept.Id
年級	Grade	文字	3		延畢，前加一「沿」字

(3) 實體關係圖

實體關係圖（Entity-relationship diagram，ERD）是由 M. E. Senko 於 1973 年所提出，以『資料』爲主的圖示法。主要是用來描述資料物件（實體）之間的關係，可以用來描繪出資料庫整體的邏輯結構，除了做爲系統設計與開發的參考，亦非常適合作爲系統分析師與使用者溝通的工具。ERD 使用下列幾個元素的符號描述實體之間的關係：

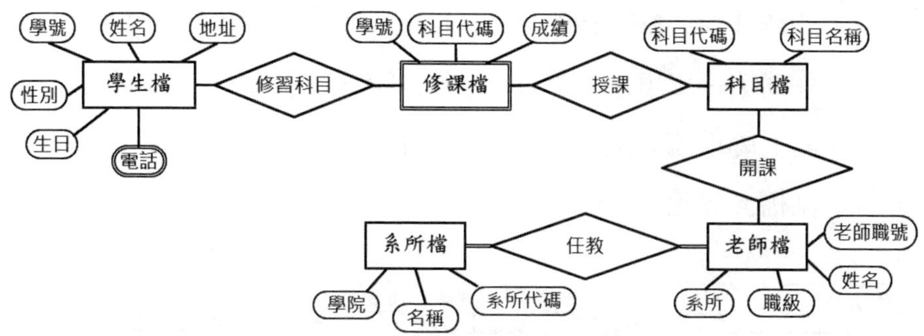

圖 16-2　學生修課的實體關係圖範例

(a) 矩形（rectangle）－實體符號，代表資料物件，也就是資料庫的資料表。

(b) 雙矩形（double rectangle）－如果一個實體的值組沒有足夠的屬性來組成主鍵，則這一個實體就稱爲弱實體（weak entity），使用雙矩形的圖形來表示。例如圖 16-2 所示的「修課檔」實體，因爲其實際的內容只有一個「成績」屬性，而「學號」屬性是「學生檔」的主鍵、「科目代碼」屬性則是「科目檔」的主鍵。「修課檔」實體單獨存在並沒有意義，必須藉由其他的實體產生關聯，也就是說弱實體存在相依（dependent）於識別的實體。這點說起來複雜，其實就是「主鍵之一是外來鍵」的意義。

(c) 橢圓形（elipse）－屬性符號。使用一個或一個以上的屬性（也就是資料表的欄位），用來標示此一資料物件所包含的資料欄位內涵。

(d) 雙橢圓形（double elipse）－表示多值的屬性。例如圖 16-2 所示的「電話」屬性，表示該屬性值爲多值，不過關聯式料庫的特性之一是「屬性值必須是單元值，不可以是一個集合」，如同第一正規化的要求，因此在關聯式模型上，可以將該「電話」屬性獨立成如圖 16-3 所示的一個符合關聯式模型的「電話檔」實體：

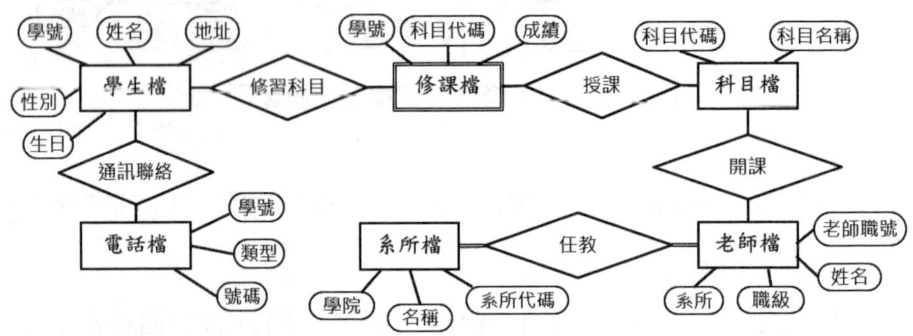

圖 16-3　將多值屬性獨立成一符合關聯式模型的實體

(e) 虛線橢圓形（dashed elipse）－用來表示衍生屬性（Derived attributes）。所謂衍生屬性是指這個屬性的值是由其它屬性計算出來的，該屬性本身並不存在。

(f) 菱形（diamond）－表示實體與實體之間的關係。

(g) 直線（line）－直線符號可用在兩處：連結屬性與實體，用於表示該實體的屬性集合；連結實體與實體，用以表達實體之間的結合關係。

(h) 雙直線（double line）－用來表示實體在關係中的完全參與（participation），也就是實體與實體之間存在有紀錄的關係。以圖 16-2 的「系所」與「老師」兩個實體爲例，每一位老師都隸屬於一個系所，不會有老師不屬於任何一個系所，也不會有系所沒有任何老師，表示「系所」與「老師」兩個實體之間必會存在**完全參與**的關係，但是老師與科目之間，如果允許老師沒有任教（例如擔任行政職），則「老師」與「科目」兩個實體之間便是**存在部分**（partial）的關係；同樣的情況，「學生」實體也可能與修課是存在部分的關係，例如研究生已經修完畢了課程只剩下論文撰寫的情況，就不會有修課的資料。

(i) 資料物件之間使用的兩個標示－數集（Cardinality）與必備（Modality）關係（如圖 16-4 所示）。

◆數集：列舉出一個物件與另一物件間相關的最大數量，數集有下列三種可能：

- 1 對 1（1:1）
- 1 對多（1:N）
- 多對多（M:N）

◆必備：當物件之間並無關係存在或關係並非強制性時，其關係爲「0」（zero），否則爲「1」（one）。

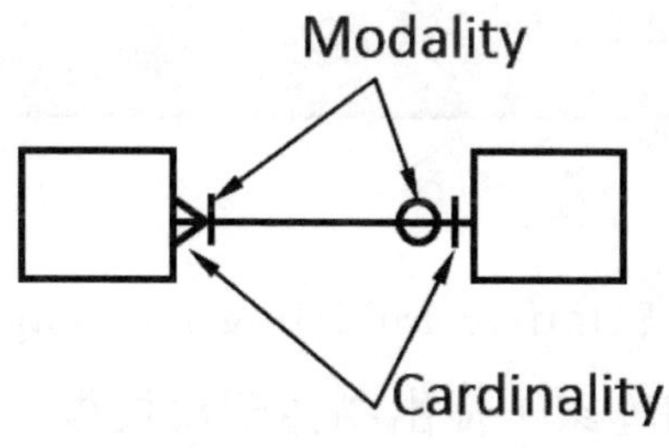

圖 16-4　數集與必備關係

不過標示的符號並沒有固定的圖示（Notation）符號，可以參考

圖 16-5 所列的幾種比較常被使用符號。

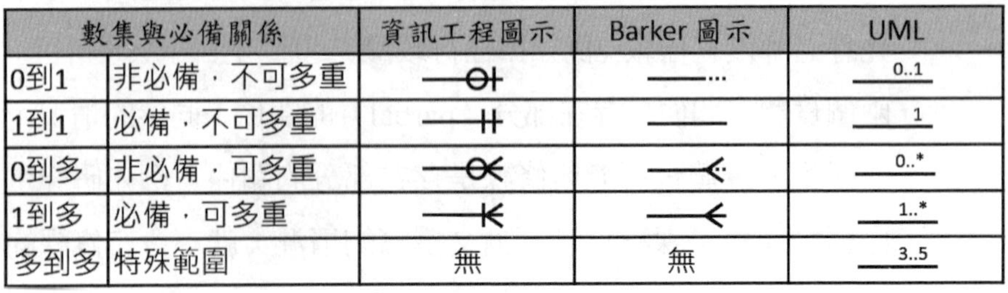

數集與必備關係		資訊工程圖示	Barker 圖示	UML
0到1	非必備，不可多重			0..1
1到1	必備，不可多重			1
0到多	非必備，可多重			0..*
1到多	必備，可多重			1..*
多到多	特殊範圍	無	無	3..5

圖 16-5　常見的關係圖示標示符號

【說明】

除了用來表示資料庫設計的圖形之外，一個系統需要具備的圖形或說明文件很多，例如開發之初，需要有說明軟硬體設備與使用環境之需求的「系統需求說明」，並依據說明還可進依規畫專案的工作項目與進度；「系統架構圖」以全觀（overall）的方式描述系統整體，提供開發人員與使用者概觀的了解系統整體的功能與架構；以及定義與系統有關的外部實體及系統與這些外部實體之間相互關係的「環境圖」。

2. 統一塑模語言

統一塑模語言（Unified Modeling Language，UML）是由三位物件導向技術的專家：提出物件塑模技術（Object Modeling Technique，OMT）的 James Rumbaugh、提出 Booch 方法的 Grady Booch，以及提出物件導向軟體工程（Object-Oriented Software Engineering，OOSE）方法的 Ivar Jacobson，三人所共同研究開發出

來的物件導向分析與設計的一套圖形語言。一開始他們各自擁護自己的圖示方式，但是最終他們合力整合制定了 UML 標準。不過 UML 並不是一個工業標準，但在 Object Management Group（OMT）的主持和資助下，UML 逐漸成爲軟體工業界廣泛被採用的通用標準。

由於往年軟體業界沒有一個共通的物件導向分析與設計的標準，因此不同的開發者及使用者之間，要進行溝通是一件很困難的事情。UML 就是爲了要把軟體開發初期所進行的物件導向分析與設計，利用圖示法（Notation）的表達，用一套大家皆能遵循的標準化圖形語言來開立規格，以便建立及保存一個完善的文件紀錄。因此，將開發軟體系統初期所必須進行的物件分析與設計，用一套標準化的 UML 來建立規格，並且利用圖示法表達來建立架構和做文件紀錄，進而運用以元件爲基礎的物件導向技術來開發軟體。

UML 依據系統建構的 5 種觀點，共定義了 9 種不同的圖形，如表 16-4 所示，分別是使用者觀點的使用者案例圖（Use Case Diagram）；邏輯觀點的類別圖（Class Diagram）、物件圖（Object Diagram）；程序觀點的循序圖（Sequence Diagram）、合作圖（Collaboration Diagram）、狀態圖（State Diagram）、活動圖（Activity Diagram）；實作觀點的元件圖（Component Diagram）以及安裝部署觀點的部署圖（Deployment Diagram）。以便從各種不同的角度將概念透過符號表示，並將概念間的相互關係藉由符號的路徑來描繪出整個系統。

表 16-4　UML 五種觀點的九種圖形

系統觀點	圖形
使用者觀點	使用者案例圖
邏輯觀點	類別圖
程序觀點	物件圖
	循序圖
	合作圖
	狀態圖
	活動圖
實作觀點	元件圖
安裝部署觀點	部署圖

以上五種觀點均是相互獨立，不同的專案內容可依據其系統架構的特性或需要，而決定採用的圖形種類。但以整體而言，這五種觀點也是彼此相互關聯，例如使用者觀點描述系統整體，而動態觀點則透過互動圖、狀態圖、活動圖等圖示表達系統內各個單元的動態；例如安裝部署觀點描繪了安裝的元件，這些元件就是實作觀點所繪製的元件，而元件的執行流程又是在程序觀點所繪製的狀態圖、活動圖…等圖形。

透過模型可以將這五種觀點與彼此之間的互動清楚地表現出來，幫助我們了解系統的結構和行爲，提供檢視系統是否與要求相符，並導引我們往後的開發與使用。而圖形則是經由視覺化的方式表達模型的內涵。事物（Things）是模型裡最基本的組成元件，而關係則可以將事物結合在一起。對應於資料庫內部而言，最基本的資料單元即是資料表，UML 使用類別圖（Class Diagram）來描繪資料表結構的圖形，也就是說類別圖等於傳統使用的 ERD；而資料表之間的「關係」則有四種關係圖形表達。接下來就逐一介紹說明。

(1) 類別圖

類別圖最簡單的圖形可以表示如圖 16-6 所示的一個矩形，內所標示的就是該類別的名稱。以 Java 爲例，這一個圖形所表示的程式碼，列於圖形右側。

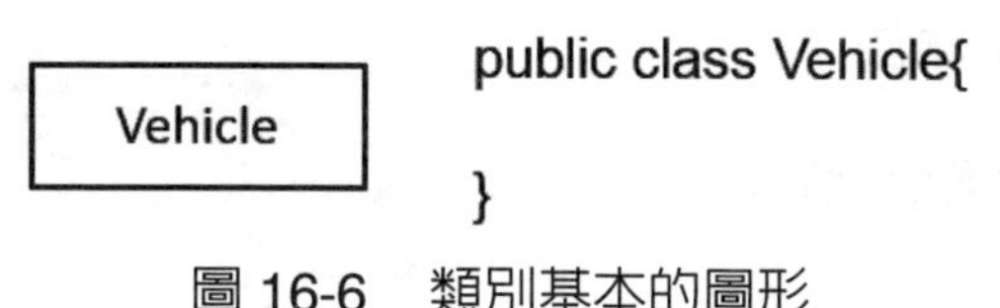

圖 16-6　類別基本的圖形

在類別圖中描繪的類別，如圖 16-7 所示，可以區隔成一個具有三個水平區域（compartment）的長方形，上方的區域表示類別的名稱；中間的區域包含了類別的屬性（Attribute）；最下面的區域則是類別的操作（Operation），也就是物件導向程式語言所稱的方法（Method）。

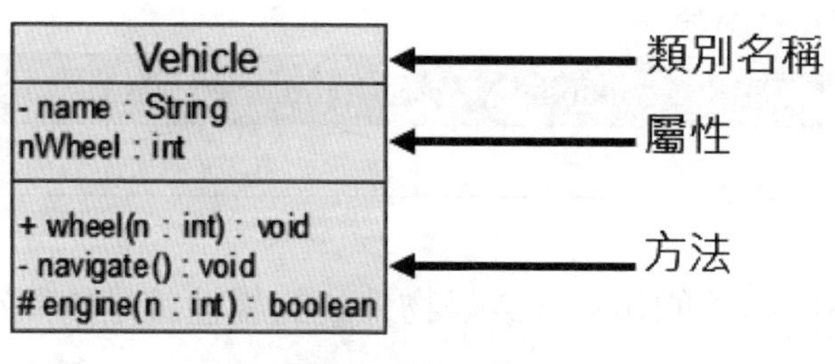

圖 16-7　類別圖結構

圖所相對應的 Java 程式如下：

```
public class Vehicle{
    private String name;
    int nWheel;
    public void wheel(int n){};
    private void navigate(){};
    protected boolean engine(int n){return false;};
}
```

屬性的基本語法：

可視性 屬性名稱 : 資料型態 [= 初值]

屬性的資料型態與傳遞給方法之參數的資料型態，以冒號（:）標示，列於該屬性與參數的名稱之後，且方法的回傳值型態，亦以冒號標示列在方法括號最後。屬性與方法前面的符號，UML 稱之爲可視性（Visibility），也就是物件導向程式語言的存取修飾語（Access Modifier）。如表 16-5 所示，負號（−）表示私有（private）、井號（#）表示保護（protected）、加號（+）代表公用（public）。

表 16-5　可視性符號

名稱	public	protected	private
符號	+	#	−

物件導向程式的類別（或是物件）的屬性就是該類別內部的資料；方法就是該類別內部的行爲。對應於資料表的結構，類別名稱就是資料表的名稱；屬性即是資料表的欄位定義；而方法則是指資料表的限制條件。

除了了解類別圖的圖形表示方式，還必須熟悉下列符號：造型（stereotype）與關係（relationship）的使用方式，以便表達類別的特性與類別之間的連結關係。使用類別圖應用在描繪資料庫的資料表，以便能夠適切表達。

(a) 造型

類別的造型（stereotype，這一個中文翻譯比較多，包括「模板」、「類別」… 等等，所以我們還是直接使用原文吧）是 UML 所提供的一種擴充語意的機制，使用 << 與 >> 夾住文字作爲標示。使用 UML 類別圖的 stereotype 方式，以撰寫 Java 程式語言爲例，簡介如下：

(i) <<interface>>

使用 <<interface>> stereotype 標示的類別表示是 Java 的介面，其類別中都是沒有實作的抽象方法。例如下列 Java 程式碼，包含一個 Shape 的介面類別，以及實作 Shape 的 Circle 與 Rectangle 兩個類別：

Java 介面程示範例

```
interface Shape {
   public double Shape_PI = 3.14;
   public double area();
   public double perimeter();
}

class Circle implements Shape {
   double radius;
   public Circle(double r) {
      setRadius(r);
   }
   public void setRadius(double r) {
      if (r > 0.0)
```

```
         radius = r;
      else  radius = 1;
   }
   public double area() {
      return radius * radius * Shape_PI;
   }
   public double perimeter() {
      return 2 * radius * Shape_PI;
   }
}

class Rectangle implements Shape {
   double length;
   double width;
   public Rectangle(double l, double w) {
      length=l;
      width=w;
   }
   public double area() {
      return length * width;
   }
   public double perimeter() {
      return 2 * (length + width);
   }
}
```

以 UML 表示這三個類別之間的關係，如圖 16-8 所示：

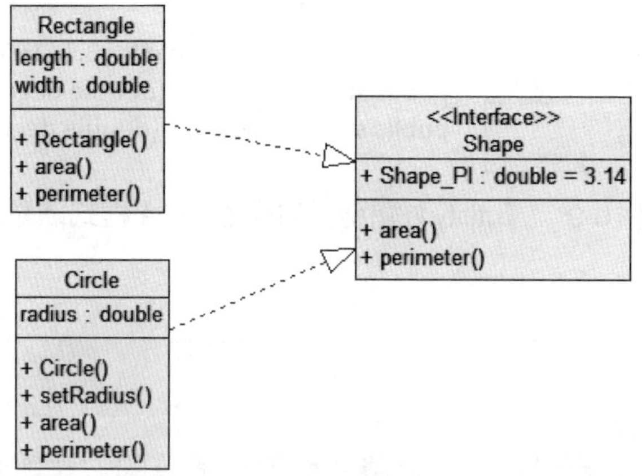

圖 16-8 《interface》類別與對應的 Java 程式碼範例

【說明】

Java 的介面有點像是完全沒有任何方法被實作的抽象類別，但實際上兩者在語義與應用上是有差別的。簡單的比較兩者（但對於 Java 介面的詳細介紹，還是請參閱附錄 C 的說明）：

1. 一個類別可以植入（implement）很多個介面，但只可以繼承（extends）一個父類別；
2. 抽象類別可以有一些不是 abstract 的方法，但是介面不能。

(ii)<<utility>>

<<utility>> 的類別是一種型別的 stereotype ，只包含類別範圍的操作及屬性，也就是說，使用 <<utility>> stereotype 標示的類別表示是該類別內所有的方法與屬性都是靜態的。參考圖 16-9 所示的類別於其所對應的 Java 程式：

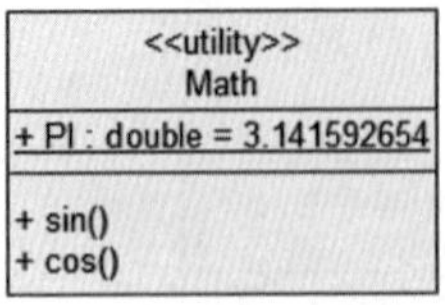

<<utility>>
Math
+ PI : double = 3.141592654
+ sin()
+ cos()

```
public class Math{
  public static final double PI=3.141592654;
  public static double sin(double degree){ ... }
  public static double cos(double degree){ ... }
}
```

圖 16-9　《utility》類別與對應的 Java 程式碼範例

【說明】

有些文獻或程式人員會將「類別內所有的方法與屬性都是靜態」的類別稱爲「靜態類別」。但實際並不應該稱爲「靜態類別」，因爲靜態（static）的宣告是宣告在類別之內的方法或是屬性，而不能直接宣告一個類別爲靜態。物件導向程式的特性之一是類別必須透過建構產生物件，因此類別就像是藍圖，建構而成的物件就是實體——實際可以運作的個體。因此資料是存在於物件的屬性；行爲是透過物件的方法執行。但具備靜態方法或屬性的類別則不然，該類別不須建構成物件，便可以直接執行其所有的靜態方法與存取靜態屬性的內容。

簡單的說，一般的方法與屬性，其擁有者是物件；而靜態方法與屬性，其擁有者是類別，縱使將一個具有靜態方法與屬性的類別建構成多個物件，這些物件還是「共用」相同的靜態方法與靜態屬性。

除了上述兩個使用 Java 程式語言的 stereotype 之外，可以依據實際的需要自行定義自己的 stereotype ，例如應用 UML 類別圖描繪資料表時，如需表示資料表歸屬的的模組、資料庫擁有者 … 等，便可使用自訂的 stereotype 作爲標示。

(b) 關係

UML 包含如圖 16-10 所示的四種基本的關係（relationship），透過關係來建構 UML 區塊之間基本的關聯，尤其是透過這些關係來連結並表達類別之間的關聯。不過關聯式資料庫的資料表並沒有繼承的概念，因此，相依、一般化與實現關係並不會使用在資料表的關係上，而結合則對於資料表之間關係的表達，則是非常的重要。

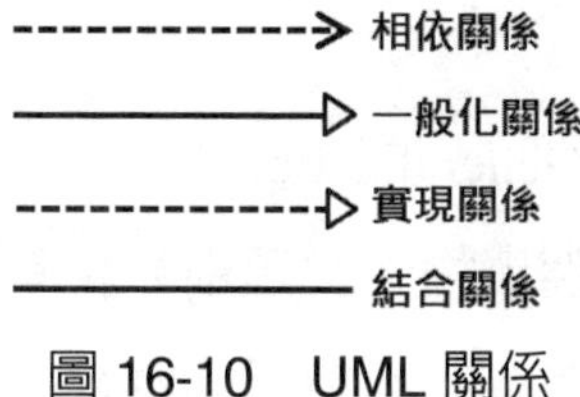

圖 16-10　UML 關係

(i) 相依關係（Dependency）

相依是兩件事物之間的語義關係（semantic relationship），用來表達其中一個改變的事物（獨立事物）可能會影響其他的事物（依賴事物）的語義。圖形表示使用虛線的箭頭，例如 A--->B ，表示 A 使用 B 。參考圖 16-11 所示的 Window 與 Event 兩個類別，使用相依關係代表 Event 類別規格的改變有可能會影響到另一個使用該類別的 Window 類別。但反過來則不見得成立。當需要表現某一個事物使用另一個事物時，就可以利用相依關係來表現。

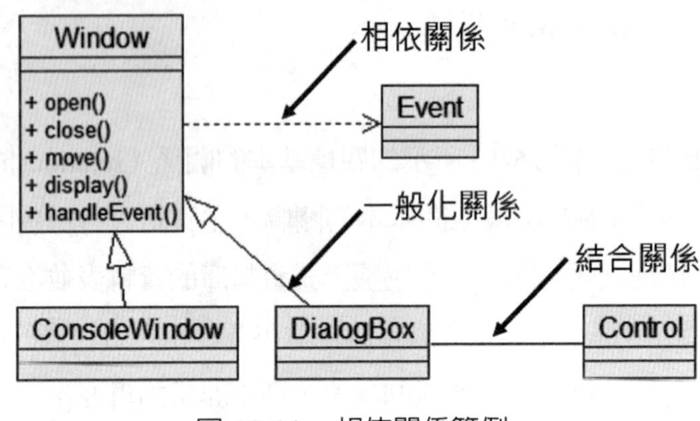

圖 16-11　相依關係範例

(ii) 一般化關係（Generalization）

一般化關係是一般性事物（父類別）和其特殊性事物（子類別）之間的關係，圖形以一帶有空心箭頭的實線。一般化關係是用來表示物件導向的繼承（Inheritance），每一個類別均可以具有零個、一個或多個父類別。只要是沒有父類別但具有一個或多個子類別的類別就稱之爲根類別（root class）或基底類別（base class）；而沒有子類別的類別稱爲葉類別（leaf class）。而只有單一父類別的類別，稱此兩類別之關係爲單一繼承（single inheritance）；而有多個父類別的繼承則稱爲多重繼承（multiple inheritance）。例如圖 16-12 所表示的類別繼承關係，其中的 Shape 類別是 Polygon 、Circle 、Rectangle 這三個類別的父類別，而 Rectangle 類別又繼承出 Sequare 這一個子類別。

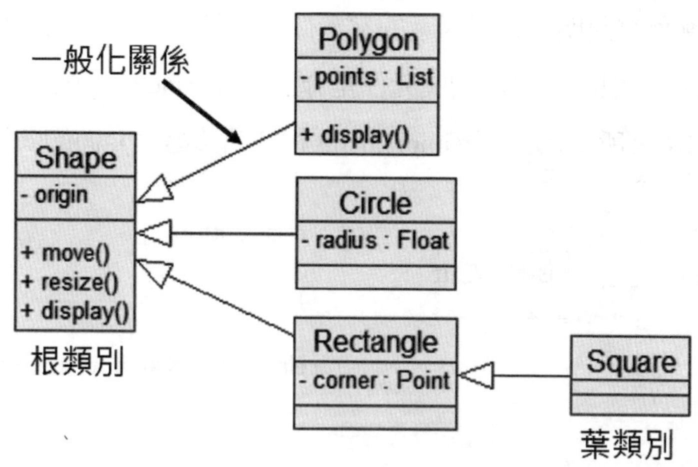

圖 16-12 一般化關係範例

以 Java 程式來表達繼承的一般化關係，可參考如圖 16-13 及其對應的 Java 使用 extends 的程式碼範例。

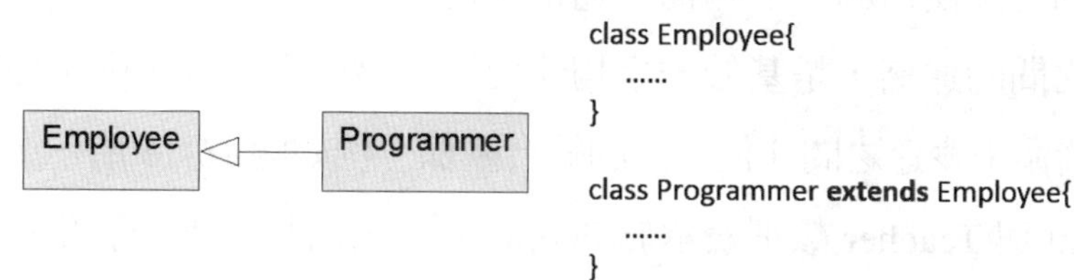

圖 16-13 一般化關係與對應的 Java 程式碼範例

(iii) 實現關係（Realization）

以一帶有空心箭頭的虛線表示實現關係。如同一般化關係，也是用來表現物件導向的繼承（Inheritance）關係，用來實現類別和介面之間的關係，屬於一般化關係和相依關係的綜合體。以 Java 程式語法作爲範例來說明，如果繼承的父元件是一般類別，使用的程式語法爲 extends。但如果繼承的父元件是介面（interface），則使用的語法便如圖 16-14 所示，以表達 implements 程式語法繼承介面的圖示方式。

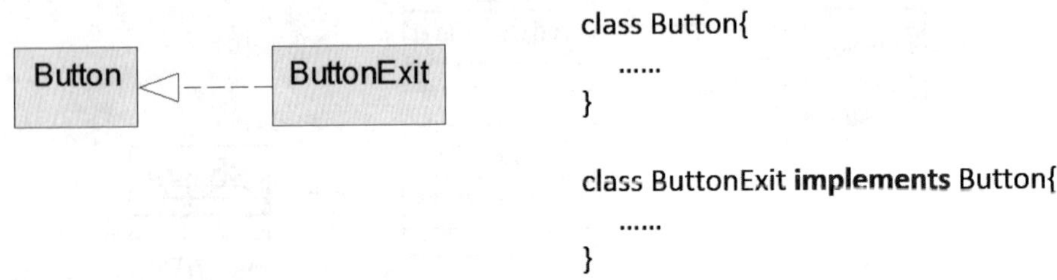
Button
ButtonExit
class Button{
......
}
class ButtonExit **implements** Button{
......
}

圖 16-14　實現關係與對應的 Java 程式碼範例

(iv) 結合關係（Association）

結合是一種結構關係，它可以訂定某一種事物是如何與另一種事物之間互相連接的關係，是類別圖最常使用的圖示，尤其是用來表達類別之間使用的參照關係。通常使用單一直線連結事物之間。當事物之間的連結，是基於一事物「使用」另一事物時，則是使用實現與箭頭來表達之間「使用」的結合關係。例如圖 16-15 所示，其中 Student 與 Teacher 類別繼承於 People 類別，所以使用一般化連結表達繼承的關係，而 Course 類別內使用 Student 類別建立了具備 60 個元素的 pupil 陣列物件，也使用 Teacher 類別建構了一個 master 物件，這一類「使用」的關係，便是使用結合關係來表達。

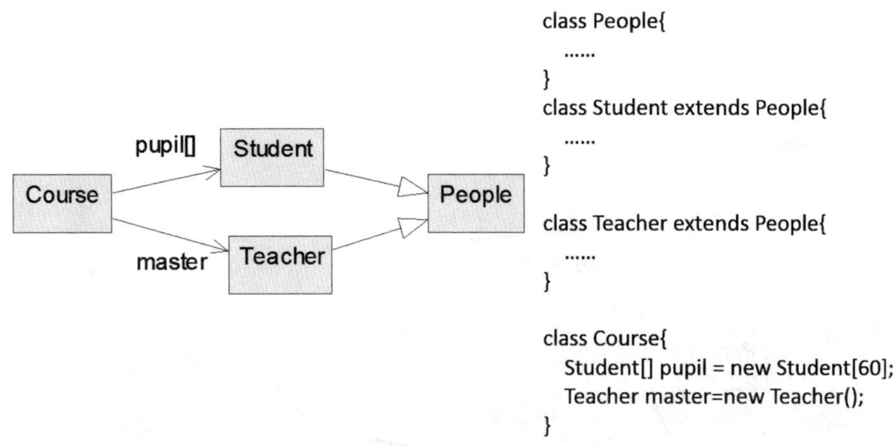
pupil[]
Student
Course
People
master
Teacher
class People{
......
}
class Student extends People{
......
}
class Teacher extends People{
......
}
class Course{
Student[] pupil = new Student[60];
Teacher master=new Teacher();
}

圖 16-15　參照關係與對應的 Java 程式碼範例

- 名稱（name）

每一種結合關係都可以具有名稱，透過此一名稱可以描述這種結合的本質，亦可使此一結合關係比較清楚。

- 角色（role）

當某一個類別參與結合關係時，它就會在此結合關係理扮演某種角色。角色所代表的其實就是在結合關係一端的類別對另一端類別所呈現出來的一面，如同資料庫中各個資料表之間關連均有其扮演的角色一般。如圖 16-16 所示，Person 和 Company 在此一結合關係裡，分別扮演了員工（employee）和雇主（employer）的角色。

- 數集（multiplicity）

結合關係代表了物件之間的結構關係，有時我們進行塑模時必須要描述出有幾個物件會跟每一個實例相結合，其中「有幾個物件」就是結合關係裡的「數集」，這種多重性可以使用單一值或某一區間值來表示（參見圖 16-5）。當在結合關係某一端指定該物件的數集時，同樣地也必須指定另一端會有幾個物件與之對應。指定的關係可以是唯一（1..1 或 1）、零到一（0..1）、零到多（0..*）、一到多（1..*），甚至固定一個數。

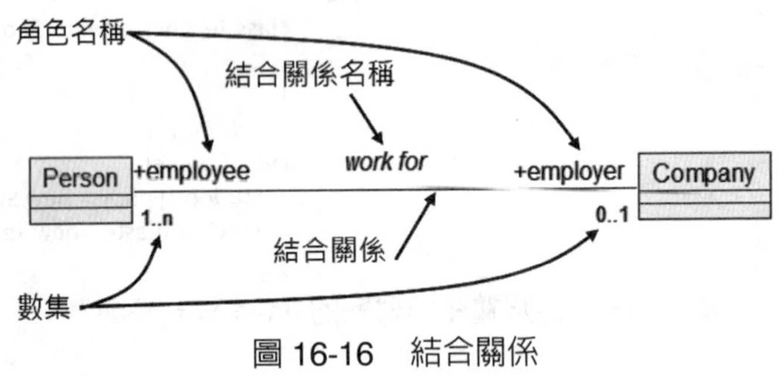

圖 16-16　結合關係

- 聚合關係（aggregation）

聚合關係是一種特殊形式的結合關係，使用的圖示是實線配合空心的菱形。一般的結合關係是由兩個類別所組成，且兩者之間在概念上是屬於同一層級的，不會有哪一個類別比另一個重要。但有時會有需要塑造「整體和部分」的關係，在這種關係裡面會有一個類別是較大的事物（整體），這個事物是由較小的事物（部分）所構成的，而這種關係稱之爲「聚合關係」，所代表的是一種包含的關係（has-a relationship），另外的說法則可以將聚合關係視爲「擁有者」（owner）與「被擁有者」（ward）的關係。

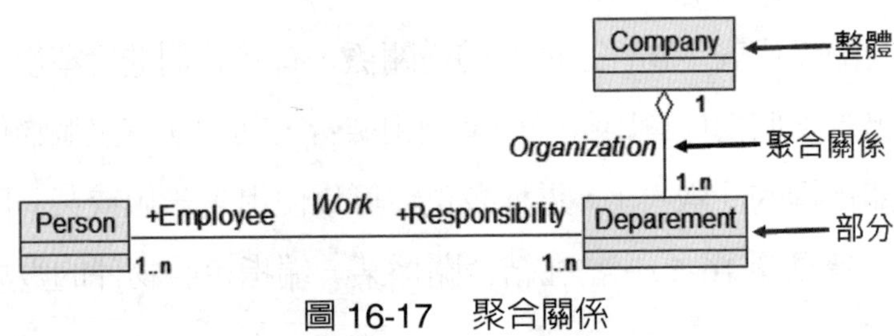

圖 16-17　聚合關係

以關聯式資料庫的角度來解釋聚合關係，就是資料表之間外來鍵對應的關聯關係，且外來鍵是主鍵之一。當 B 資料表的外來鍵對應 A 資料表的主鍵時，我們可以說：A 資料表是「整體」；B 資料表是「部分」，也就是 B 資料表詳細的細節在 A 資料表。

• 合成關係（composition）

合成關係是聚合關係的一種特定形式，當兩個事物之間，當具備「整體和部分」的關係，且「整體」必須負責「部分」的生命期，也就是說當解構「整體」時，必須同時也解構「部分」，反之當建構「部分」時，「整體」必須預先存在。因此，以關聯式資料庫的角度來解釋合成關係，就如同外來鍵的宣告加入了 delete cascade 與 update cascade。

以表 16-6 分別比較結合關係的三種連結線條的差別：

表 16-6　結合關係與聚合、合成關係之差異比較

	線條圖示	關係
結合關係	實線	資料表之外來鍵對應關係
聚合關係	實線與空心的菱形	資料表之外來鍵對應關係，且外來鍵為主鍵之一
合成關係	實線與實心的菱形	資料表之外來鍵對應關係，且外來鍵為主鍵之一，並宣告時加入 delete cascade 與 update cascade

參考下列建立資料表的 SQL 敘述：

```
create table A
(   id char(5) primary key,
   name varchar(10))

create table B
(id char(5),
 seq int,
 type char(5),
 name varchar(10),
 primary key (id,seq),
 foreign key (type) references A(id))

create table C
( id char(5),
   seq int,
   name varchar(10),
   primary key(id,seq),
   foreign key (id) references A(id))

create table D
(id char(5),
 seq int,
 name varchar(10),
 primary key (id,seq),
 foreign key (id) references A(id) on delete cascade on update cascade)
```

資料表 B 的外來鍵 type 欄位對應到資料表 A 的主鍵，因爲欄位 type 並非資料表 B 的主鍵之一。如圖 16-18(a) 所示，以 UML 類別圖表示時，使用實線表達兩個資料表之間的結合關係。

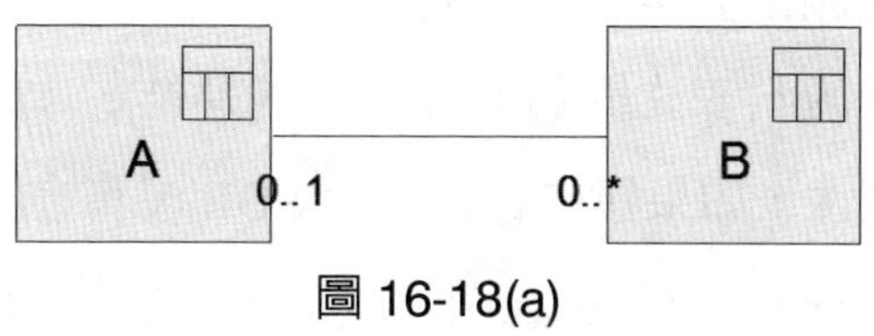

圖 16-18(a)

資料表 C 的外來鍵 id 欄位，對應到資料表 A 的主鍵。資料表 C 的主鍵包含 id 與 seq 兩個欄位，因此欄位 id 爲資料表的主鍵之一。如圖 16-18(b) 所示，以 UML 類別圖表示時，需要使用實線配合空心的菱形表達兩個資料表之間的聚合關係。

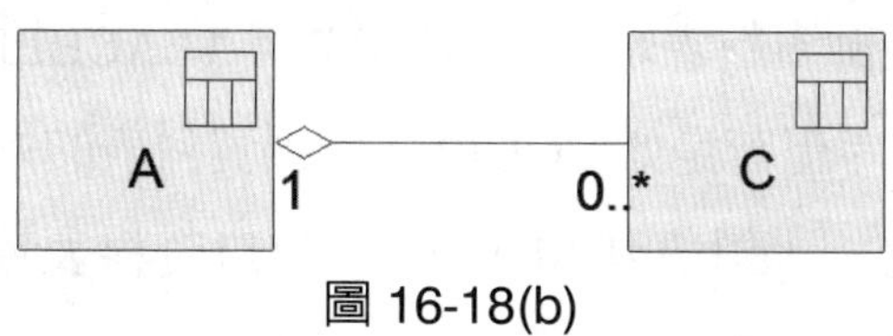

圖 16-18(b)

資料表 D 的外來鍵 id 欄位，對應到資料表 A 的主鍵。資料表 D 的主鍵包含 id 與 seq 兩個欄位，因此欄位 id 爲資料表的主鍵之一，且宣告時加上 delete cascade 與 update cascade 的宣告，表示資料表 A 的資料錄刪除會修改時，會一併連同異動資料表 D 的資料錄。如圖 16-18(c) 所示，以 UML 類別圖表示時，必須使用實線配合實心的菱形表達兩個資料表之間的合成關係。

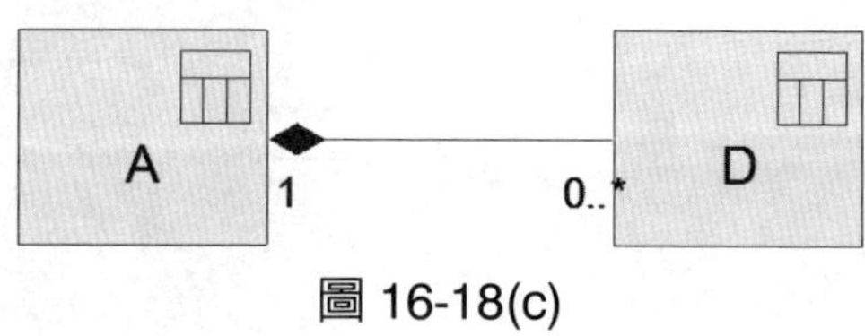

圖 16-18(c)

不過通常在以類別圖繪製資料表的關係時，大多不會將關係細分到要繪製「聚合關係」還是「合成關係」。除了 UML 對這方面並沒有強制的定義，資料表之間透過外來鍵的連結，本來就要考量對應之間關係的一制性，如果建立資料表時 SQL 沒有宣告 dalete cascade 與 update cascade 時，還是會透過應用程式來達成。所以，**除了實線的結合關係之外，建議都將「聚合關係」繪製成「合成關係」的線條圖形**。也就是將資料表透過外來鍵關連到詳細資料的資料表，這種關聯有關係簡化成只有兩種關係：一是一般的結合關係，一是聚合的合成關係。如圖 16-19 以練習 SELECT 命令的學生資料表爲例，當 SUBJECT 科目資料表的外來鍵 TEACHER 欄位是一般性欄位，對應到 TEACHER 老師資料表時，SUBJECT 與 TEACHER 資料表之間存在的是結合關係；但若是如 COURSE 修課資料表的外來鍵 SUBJECT 欄位是其主鍵之一，對應到 SUBJECT 科目資料表時，則 COURSE 與 SUBJECT 資料表之間存在的是聚合關係。

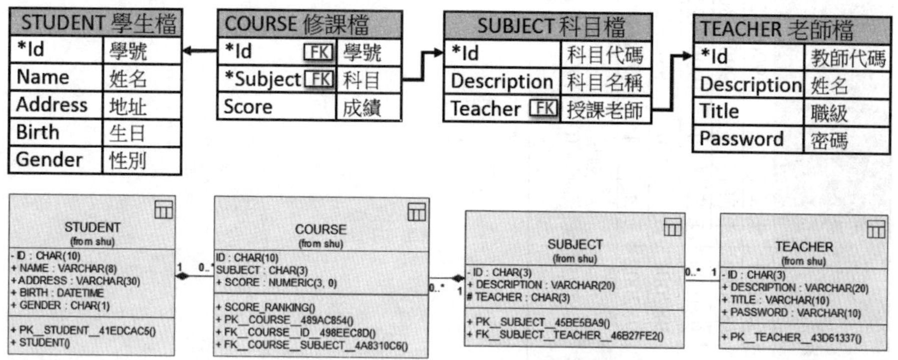

圖 16-19　資料表之關係

總結本單元所介紹使用 UML 的類別圖來繪製資料表關係的圖示方式，參考下列練習，嘗試逐一正規化、繪製圖形、撰寫 SQL 敘述，完成資料庫分析與設計的整個步驟：

練習：假設，教育部需要管理全國大專院校的教師資料（所有教師編號不會重複），並對學校做學生總量管制，應包含之資料範例摘錄如下表所示：

學校代碼 ID	校名 School	校長（教師編號）TNO	姓名 Name	等級 Degree	學校地址 Addr	學校型態 Type	系所代碼 Unit	系所名稱 Dept	系辦公室編號 Class	系主任（教師編號）TNO	姓名 Name	等級 Degree	學生學號 SNO	學生姓名 Name	學生性別 Gender	學生生日 Birth
SHU	四星大學	TS01	鄧不利多	教授	木柵路17巷1號	私立	IC	資傳系	R901	TS12	哈利	副教授	981001	張三	1	1990/1/2
													981002	李四	1	1990/7/30
													981003	王五	0	1990/5/22
							IM	資管系	R801	TS35	妙麗	教授	982001	錢六	0	1990/3/20
													982002	王五	1	1991/4/1
NIU	經濟大學	TN10	石內卜	教授	羅斯福路一段1號	國立	IE	資工系	L001	TN25	榮恩	教授	A980101	趙七	0	1990/8/21

(a) 分別標示出第一、第二、第三正規化之結果。

(b) 依據 UML 之類別圖，繪出前一題分析之檔案結構，並標明檔案間之數集（Cardinality）與必備（Modality）關係。

(c) 以SQL敘述建立資料表（tables），宣告包含建立檔案的主鍵、外來鍵，與限制條件。

例：校名、校長、系主任等老師的等級不可為虛值；學校型態未輸入資料時，預設為「私立」。

(a) 正規化

- 表格原始欄位清單

學校代碼	校名	校長	姓名	等級	學校地址	學校型態	系所代碼	系所名稱	系辦編號	系主任	姓名	等級	學生學號	學生姓名	學生性別	學生生日
ID	School	TNO	Name	Degree	Addr	Type	Unit	Dept	Class	TNO	Name	Degree	SNO	Nam	Gender	Birth

- 1NF：表格的欄位有一對多便分割

學校代碼	校名	校長	姓名	等級	學校地址	學校型態
ID	School	TNO	Name	Degree	Addr	Type

系所代碼	系所名稱	系辦編號	系主任	姓名	等級
Unit	Dept	Class	TNO	Name	Degree

學生學號	學生姓名	學生性別	學生生日
SNO	Nam	Gender	Birth

- 2NF：設定主鍵，保持關聯性

*學校代碼	校名	校長	姓名	等級	學校地址	學校型態
ID	School	TNO	Name	Degree	Addr	Type

*學校代碼	*系所代碼	系所名稱	系辦編號	系主任	姓名	等級
ID	Unit	Dept	Class	TNO	Name	Degree

*學校代碼	系所代碼	*學生學號	學生姓名	學生性別	學生生日
ID	Unit	SNO	Nam	Gender	Birth

- 3NF：消除遞移相依

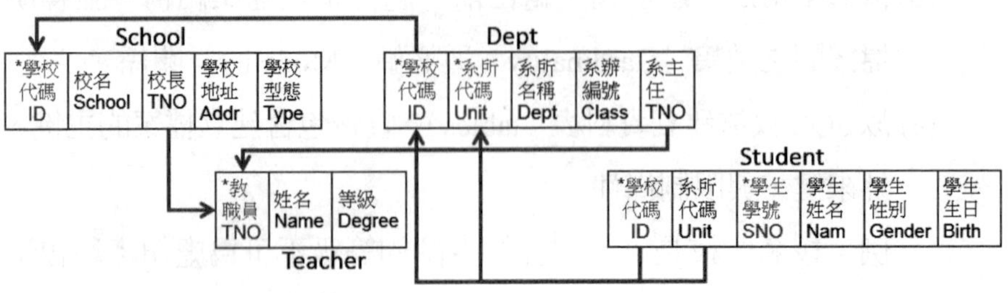

說明：為方便檢視，在 3NF 以線條連結外來鍵與關聯表格之主鍵，並在完成之表格預先標示資料表名稱，以作為識別。

(b) 類別圖

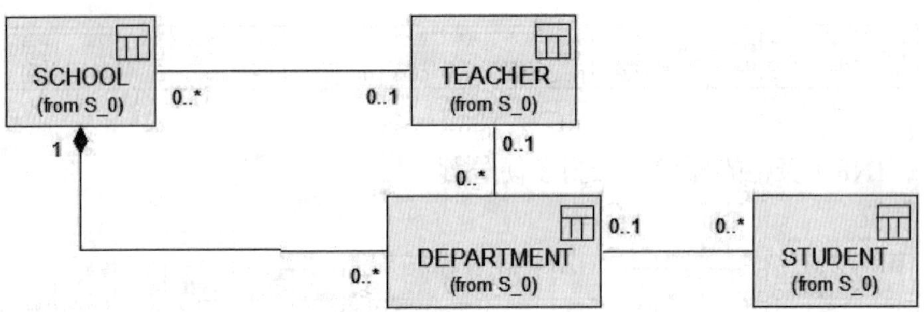

(c) 建立資料表之 SQL 敘述

/* 建立次序

1. TEACHER 老師資料表
2. SCHOOL 學校資料表
3. DEPARTMENT 系所資料表
4. STUDENT 學生資料表

*/

```
create table TEACHER
( TNO char(10) primary key,
  NAME varchar(40),
  DEGREE varchar(10) not null)

create table SCHOOL
( ID char(6) primary key,
  TNO char(10),
  SCHOOL varchar(10),
  ADDR varchar(40),
  TYPE char(4) default ' 私立 ',
  foreign key (tno) references TEACHER(tno) on update cascade
)

create table DEPARTMENT
(ID char(6),
 UNIT char(6),
 DEPT varchar(30),
 CLASS varchar(10),
 TNO char (10),
 primary key (id,unit),
 foreign key (id) references SCHOOL(id) on update cascade on delete cascade,
 foreign key (tno) references TEACHER(tno),
)

create table STUDENT
(id char(6),
 unit char(6),
 sno char(15),
 name varchar(50),
 gender bit,
```

```
birth smalldatetime,
primary key (id, sno),
foreign key (id, unit) references DEPARTMENT(id,unit)
        on update cascade on delete cascade
)
```

第十七章　資料庫與 XML

延展式標示語言（eXtensible Markup Language，XML）具備結構性與嚴格語法規範，卻又兼具使用者自訂標籤的彈性，同時具備了機器與人類可讀的特性，能夠提供不僅只有資料處理的應用範圍，其簡潔的文法與明確的結構，亦使其非常適合在大型的專案中應用。因爲 XML 比現有的資料格式更容易地傳遞、調整、處理、分解和重製。

SQL Server 在 2000 版本即有開始支援 XML 資料處理的能力（請參見第十一章 SELECT 查詢），不過支援的只是將關聯式表格的資料輸出時轉換成 XML 格式的方式，而不是儲存 XML 資料的原生 XML 資料庫（Native XML Database）。在 SQL Server 2005 版之後，才眞正提供了原生 XML 資料庫的功能，包括具備了 XML 資料型態，也能使用 XQuery 語言執行 XML 資料。

第一節　XML 資料表建立

如同一般資料表的宣告方式，當欄位宣告爲 VARCHAR 型態時，表示可存放變動的文數字資料，而宣告爲 xml 資料型態時，表示可存放 XML 文件的資料。xml 資料型態宣告的欄位，可分爲「強制型態 XML 欄位」（typed XML Column）或「非強制型態的 XML 欄位」（Un-typed XML Column）。若存放的 XML 文件資料可使用 XML Schema 文件進行驗證（Validate），便是強制型態 XML 欄位，若無指定 XML Schema 文件，則表示該欄位屬於非強制型態的 XML 欄位。

【說明】

W3C 最初在 1998 年 2 月 10 日正式推出 XML 時，原本是採用 SGML（ISO 8879-1986）宣告文件型別定義（Data Type Definition ，DTD）的語法，透過 DTD 的文件決定 XML 文件的結構。不過 DTD 的語法和 XML 語法完全不同、不支援名稱空間（namespace）、不支援多種資料形態 ⋯ 等限制，因此 W3C 在接受微軟的建議，於 2001 年 5 月 2 日發布了 XML Schema。

XML Schema 也是使用 XML 語法的文件，如同 DTD 也是用來規範 XML 文件資料的結構。我們可以自訂任何的 XML 文件，但是如果要考慮運行在各行各業之間的資訊系統，或資料互通（interoperation）的交換處理，就必須遵守各行業制定的 XML Schema。

【說明】

- 強制型態 XML 欄位：需有 XML Schema 文件，也就是符合可驗證的（Validated）XML 文件；
- 非強制型態 XML 欄位：不需有 XML Schema 文件。

建立強制型態的宣告，是屬於 DDL 的 CREATE 指令，但是這並非 SQL 的標準，而是 SQL Server 的 T-SQL 語法，在其他資料庫系統是不支援的。其宣告的語法為：

CREATE XML SCHEMA COLLECTION sql_identifier AS Expression

其中 sql_identifier 參數表示 XML 結構描述集合的 SQL 識別碼；Expression 參數是 varchar、varbinary、nvarchar 或 xml 類型的常數或變數。

例：建立一個「教師」Faculty 的資料表，其中「研究計劃」Research 爲強制型態的 XML 欄位。因此建立資料表之前，需要先使用 CREATE XML SCHEMA COLLECTION 宣告一份結構如圖 17-1 所示，名稱爲 Project 的 XML Schema 文件至資料庫。（宣告的 T-SQL 敘述如果執行完成，這一份 XML Schema 文件對於資料庫而言，就是其中的一個「物件」了）

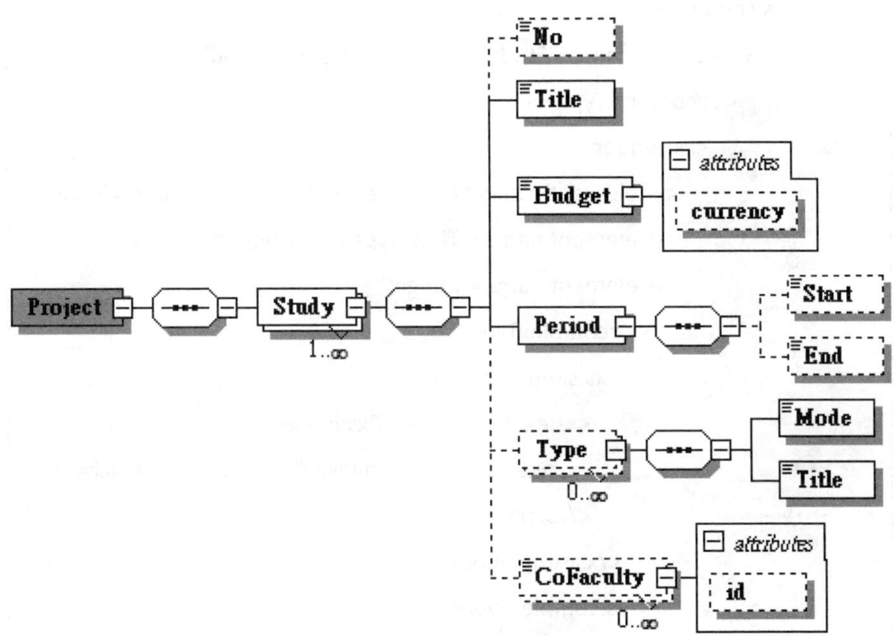

圖 17-1 「Project 計畫」文件的 XML Schema 圖示

宣告時，整份 XML Schema 文件前後以單引號（'），包含在 CREATE XML SCHEMA COLLECTION 的 AS 指令之後。宣告一個名稱爲 Project 的 XML Schema 文件內容的完整 SQL 敘述如下：

```
USE School; -- 確定使用 School 資料庫
CREATE XML SCHEMA COLLECTION Project
AS '
<xs:schema xmlns:xs="http://www.w3.org/2001/XMLSchema"
elementFormDefault="qualified" attributeFormDefault="unqualified">
  <xs:element name="Project">
    <xs:complexType>
      <xs:sequence>
        <xs:element name="Study" maxOccurs="unbounded">
          <xs:complexType>
            <xs:sequence>
              <xs:element name="No" type="xs:string" minOccurs="0"/>
              <xs:element name="Title" type="xs:string"/>
              <xs:element name="Budget">
                <xs:complexType>
                  <xs:simpleContent>
                    <xs:extension base="xs:integer">
                      <xs:attribute name="currency" type="xs:string" default="NT"/>
                    </xs:extension>
                  </xs:simpleContent>
                </xs:complexType>
              </xs:element>
              <xs:element name="Period">
                <xs:complexType>
```

```
            <xs:sequence>
                <xs:element name="Start" type="xs:date" minOccurs="0"/>
                <xs:element name="End" type="xs:date" minOccurs="0"/>
            </xs:sequence>
        </xs:complexType>
    </xs:element>
    <xs:element name="Type" minOccurs="0" maxOccurs="unbounded">
        <xs:complexType>
            <xs:sequence>
                <xs:element name="Mode" type="xs:string"/>
                <xs:element name="Title" type="xs:string"/>
            </xs:sequence>
        </xs:complexType>
    </xs:element>
    <xs:element name="CoFaculty" minOccurs="0" maxOccurs="unbounded">
        <xs:complexType>
            <xs:simpleContent>
                <xs:extension base="xs:string">
                    <xs:attribute name="id">
                        <xs:simpleType>
                            <xs:restriction base="xs:string">
                                <xs:maxLength value="6"/>
                            </xs:restriction>
                        </xs:simpleType>
                    </xs:attribute>
                </xs:extension>
            </xs:simpleContent>
        </xs:complexType>
    </xs:element>
```

```
                </xs:sequence>
              </xs:complexType>
            </xs:element>
          </xs:sequence>
        </xs:complexType>
      </xs:element>
    </xs:schema>
'
```

【說明】

如果你熟悉 XML 的宣告，應該發現上述的 XML Schema 文件內容，並沒有 Prolog 宣告，也就是沒有 <?xml version="1.0" encoding="UTF-8"?> 這一行宣告。是因爲這一個 XML 的 Prolog 宣告稱之爲處理指令（Processing Instruction ，PI），PI 的標示使用 <?...?> ，是用來告知應用程式的處理指示。對 SQL Server 而言，處理的指令在於執行 T-SQL 敘述的 CREATE XML SCHEMA COLLECTION ，而關於 XML 文件的版本、字碼，則是由 SQL Server 來處理，因此不需要這一項 Prolog 的宣告。

【說明】

如果宣告的 XML Schema 文件內容有多國字碼而需使用 Unicode 時，AS 指令後的單引號前需加上「N」宣告。

新增完成的 XML Schema 物件可以在「SQL Server Management Studio」此資料庫下的「可程式性」的「類型」項目的「XML 結構描述集合」子項目內列出這一個物件。亦可使用系統資料表 sys.xml_schema_collections 列出此資料庫已宣告的 XML Schema 物件名稱；系統資料表 sys.xml_schema_elements 列出 XML Schema 物件宣告的元素；系統資料表 sys.xml_schema_attributes 列出 XML Schema 物件宣告的屬性。如果要刪除這一個 XML Schema 物件，可以使用 DROP XML SCHEMA COLLECTION 指令刪除，不過如果已經有資料表的欄位宣告使用了這一個 XML Schema 物件，就無法 DROP 掉這一個 XML Schema 物件了。

新增完成一個 XML Schema 物件後，我們就可以在一個資料表內宣告具備該 XML Schema 物件的欄位，參考下列建立一個教師 Faculty 資料表的宣告敘述：

```
CREATE TABLE Faculty
(  Id       char(6) PRIMARY KEY,-- 教師職號
   Name varchar(20),              -- 教師姓名
   Duty   date,                   -- 到職日
   Title   varchar(10),           -- 職稱
   Research xml (DOCUMENT Project),
   Note   xml
)
```

這一個 Faculty 資料表，具備四個一般性的欄位：Id 、Name 、Duty 、Title；一個強制型態的 XML 欄位：Research；以及一個非強

制型態的 XML 欄位：Note。

Research 欄位的資料型態爲 xml，宣告其後括號內以 DOCUMENT 識別字指定 XML Schema 物件的名稱，表示建立一個強制型態的 XML 欄位。如果沒有括號及指定的 XML Schema 物件，例如宣告中的 Note 欄位，就表示是建立一個非強制型態的 XML 欄位。

建立完成 Faculty 資料表，就可以使用 INSERT 敘述新增資料錄，不過因爲這一個資料表有 XML 的欄位，因此輸入的資料必須符合 XML 的規範。

```
INSERT INTO Faculty (Id, Name, Duty, Title, Research) VALUES
('104001',' 張三 ','2015/1/1',' 教授 ',
'<Project>
   <Study>
      <No>NSC 95-2413-H-128 -001</No>
      <Title> 用 RFID 管理特色館藏研究 </Title>
      <Budget currency="NT">50000</Budget>
      <Period><Start>2006-05-01</Start><End>2007-04-30</End></Period>
      <Type>
         <Mode> 人文社會 </Mode>
         <Title> 技術發展 </Title>
      </Type>
   </Study>
   <Study>
      <No>NSC 99-2631-H-128 -004</No>
      <Title> 台灣本土畫家作品數位典藏 </Title>
      <Budget currency="NT">100000</Budget>
      <Period><Start>2010-08-01</Start><End>2012-07-31</End></Period>
```

```
        <Type>
            <Mode> 人文社會 </Mode>
            <Title> 應用研究 </Title>
        </Type>
        <CoFaculty id="095008"> 李四 </CoFaculty>
        <CoFaculty id="098020"> 王老五 </CoFaculty>
        <CoFaculty id="092055"> 錢六 </CoFaculty>
    </Study>
</Project>')
```

上述 INSERT 敘述輸入資料表的 Research 欄位內容是一個 XML 字串（前後需要使用單引號標示），其內容不僅需要遵循 XML 的文法規範，且必須是符合先前宣告名稱爲 Project 的 XML Schema 定義規範。資料輸入完成，如果需要檢視內容，可直接使用 SQL 的 SELECT 敘述，列出資料表的資料錄內容。不過 SQL Server 資料表 XML 資料型態的欄位，所儲存的內容是 XML 文件，對資料庫而言就是一個物件。因此若要查詢的是資料表某一個 XML 欄位的某一個元素或某一個屬性，就必須要使用的爲 XML 制訂的 XQuery 語法了！

第二節　XPath

XML 物件（也就是存儲在資料表 XML 型態欄位內的 XML 文件），需要透過 XQuery 語法執行查詢，不過 XML 文件屬於樹狀的結構，因此 XQuery 需要透過 XPath 提供在樹狀結構中找尋節點的能力。XPath 即爲 XML 路徑語言（XML Path Language），使用路徑表，指引從一個 XML 節點到另一個節點或一組節點的步驟，而獲得路徑最終指向的節點所在。聽起來有複雜，簡單的講，XPath 就是用來描述 XML 中元素（或屬性）的位置。就像是作業系統的磁碟目錄的路徑表示一樣，例如有一個名稱為 Project.xsd 的檔案，存在於 D: 磁碟機的 Edit 目錄的 XML 子目錄的 Define 子目錄內，則該檔案的目錄路徑為：

D:\Edit\XML\Define\Project.xsd

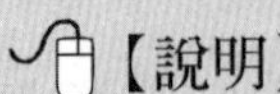

【說明】

XQuery 1.0 和 XPath 2.0 使用相同的數據模型，及相同的函數和運算子，因此建議學習 XQuery 先要能夠了解 XPath。

【說明】

W3C 為 XML 制訂了許多延伸技術，包括樣式定義與文件轉換的 XSLT 、標示路徑的 XPath 、查詢使用的 XQuery 、文件超連結的 XLink 、將超連結指向 XML 文件的 XPointer 、以及宣告文件結構的 XML Schema… 等等。XPath 應用在許多需要表達元素位置的延伸技術，例如 XSLT 、XLink 及 XQuery。這些技術之間的關係可以參考圖 17-2 所示。

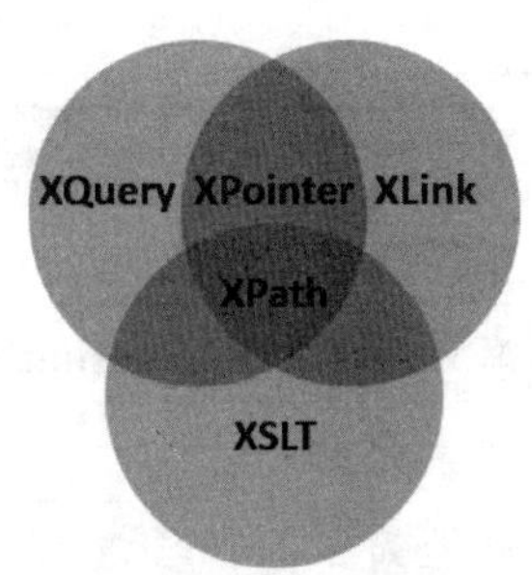

圖 17-2 XPath 與 XML 相關延伸技術之關係

我們以先前圖 17-1 所示的 XML Schema 文件結構規範（Project.xsd 檔案）編寫的研究計畫 XML 文件爲例，其樹狀結構顯示如圖 17-3 所示：

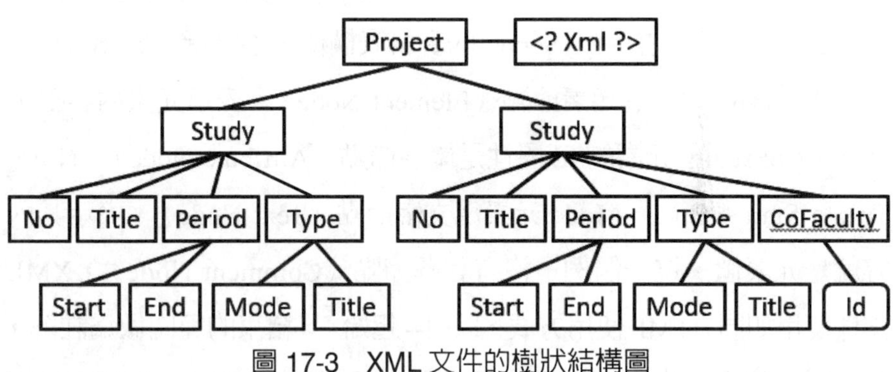

圖 17-3 XML 文件的樹狀結構圖

1. XPath 資料模型（XPath Data Model）

XPath 將每份 XML 文件均視爲一棵有標籤且有順序節點的樹狀結構，也就是說 XML 文件是一棵樹，樹的分支即爲節點，每個節點皆有一個標籤名稱，我們可以使用完整的路徑指定一個特定的元素，如：/Study/Period/Start。XPath 資料模型將樹狀結構分成七種節點：

表 17-1　XPath 的節點種類

節點名稱	說明
Root Node	根節點
PI Node	處理指令（Processing Instruction）節點
Element Node	元素節點
Attribute Node	屬性節點
Text Node	內容節點
Comment Node	註解節點
Namespace Node	名稱空間節點

以圖 17-3 的研究計畫 XML 文件為例，其根節點（RootNode）為 Project 元素；處理指令節點（PI Node）為 <?xml ?> 也就是 XML 的 Prolog 宣告（只是在 SQL Server 的資料表欄位，不需指定）；Study、Period、Type 元素為元素節點（Element Node），表示元素內容為子元素；CoFaculty 元素的 Id 屬性是屬性節點（Attribute Node）；No、Title、Start、End、Mode 元素為文字節點（Text Node），表示其內容就是元素值。這一個例子沒有註解節點（Comment Node），XML 文件使用如同 HTML 使用方式，以<!-- 起始 -->結束的範圍做為註解，此外這一個例子也沒有使用名稱空間，但在其 XML Schema 宣告的 Project.xsd：

xmlns:xs="http://www.w3.org/2001/XMLSchema"

就是宣告一個名稱為 xs，其 URI 為 "http://www.w3.org/2001/XMLSchema" 的名稱空間。

位置路徑表示式包括：「絕對路徑」與「相對路徑」兩種表示方式。絕對路徑起始於斜線（/），表示根節點（也就是根元素）；相對路徑則是以現在所在節點作爲表示。以圖 17-3 爲例，假設現在節點位置的指標是在 No 元素，表達 Project 根元素之下的 Study 元素的 Type 子元素，以絕對路徑表示爲：

/Project/Study/Type

而使用相對路徑，必須由 No 元素來表達其路徑：

../Type

其中 .. 表達現在所在元素往上一層，也就是 No 元素的上一層 Study，再接著標示 /Type 表達其下一層的 Type 元素。

2. XPath 坐標軸

XPath 的坐標軸（Axes）是用來表達相對於現在節點的節點集，透過座標軸指出節點的對應方向。XPath 提供如表 17-2 所示的座標軸：

表 17-2　XPath 的坐標軸名稱

坐標軸名稱	說明
ancestor	當前節點的所有上層節點的元素。
ancestor-or-self	當前節點本身，以及所有上層節點以及當前節點本身。
attribute	當前節點的所有屬性。
child	當前節點的所有子元素。
descendant	當前節點的所有下層的後代元素。
descendant-or-self	當前節點本身，以及所有下層的後代元素。
following	當前節點的結束標籤之後的所有節點。

坐標軸名稱	說明
namespace	當前節點的所有命名空間節點。
parent	當前節點的上一層節點（父節點）。
preceding	當前節點開始標籤之前的所有節點。
preceding-sibling	當前節點之前的所有同級節點（兄弟節點）。
self	當前節點本身。

座標軸依據步（Step）來表達路徑的位置，步的語法爲：

axisname::nodetest[predicate]

axisname：坐標軸名稱（參見表 17-2），定義所選的節點與目前節點之間的樹狀關係。

nodetest：節點測試。標識一個座標軸中的一個節點

predicate：述語。可以有零個或多個，用來進一步細化選定的節點。

參考表 17-3 所列之使用座標軸表達一些路徑的範例：

表 17-3　坐標軸「步」表示語法的範例

範例	說明
child::Type	選取所有屬於當前節點的子元素的 Type 元素。
attribute::Id	選取當前節點的 Id 屬性。
child::*	選取當前節點的所有子元素。
attribute::*	選取當前節點的所有屬性。
child::text()	選取當前節點的所有子節點。
child::node()	選取當前節點的所有子節點。
descendant::Study	選取當前節點的所有 Study 元素之所有下層的後代元素。

範例	說明
ancestor::Type	選擇當前節點的所有 Type 上層節點的元素。
child::*/child::Study	選取當前節點的所有 Study 孫節點（子節點的子節點）。

3. XPath 運算子

XPath 主要是用來描述節點與節點之間相對的位置，類似於作業系統的磁碟目錄的路徑表示方式，透過如表 17-4 所示的運算子表示位置路徑（Location Path）之節點。

表 17-4　XPath 的路徑位置運算子

運算子	說明
/	表示元素與子元素的節點層次。
//	遞迴下層的路徑。表示節點以下符合的節點，不僅是子節點，也包含子節點以下的下下層結點。
.	自己。表示目前的節點。
..	父節點。表示上一層節點。
*	萬用字元。表示目前元素的所有子元素及屬性
@	表示元素的屬性。
[]	篩選。使用元素的索引值，指定同一層的元素或屬性次序；或是使用判斷式篩選符合條件的元素。

(1) 例如要表達圖 17-3 所示的 XML 文件，若要指定 Study 元素下一層的 Title 元素，可以表示如下，其中第一個 / 表示根元素：

```
/Project/Study/Title
```

(2) // 表示節點以下所有的元素：

//Title　　表示自根節點以下所有的 Title 元素，包括 Study 元素下一層的 Title 元素，以及 Type 元素下一層的 Title 元素。

.//Title　　表示目前元素所有下層的 Title 元素。

(3) 萬用字元代表任意個字元，因此可以用來表示任何元素或屬性。例如：

/Project/Study/Type/*	表示 Type 元素之下的所有子元素。
//*	表示全部所有元素 (// 表示任意層，* 表示同一層任意名稱)。
/*/*/Title	表示有兩個上層元素的 Title 元素

(4) 表示某一元素的屬性時，使用 @ 運算子表示。

/Project/Study/CoFaculty@Id　　表示 CoFaculty 的 Id 屬性

(5) 如果元素有多個兄弟元素，例如本 XML 文件具備兩個 Study 元素，若要表示元素索引值時，可以使用 [索引值] 表示：

/Project/Study[2]/Title	表示第二個 Study 元素的 Title 子元素
/Project//[CoFaculty]	表示任意層具備 CoFaculty 元素的所有元素

[] 除了使用索引值，表示兄弟元素的索引位置，還可以加上條件指令，例如要指定 Id 屬性內容是「091010」的 CoFaculty 元素，可以表示為：

/Project/Study/CoFaculty[@Id="091010"]

基於篩選條件模式，XPath 亦可包含如表 17-5 所列的布林、比較運算子：

表 17-5　XPath 的布林與比較運算子

<table>
<tr><th>運算子</th><th>說明</th></tr>
<tr><td>and</td><td>邏輯 and</td></tr>
<tr><td>or</td><td>邏輯 or</td></tr>
<tr><td>not()</td><td>否定</td></tr>
<tr><td>=</td><td>相等</td></tr>
<tr><td>!=</td><td>不相等</td></tr>
<tr><td>< 或 <</td><td>小於</td></tr>
<tr><td><= 或 <=</td><td>小於或等於</td></tr>
<tr><td>> 或 ></td><td>大於</td></tr>
<tr><td><= 或 >=</td><td>大於或等於</td></tr>
<tr><td>|</td><td>聯集，表示組合多個路徑位置的區隔符號。</td></tr>
</table>

4. XPath 函數

除了路徑位置的表示，XPath 也提供了函數庫以方便計算運算式。如表 17-6 所列，函數分為節點函數、字串函數、布林函數和數值函數。

表 17-6　XPath 函數

節點函數	
last()	取得同一層元素（兄弟元素）的最後一個元素
position()	取得當前節點的位置
count()	取得節點的元素數目
字串函數	
string(arg)	將 arg 物件轉換成字串
concat(Str1, Str2, …)	連接字串

節點函數	
start-with(Str1, Str2)	若 Str1 字串是以 Str2 字串開始，則回傳 true，否則為 false
contains(Str1, Str2)	若 Str1 字串內具有 Str2 字串，則回傳 true，否則為 false
substring-before(Str1, Str2)	取得在 Str1 字串中最初發現 Str2 字串的位置之前的部分字串
substring-after(Str1, Str2)	取得在 Str1 字串中最初發現 Str2 字串的位置之後的部分字串
translate(Str1, Str2, Str3)	將 Str1 字串中的 Str2 字串，以 Str3 字串取代。
布林函數	
boolean	轉換成布林值
not	將真假值反轉
true	設定為真
false	設定為假
數值函數	
number	將元素內容轉換成數值
sum	將指定節點集合內各元素的字串之轉換成數值，然後取得所有的和
round	取得與指定值最接近的整數

例如下列使用函數運算的結果，結合 [] 運算子進行元素的判斷：

//*[count(CoFaculty)>=1]	子元素具備一個以上 CoFaculty 元素的所有元素。
/Project/Study[position()=1]	Project元素下層的第一個Study元素。
/Project/Study[not(CoFaculty)]	沒有 CoFaculty 子元素的 Study 元素。

第三節 xml 資料類型方法

SQL Server 提供許多處理 xml 資料類型的方法。如表 17-7 所列的處理 xml 資料類型所建立物件的方法：

表 17-7 SQL Server 處理 xml 資料類型的方法

方法	說明
exist()	執行 XQuery 運算式傳回非空的結果，也就是至少有一個 XML 節點，則回傳值為 1；若查詢結果為空資料，則回傳結果為 0。
modify()	修改 XML 文件的內容。使用此方法來修改資料行的 xml 物件內容。此方法採用 XML DML 敘述來新增、修改或刪除 XML 資料的節點。xml 資料類型的 modify() 方法只能用在 UPDATE 敘述的 SET 子句中。
modes()	將 XML 物件切割成關聯式資料
query()	針對 XML 物件執行 XQuery，並回傳 XML 資料
value()	對 XML 物件執行 XQuery，並傳回 SQL 類型的值。此方法會傳回純量值。

【說明】

一下資料型態、一下物件，雖然說起來很繞口，不過還是要分辨清楚不同地方表示「物件」所代表的意義。在程式語言中，類別（Class）經過建構（Create）產生實際可以使用的個體，稱爲物件（Object）。在 SQL Server 中，許多具體可使用的個體，也稱爲物件。不過這裡指的物件是依據 XML 資料型態，宣告資料表（Table）的欄位，該欄位所存放的 XML 文件，就稱爲 XML 物件，也稱爲「執行個體」。

SQL Server 的 query() 方法使用 XQuery（請參考下一節的介紹）的 XPath 運算式來執行，透過執行方法內指定的運算式的結果，代入原本 SELECT 敘述之內。參考下列使用 XPath 執行的範例，了解 query() 使用的方式。

例：列出 Faculty 資料表中，Id 欄位、Name 欄位，以及 Research 欄位內的 Title 元素。

```
SELECT Id, Name, Research.query ('/Project/Study/Title') FROM Faculty
```

解析：Research 欄位是宣告儲存 XML 的欄位。存取 XML 文件的欄位需要使用 query() 方法，本範例存取 XML 文件的 Title 元素，依據結構（參見圖 17-3），Title 元素位於 Project 根元素的 Study 元素之下，因此以 XPath 語法須指定為：

```
/Project/Study/Title
```

執行結果顯示如圖 17-4 所示。

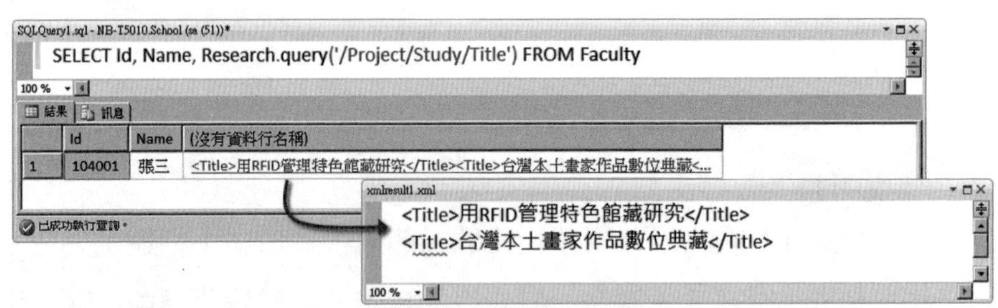

圖 17-4　SELECT 列出資料表內 XML 欄位內容之範例

例：列出 Faculty 資料表中，Resarch 欄位內的 XML 文件中，有協同主持人（具有 CoFaculty 元素）的 Title 元素。

```
SELECT Research.query ('/Project/Study/Title[count (../CoFaculty)>0]')
FROM Faculty
```

解析：本範例對於 XML 文件有一項條件：具有 CoFaculty 元素，因此使用 XPath 的索引判斷 [ ]。列出 /Project/Study/Title 元素內容時，「指標」位置在 Title 元素上，而 CoFaculty 元素與 Title 同一層，因此判斷條件透過「..」回上一層，也就是回到 Study 元素，再經由「/」下一層到 CoFaculty 元素，透過 count() 函數判斷此元素的數量是否大於 0。

第四節　XQuery 查詢語言

XQuery 是由全球資訊網聯盟（World Wide Web Consortium，W3C），以及包括微軟在內的各個主要資料庫廠商聯合設計，並於 2007 年 1 月 23 日正式被 W3C 通過並公佈 XQuery 1.0 規格建議書。XQuery 是以 XPath 路徑語言爲基礎，加上額外支援以獲取更佳的反覆運算、更好的排序結果，提供查詢結構化或半結構化 XML 資料的語言，以及建構必要 XML 的能力。簡單的比喻，XQuery 相對於 XML 的關係，等於 SQL 相對於資料庫的關係。

【說明】

W3C 發行它自己的規範（Specification），通常並不直接稱爲標準（Standard），是因爲 W3C 並不是一個政府組織。而是由全球資訊網（World Wide Web）的發明人：英國物理學家 Tim Berners-Lee 與美國麻省理工大學計算機實驗室（Laboratory for Computer

Science，LCS）、歐洲粒子物理研究中心（European Particle Physics Laboratory，法文縮寫 CERN）、美國國防部先進研究計劃管理局（Defense Advanced Research Projects Agency，DARPA）等機構，於 1994 年 10 月共同成立的「非政府機構」。由於 W3C 是全球資訊網協定的實際規範機構，所以當某一技術規範通過 W3C 而成爲建議時，便可以視爲網際網路的國際標準。W3C 公佈相關技術規範的文件分成四種不同的等級：

1. 註解（Note）：由 W3C 會員組織提交到 W3C 的技術規格，尚未成爲正式 W3C 規範之前，W3C 會先以「註解」形式發佈此一規格，提供各界討論參考。
2. 工作草案（Working draft）：工作草稿代表已經是被 W3C 考慮中的技術規格，這一階段可以說是成爲 W3C 最終建議的第一階段。
3. 候選建議（Candidate recommendation）：當某一工作草案被 W3C 接受後，該規範的技術文件即成爲候選建議書。
4. 建議（Recommendation）：當某一候選建議被 W3C 接受後，該規範即成爲 W3C 建議。之所以會使用「建議」一詞，當然一方面是因爲 W3C 並非官方機構，另一方面 W3C 並無強制要求所以業者遵循的「手段」，只能透過公開發表，建議各方業者採納使用。

XQuery 是一種類似 SQL 敘述的表示式，其語法組成包括 XPath 路徑語言、FLWOR（發音爲 flower）運算式、條件運算式和 XQuery 函數。

1. XQuery 語法規則

(1) 基本規則

- 如同 XML 的語法規則一般，XQuery 嚴格區分英文字母大小寫，通常慣例是使用小寫英文。
- XQuery 的元素、屬性以及變數必須是合法的 XML 名稱。
- XQuery 字串值需要使用單引號或雙引號標示。
- XQuery 變數由金錢符號「$」再加上一個名稱來進行定義，例如：$bookstore
- XQuery 註釋前後使用左括弧冒號「(:」和冒號右括弧「:)」標示，例如：(: XQuery 的注釋 :)

(2) 比較運算子

在 XQuery 和 XPath 使用相同的各類運算子，但 XQuery 的比較運算子分爲兩種：

- 通用值的比較：=、!=、<、<=、>、>=
- 單一值的比較：eq、ne、lt、le、gt、ge

eq（等於，equal）、ne（不等於，not equal）、lt（小於，less than）、le（小於等於）、gt（大於，great than）、ge（大於等於）比較的結果只能傳回一個值，如果成立就是 true。如果傳回的是超過一個值（例如一組元素），就會產生錯誤。

2. FLWOR 運算式

FLWOR 是 "For、Let、Where、Order by、Return" 只取首字母縮寫的意思。每個 FLWOR 運算式都有一個或多個 for 子句、選擇性的 let 子句、選擇性的 where 子句、選擇性的 order by 子句，以及 return 子句組合成 FLWOR 運算式。for 子句通過將節點指定到一個變數，以便繼續去迴圈序列中的每一個節點；let 子句為一個變數或一個值或一個序列；return 子句定義要回傳的內容；where 子句，如果其布林邏輯值為 true（眞），那麼該元素就被保留，並且它的變數會用在 return 子句中，如果其布林邏輯值為 false（假），則該元素就被捨棄。

(1) for 子句

for 子句表示使用迴圈方式，從 in 所表達的路徑逐一取出內容，指定給 in 指令前的變數，最後透過 return 回傳變數的內容。

例：參考先前建立的 Faculty 資料表，及依據圖 17-1 結構所宣告 xml 資料型態的 Research 欄位。列出教師編號（Id 欄位）為 104001 的所有研究計畫（Research 欄位）的預算金額（XML 文件的 Budget 元素）。

```
SELECT Research.query ('for $price in //Budget return $price')
FROM Faculty where Id='104001'
```

解析：for 子句執行迴圈，逐一取得 in 之後所指路徑的元素內容，也就是 //Budget 元素的內容，將該內容指定給變數 $price。變數名稱前一定要有金錢符號。指定完畢後，透過 return 將指定的 $price 內容回傳給 SELECT 子句。因而顯示執行結果為：

```
<Budget currency="NT">50000</Budget>
<Budget currency="NT">100000</Budget>>
```

例：列出 Faculty 資料表中，研究計畫預算高於 10000 元的計畫名稱與金額。

```
SELECT Research.query ('for $i in //Budget where $i>10000
    return <Price>{$i/../Title, $i}</Price> ')
FROM Faculty
```

解析：如同前一範例，使用 for 迴圈逐一處理所指路徑 //Budget 元素的內容，指定給變數 $i（此時變數 i 即等同於 <Budget> 元素），判斷其內容如果是大於 10000 則回傳結果：

「<Price>{$i/../Title, $i}</Price>」，其中 $i/../Title 是使用相對位置，表示要回傳包括 <Title> 元素，因此執行結果爲：

```
<Price>
  <Title> 用 RFID 管理特色館藏研究 </Title>
  <Budget currency="NT">50000</Budget>
</Price>
<Price>
  <Title> 台灣本土畫家作品數位典藏 </Title>
  <Budget currency="NT">100000</Budget>
</Price>
```

(2) let 子句

XQuery 指定變數的值，其前方使用 let 子句作爲前引符號，如同宣告變數並指定內容值的標示作用。因爲 let 指定的變數只需運算一次，因此當 XML 中資料量很大時，使用 let 子句可以顯著的提高性能。

例：列出 Faculty 資料表中，Research 欄位內各研究計畫的 <Title> 元素與 <Price> 元素內容，前後加上 <Price> 起始標籤與 </Price> 結束標籤。

```
SELECT Research.query('
    for $study in /Project/Study/Title
    let $price:= //Budget
    return <Price>{$study, $price}</Price>')
FROM Faculty
```

解析：本例只是簡單示範使用 let 宣告一個 $price 變數並使用冒號等於符號「:=」指定其值爲 //Butget 元素，也就是 XML 文件內所有子元素爲 Budget 的元素，使得最後回傳的結果 $price 均固定爲「所有子元素爲 Budget 的元素」內容。因此本例的執行結果爲：

```
<Price>
  <Title> 用 RFID 管理特色館藏研究 </Title>
  <Budget currency="NT">50000</Budget>
  <Budget currency="NT">100000</Budget>
</Price>
<Price>
  <Title> 台灣本土畫家作品數位典藏 </Title>
  <Budget currency="NT">50000</Budget>
  <Budget currency="NT"100000</Budget>
</Price>
```

(3) where 子句

where 子句使用條件運算式來判斷查詢結果，當判斷結果爲 true 時，才會執行 return 子句。

例：列出 Faculty 資料表中，Research 欄位內各研究計畫，有共同主持人編號（CoFaculty 元素的 id 屬性）爲 "098020" 的計畫名稱

（Title 元素）。

```
SELECT Research.query('
    for $study in /Project/Study
    where $study/CoFaculty/@id="098020"
    return $study/Title' )
FROM Faculty
```

解析：本例使用 where 判斷「有共同主持人編號爲 "098020"」，回傳「計畫名稱」。其執行結果爲：

```
<Title> 台灣本土畫家作品數位典藏 </Title>
```

如同一般條件運算式，where 子句也可以使用 and 、or 等邏輯運算子執行多個條件的判斷。

例：列出 Faculty 資料表中，Research 欄位內各研究計畫，有共同主持人編號（CoFaculty 元素的 id 屬性）爲 "098020" ，或是預算金額（Budget 元素）小於十萬的計畫名稱（Title 元素）。

```
SELECT Research.query ('
    for $study in /Project/Study
    where $study/CoFaculty/@id="098020" or ($study/Budget <100000)
    return $study/Title' )
FROM Faculty
```

解析：本例包括兩個條件：一是判斷 /Project/Study/CoFaculty 元素的 id 屬性內容爲 "098020"；另一是判斷 /Project/Budget 元素內容小於十萬。執行結果回傳 /Project/Study/Title 元素內容。其執行結果爲：

```
<Title> 用 RFID 管理特色館藏研究 </Title>
<Title> 台灣本土畫家作品數位典藏 </Title>
```

(4) order by 子句

如同 SQL 的 ORDER BY 子句，針對執行結果的資料集排序；order by 子句用於指定 XQuery 輸出的 XML 結果執行排序。

例：列出 Faculty 資料表中，各研究計畫的共同主持人資料（CoFaculty 元素），結果請依人員編號（CoFaculty 元素的 id 屬性）排序

```
SELECT Research.query('
    for $study in /Project/Study/CoFaculty
    order by $study/@id
    return $study' )
FROM Faculty
```

執行結果爲依據 CoFaculty 元素的 id 屬性內容排列：

```
<CoFaculty id="092055"> 錢六 </CoFaculty>
<CoFaculty id="095008"> 李四 </CoFaculty>
<CoFaculty id="098020"> 王老五 </CoFaculty>
```

排序結果預設爲由小到大排列。若排序的 order by 指定爲由大到小排列，則需在 order by 子句最後加上 descending 識別字：

```
SELECT Research.query('
    for $study in /Project/Study/CoFaculty
    order by $study/@id descending
    return $study' )
FROM Faculty
```

則執行結果爲：

```
<CoFaculty id="098020"> 王老五 </CoFaculty>
<CoFaculty id="095008"> 李四 </CoFaculty>
<CoFaculty id="092055"> 錢六 </CoFaculty>
```

3. XQuery 條件運算式

XQuery 支援 if-then-else 條件運算式。當 if 之後指定的條件爲 true，就執行 then 子句後的運算式；當 if 之後指定的條件爲 false 時，就執行 else 子句後的運算式

> **【說明】**
> 不要與 XQuery 的 FLWOR 運算式之 where 子句混淆：
> where 字句是用來篩選的判斷；
> if-then-else 則是處理回傳結果的內容條件。

例：列出 Faculty 資料表中，各研究計畫名稱（Title 元素）以 <Project> 起始、結束標籤包覆，若有共同主持人，則 <Project> 起始標籤以 co 屬性列出共同主持人的編號（原 CoFaculty 元素的 id 屬性）。

```
SELECT Research.query ('
   for $study in /Project/Study
   return if ($study/CoFaculty/@id !="")
     then <Project co="{data ($study/CoFaculty/@id)}">{$study/Title}</Project>
     else <Project>{$study/Title}</Project>
   ')
FROM Faculty
```

解析：執行結果加上 if-then-else 判斷。if（$study/CoFaculty/@id !=""）判斷 CoFaculty 元素的屬性是否爲空值，若是空值則回傳 then 子句的結果：

```
<Project co="{data($study/CoFaculty/@id)}">{$study/Title}</Project>
```

結果輸出字串：

<Project co=" + *使用* data() *函數取得* coFaculty *元素的* id *屬性值* + "> + Title *元素* + </Project>

判斷 CoFaculty 元素的屬性若不是爲空值，則回傳 else 子句的結果：

```
<Project>{$study/Title}</Project>
```

結果輸出字串：

<Project> + Title *元素* + </Project>

執行結果爲：

```
<Project>
  <Title> 用 RFID 管理特色館藏研究 </Title>
</Project>
<Project co="095008 098020 092055">
  <Title> 台灣本土畫家作品數位典藏 </Title>
</Project>
```

4. XQuery 函數

請參考表 17-8 至表 17-16 所列，XQuery 提供相當多針對 xml 資料類型的內建函數，包括數值、字串、節點、序列、聚合、存取等函數。

【說明】

XQuery 函數名稱空間的 URI 為 http://www.w3.org/2005/02/xpath-functions，前綴（prefix）是 fn:。函數名稱前可加上名稱空間的前綴作為標示，例如 fn:string()。不過，由於 fn: 是 XQuery 名稱空間預設的前綴，所以通常不需在函數名稱前加上前綴。

若需要在執行XQuery的query()內宣告名稱空間，使用語法為：

declare namespace 前綴 ="*URI*";

表 17-8　數值函數

名稱	語法	回傳值	說明
ceiling	ceiling(arg)	數值	傳回不含小數的最小數字
floor	floor(arg)	數值	傳回不含小數、不大於其引數值的最大數字
number	number(arg)	數值	
round	round(arg)	整數值	四捨五入

表 17-9　字串函數

名稱	語法	回傳值	說明
concat	concat(str1, $str2,⋯)	字串	銜接傳入的字串
contains	contains(str1, str2)	布林值	判斷 str1 是否包含 str2 字串
substring	substring(str, arg) substring(str,arg,leng)	字串	傳回 str 字串從 args1 值所指示的位置開始，一直到 leng 值所指示的字元數為止。
string-length	string-length() string-length(arg)	整數值	傳回字串的長度

名稱	語法	回傳值	說明
low-case	lower-case(str)	字串	將 str 字串每一字元轉換成小寫
upper-case	upper-case(str)	字串	將 str 字串每一字元轉換成大寫

例：使用字串函數的範例，將 Faculty 資料表中 xml 資料型態的 Research 欄位內容，共同計畫主持人（<CoFaculty> 元素）分別以 <lastName>、<firstName> 列出其姓名。

```
SELECT Research.query('
  for $study in /Project/Study/CoFaculty
  return
    <CoLeader>
      <lastName>{substring($study,1,1)}</lastName>
      <firstName>{substring($study,2,string-length($study)-1)}</firstName>
    </CoLeader>')
FROM Faculty
```

解析：原 <CoFaculty> 元素存放的共同作者姓名，使用字串函數 substring() 取出「自第 1 位字元且長度爲 1 個字元」做爲 <lastName> 元素的內容，取出「第 2 個字元且長度爲姓名總長度 -1 個字元」做爲 <firstName> 元素的內容。因此姓名長度爲不定字數，因此使用 string-length() 方法計算 <CoFaculty> 內容，也就是姓名資料的長度。執行結果顯示如下所示：

```
<CoLeader>
  <lastName> 李 </lastName>
  <firstName> 四 </firstName>
</CoLeader>
<CoLeader>
  <lastName> 王 </lastName>
  <firstName> 老五 </firstName>
</CoLeader>
<CoLeader>
  <lastName> 錢 </lastName>
  <firstName> 六 </firstName>
</CoLeader>
```

表 17-10 邏輯函數

名稱	語法	回傳值	說明
not	not (args)	布林值	反轉傳入項目的布林值

表 17-11 節點函數

名稱	語法	回傳值	說明
local-name	local-name() local-name (item)	字串	傳回 item 的區域部份（local part）名稱
namespace-uri	namespace-uri() namespace-uri (item)	字串	傳回在 item 中指定的 QName 名稱空間 URI

表 17-12 內容函數

名稱	語法	回傳值	說明
last	last()	整數值	傳回現在節點最後一個元素的索引值
position	position()	整數值	傳回現在節點的索引值

例：使用 last() 函數的範例，列出 Faculty 資料表中，xml 資料型態的 Research 欄位中，<CoFacult> 共同主持人元素內，第一個與最後一個共同主持人的資料。

```
SELECT Research.query('
  let $firstCo:=/Project/Study/CoFaculty[1]
  let $lastCo:=/Project/Study/CoFaculty[last()]
  return < 共同主持人 >{$firstCo, $lastCo}</ 共同主持人 >
  ')
FROM Faculty
```

為方便顯示額外增加的 < 共同主持人 > 元素，該元素以中文表示，執行結果顯示如下所示：

```
< 共同主持人 >
  <CoFaculty id="095008"> 李四 </CoFaculty>
  <CoFaculty id="092055"> 錢六 </CoFaculty>
</ 共同主持人 >
```

表 17-13　序列函數

名稱	語法	回傳值	說明
empty	empty (item)	布林值	若 item 是空序列（empty sequence）則傳回 true
distinct-values	distinct-values (items)	序列的值	移除 items 所指定序列的重複值。

表 17-14 聚合函數

名稱	語法	回傳值	說明
count	count (items)	整屬值	傳回節點的數量
avg	avg (items)	數值	傳回數字序列的平均值
min	min (items)	數值	傳回數字序列的最小值
max	max (items)	數值	傳回數字序列的最大值
sum	sum (items)	數值	傳回數字序列的總和

聚合（Aggregate）函數類似於 SQL 所提供的聚合函數功能，參考下列使用 XQuery 聚合函數的範例。

例：Faculty 資料表中，計算每筆記錄的研究計畫經費。

```
SELECT Research.query('
    let $price:= //Budget
    return <Fund> 資金來源數目：{count($price)}, 最高：{max($price)}, 最低：{min($price)}, 總計：{sum($price)}, 平均：{avg($price)}</Fund>
    ')
FROM Faculty
```

執行結果顯示如下所示：

```
<Fund> 資金來源數目 :2, 最高 :100000, 最低 :50000, 總計 :150000, 平均 :75000</Fund>
```

表 17-15 資料存取函數

名稱	語法	回傳值	說明
String	string (args)	字串	將 args 內容轉為字串
data	data (item)	資料型態	取得元素或屬性內容值
node-name	node-name (item)	字串	取得 item 所在的節點名稱

XML 文件的結構以元素爲單位，元素由起始標籤、結束標籤、內容三者組合而成，若只需資料內容，便可使用 data() 方法取得指定元素的內容。參考下列改變輸出元素的標籤名稱的範例，示範 data() 方法的使用方式。

例：列出 Faculty 資料表中，以 <Research> 元素包含計畫名稱與計畫編號，並以計畫名稱排序。

```
SELECT Research.query('
    for $study in /Project/Study
    order by $study/Title
    return <Research> 計畫名稱：{data($study/Title)}({data($study/No)})
           </Research>
    ')
FROM Faculty
```

解析：本例示範使用 date() 函數取出 <Title> 元素與 <No> 元素的內容，組合標題文字及 <Research> 起始與結束標籤。執行完成的結果爲：

```
<Research> 計畫名稱：
    台灣本土畫家作品數位典藏 (NSC 99-2631-H-128 -004)
</Research>
<Research> 計畫名稱：
    用 RFID 管理特色館藏研究 (NSC 95-2413-H-128 -001)
</Research>
```

除了 XQuery 標準所支援的函數之外，參見表 17-16 所列，SQL Server 也爲 XQuery 自訂兩個函數。因爲這是 SQL Server 自訂的函數，因此使用時必須標示名稱空間的前墜「sql:」以方便系統辨識與區別。

表 17-16 SQL Server 擴充函數

名稱	語法	回傳值	說明
sql:column	sql:column（欄位名稱）	資料表的欄位指標	在 XQuery 中指向關聯表的欄位
sql:variable	sql:variable（變數名稱）	變數內容的資料型態	在 XQuery 運算式內公開含有 SQL 關聯值的變數

一般而言 SELECT 的輸出是欄位內容的查詢結果所呈現的二維表格，XQuery 執行的結果是單一 XML 文件。若在 XQuery 敘述中需要用到資料表的欄位內容，便可以使用 sql:column() 方法取得。參考下列範例。

例：列出 Faculty 資料表中，每一項計畫資料以 <Project> 元素，其內容包含：老師姓名（Name 欄位）的 <Leader> 元素、<Title> 元素、以及 <Period> 元素。

```
SELECT Research.query('
  for $study in /Project/Study
  return <Project>
            <Leader>{sql:column("Name")}</Leader>
            {$study/Title, $study/Period}
         </Project>')
FROM Faculty
```

解析：題目要求列出的 <Title> 元素、<Period> 元素本就是 Research 欄位的 XML 文件的子元素，但 <Leader> 元素的內容則需要使用 sql:column（"Name"），表示由資料表的 Name 欄位取得。

本例的執行結果為：

```
<Project>
  <Leader> 張三 </Leader>
  <Title> 用 RFID 管理特色館藏研究 </Title>
  <Period>
    <Start>2006-05-01</Start>
    <End>2007-04-30</End>
  </Period>
</Project>
<Project>
  <Leader> 張三 </Leader>
  <Title> 台灣本土畫家作品數位典藏 </Title>
  <Period>
    <Start>2010-08-01</Start>
    <End>2012-07-31</End>
  </Period>
</Project>
```

第五節　XML 資料維護

SQL Server 提供了 XML 資料處理語言（DML），用於 xml 資料型態內容，也就是 XML 文件的新增、修改與刪除。W3C 所定義的 XQuery 語言並沒有資料庫 DML 的部份，因此 XML DML 是 SQL Server 支援 XQuery 語言的延伸。使用的方式是將下列區分大小寫的關鍵字加入到 XQuery 中：

- insert
- replace value of
- delete

再藉由 xml 資料型態的 modify() 方法執行。整體的語法格式請參見圖 17-5 所示。

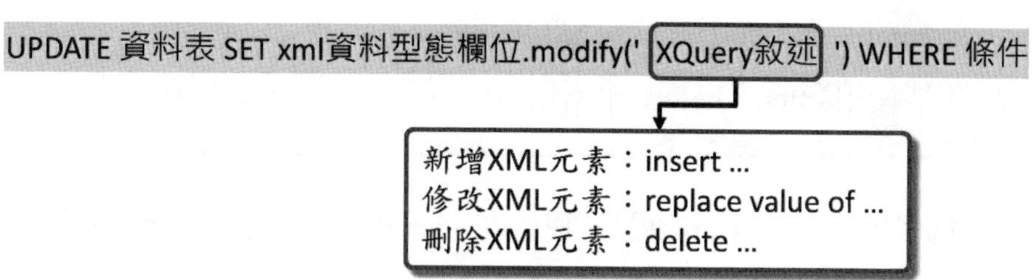
UPDATE 資料表 SET xml資料型態欄位.modify(' XQuery敘述 ') WHERE 條件
新增XML元素：insert ...
修改XML元素：replace value of ...
刪除XML元素：delete ...

圖 17-5　XML 資料維護語法格式示意圖

1. 新增 XML 元素

XML DML insert 指令提供將一個或多個節點（運算式 1）新增至其他節點（運算式 2）的子節點或同層級節點。其使用的語法為：

insert 運算式 1

　　{as first|as last} into|after|before 運算式 2

- 運算式 1：表示要新增的一個或多個節點。
- 運算式 2：表示識別（Identifies）節點，用來表指新增的位置節點。
- as first 或 as last：新增的位置是在運算式 2 的第一個節點還是最後一個節點。
- into：將運算式 1 的節點新增至運算式 2 節點的下一層，也就是新增子節點。
- after：將運算式 1 的節點新增至運算式 2 節點後面的同層級節點，也就是新增至兄弟節點之後。
- before：將運算式 1 的節點新增至運算式 2 節點後面的同層級節點，也就是新增至兄弟節點之前。

【說明】

1. 運算式 2 不可代表一個以上的節點，且必須是 XML 文件中現有節點的參考，而不是欲新增的節點。
2. 不能使用 after、before 來新增屬性。

爲了方便接下來的練習，我們在 Faculty 資料表再新增一筆資料錄：

```
INSERT INTO Faculty (Id, Name, Duty, Title, Research) VALUES
('095008',' 李四 ','2014/8/1',' 副教授 ',
'<Project>
   <Study>
      <No>NSC 102-2410-H-128 -050</No>
      <Title> 文獻知識庫分享之研究 </Title>
      <Budget currency="NT">60000</Budget>
      <Period><Start>2013-08-01</Start><End>2014-07-31</End></Period>
   </Study>
</Project>')
```

例：請於 Faculty 資料表的李四老師，其 xml 資料型態的 Research 欄位，新增如下所列元素：<CoFaculty id="99999"> 王雲五 </CoFaculty>

```
UPDATE Faculty SET Research.modify('
   insert
      <CoFaculty id="99999"> 王雲五 </CoFaculty>
   into (/Project/Study)[1]
   ')
WHERE Name=' 李四 '
```

解析：新增元素的位置節點位於 /Project/Study 元素內，因此使用 into 表示。雖新增爲 <Study> 元素的子節點。雖然本例資料只有一個 <Study> 元素，但仍須指定位置爲 1，表明目標位置是「目標是單一節點」。執行前後的資料內容如下：

執行前	執行後
<Project> <Study> <No>NSC 102-2410-H-128 -050</No> <Title> 文獻知識庫分享之研究 </Title> <Budget currency="NT">60000</Budget> <Period> <Start>2013-08-01</Start> <End>2014-07-31</End> </Period> </Study> </Project>	<Project> <Study> <No>NSC 102-2410-H-128 -050</No> <Title> 文獻知識庫分享之研究 </Title> <Budget currency="NT">60000</Budget> <Period> <Start>2013-08-01</Start> <End>2014-07-31</End> </Period> **<CoFaculty id="99999">** 王雲五 **</CoFaculty>** </Study> </Project>

接下來練習新增一個具有子元素的元素內容。

例：請於 Faculty 資料表的李四老師，其 xml 資料型態的 Research 欄位，新增如下所列元素：<Type><Mode> 人文社會 </Mode><Title> 應用研究 </Title></Type>

```
UPDATE Faculty SET Research.modify('
    insert
        <Type>
            <Mode> 人文社會 </Mode>
            <Title> 應用研究 </Title>
        </Type>
    after (/Project/Study/Period)[1]
    ')
WHERE Name=' 李四 '
```

解析：新增元素的位置節點位於 /Project/Study/Period 元素之後，因此使用 after 表示。執行前後的資料內容如下：

執行前	執行後
<Study> <No>NSC 102-2410-H-128 -050</No> <Title> 文獻知識庫分享之研究 </Title> <Budget currency="NT">60000</Budget> <Period> <Start>2013-08-01</Start> <End>2014-07-31</End> </Period> <CoFaculty id="102001"> 趙七 </CoFaculty> </Study> </Project>	<Project> <Study> <No>NSC 102-2410-H-128 -050</No> <Title> 文獻知識庫分享之研究 </Title> <Budget currency="NT">60000</Budget> <Period> <Start>2013-08-01</Start> <End>2014-07-31</End> </Period> **<Type>** **<Mode>** 人文社會 **</Mode>** **<Title>** 應用研究 **</Title>** **</Type>** <CoFaculty id="102001"> 趙七 </CoFaculty> </Study> </Project>

例：請於 Faculty 資料表的李四老師，新增第二個共同計畫主持人。

```
UPDATE Faculty SET Research.modify('
   insert
            <CoFaculty id="102002"> 陳八 </CoFaculty>
   before (/Project/Study/CoFaculty)[1]
   ')
WHERE Name=' 李四 '
```

解析：若執行使用的是 before ，表示新增的元素置於原 <CoFaculty> 元素之前，其執行結果為：

```
<CoFaculty id="102001"> 趙七 </CoFaculty>
<CoFaculty id="102002"> 陳八 </CoFaculty>
```

若執行使用的是 after ，則表示新增的元素置於原 <CoFaculty> 元素之後，其執行結果為：

```
<CoFaculty id="102002"> 陳八 </CoFaculty>
<CoFaculty id="102001"> 趙七 </CoFaculty>
```

2. 修改 XML 元素

更新 XML 文件中的節點內容值，使用的語法為：

replace value of 運算式 1 with 內容值

運算式 1：表示欲更新的單一節點，且必須是簡單型態（Simple Type）的元素。

運算式 2：表示欲更新的內容，其資料型態必須與該節點的資料型態相符合，且必須是簡單型態（Simple Type）的元素，也就是說無法直接更新含有子元素的元素內容。

例：請於 Faculty 資料表的李四老師，將最後一個共同計畫主持人姓名更改為「吳九」。

```
UPDATE Faculty SET Research.modify('
    replace value of (/Project/Study/CoFaculty)[last()]
    with " 吳九 "
    ')
WHERE Name=' 李四 '
```

執行後會將原始資料的共同主持人 <CoFaculty> 元素：

```
<CoFaculty id="102002"> 陳八 </CoFaculty>
<CoFaculty id="102001"> 趙七 </CoFaculty>
```

更新爲：

```
<CoFaculty id="102002"> 陳八 </CoFaculty>
<CoFaculty id="102001"> 吳九 </CoFaculty>
```

3. 刪除 XML 元素

刪除的指令相當單純，其使用的語法爲：

delete 運算式

運算式表示欲刪除的節點，也就是 XML 文件的元素。當有符合運算式指定的元素，該元素（包括其內的子元素）均會被刪除。

例：刪除 Faculty 資料表的李四老師，最後一個共同計畫主持人。

```
UPDATE Faculty SET Research.modify('
    delete(/Project/Study/CoFaculty[last()])
    ')
WHERE Name=' 李四 '
```

例：刪除 Faculty 資料表的張三老師，第二筆研究計畫的 <Type> 元素。

```
UPDATE Faculty SET Research.modify('
    delete(/Project/Study[2]/Type)
    ')
WHERE Name=' 張三 '
```

除了語法錯誤無法成功刪除元素資料之外，若文件是強制型態 XML 欄位，也就是有定義 XMLSchema 結構的 XML 文件，當刪除的元素是必備時，則執行 XQuery 刪除時是無法刪除該元素的。

第十八章　網頁互動程式開發

如果 SQL Server 與網站伺服器（Web Server）安裝在同一台電腦時，因為 Web Server 慣用接收 HTTP 協定需求的埠號（port）為 80，而 SQL Server 的報表服務程式（Reporting Services）也是使用埠號 80。因為個人學習的環境資源有限，常常都會將這些系統安裝在同一台電腦，因此造成許多軟體之間的衝突。一種方式是改變 Web Server 慣用的埠號（例如改成使用埠號 8080），但是會影響使用 URL 的方便性；另一種方式則是建議考慮停止報表服務程式的執行服務。

因為是系統程序，停止執行 SQL Server 的報表服務程式，請至「控制台」→「系統管理工具」→「服務」，啓動如圖 18-1 所示的本機服務視窗。

瀏覽視窗中的服務項目，找出 SQL Server Reporting Services（SQLEXPRESS）服務，滑鼠左鍵連點兩下，或右鍵→內容，啓動如圖 18-2 所示的設定對話框。先按下「停止（T）」鈕，停止此服務的執行，再將啓動類型更改為「停用」後選點「確定」鈕完成設定。

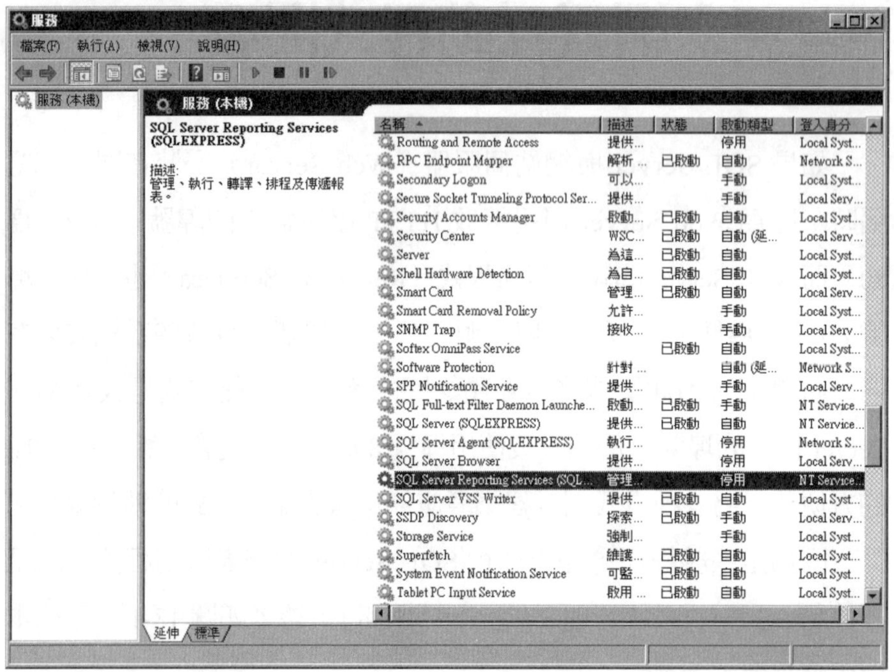

圖 18-1　視窗作業系統的「服務」視窗

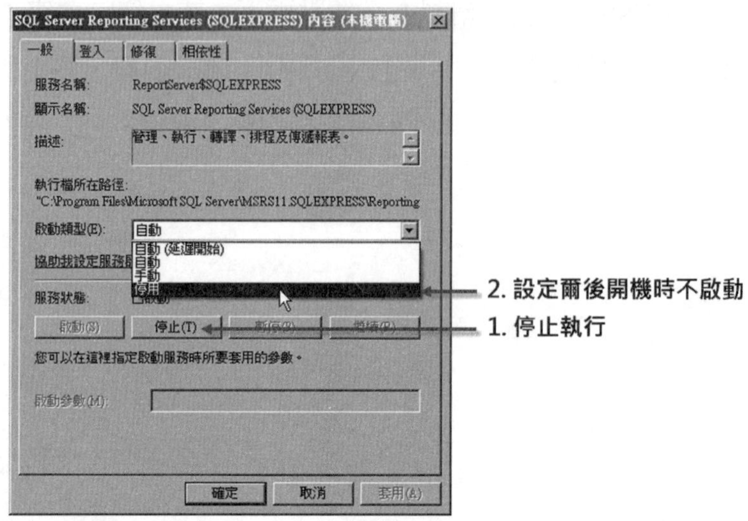

圖 18-2　設定停止 SQL Server Reporting Services（SQLEXPRESS）服務

第一節　資料庫連結驅動程式

前端應用程式與後端資料庫系統之間的溝通，除了通訊協定之外，還有兩個層面的「協定」，一是指令協定，一是連結的協定。就如瀏覽器與網站之間存在傳輸的 HTTP ，以及文件格式的 HTML 協定一樣。前端應用程式與後端資料庫系統之間的指令協定是如圖 18-3 所示的 SQL。而連結的協定，也就是負責將 SQL 敘述正確地送至後端資料庫系統的 DBMS ，並將 DBMS 執行完成的結果回傳給應用程式的「資料庫連結驅動程式」。

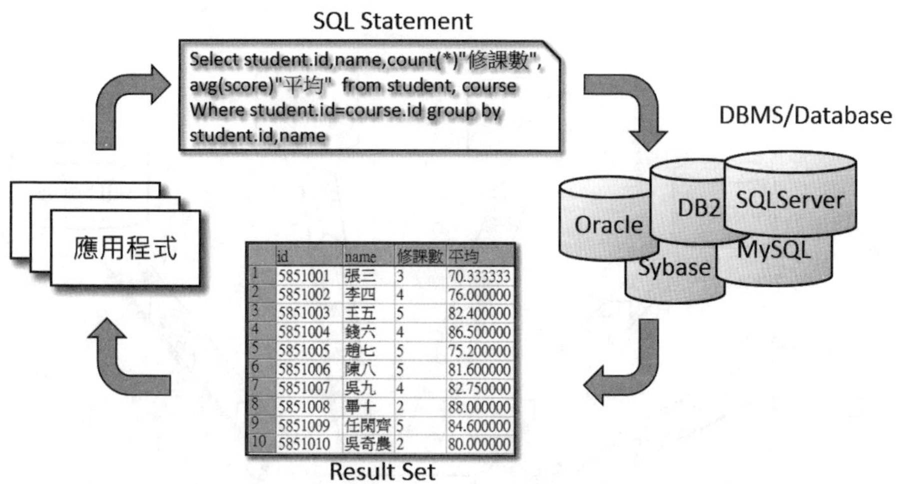

	id	name	修課數	平均
1	5851001	張三	3	70.333333
2	5851002	李四	4	76.000000
3	5851003	王五	5	82.400000
4	5851004	錢六	4	86.500000
5	5851005	趙七	5	75.200000
6	5851006	陳八	5	81.600000
7	5851007	吳九	4	82.750000
8	5851008	畢十	2	88.000000
9	5851009	任閑齊	5	84.600000
10	5851010	吳奇農	2	80.000000

圖 18-3　前端應用程式與後端資料庫系統之間使用 SQL 作為指令協定

資料庫連結驅動程式，就是前端應用程式與後端資料庫系統之間的中介軟體，透過資料庫連結驅動程式，應用程式便能夠知道資料庫系統的位址、如何登入資料庫、如何送出 SQL 敘述、如何取得回應的資料集。應用程式只要專注如何下達正確的 SQL 敘述即可。不過資料庫連結驅動程式可分爲兩類，一類是微軟公司主導的開放式資料庫連結（Open Database Connectivity，ODBC）程式；一類是廠商專爲資料庫系統量身訂做的原生驅動程式。

比較原生驅動程式與 ODBC 的優劣，使用原生的資料庫連結驅動程式，優點是效率高、完全相容資料庫提供的各種服務功能，甚至能夠針對程式語言的特性而發揮更好的效能。但是缺點卻是專屬於特定的資料庫系統，如圖 18-4 所示，對於開發通用的應用系統，必須受限於驅動程式的差異，而考量更多的轉鍵（Turn-key）功能，以便配合後端不同的資料庫系統時，能夠彈性地置換並搭配專屬的驅動程式。

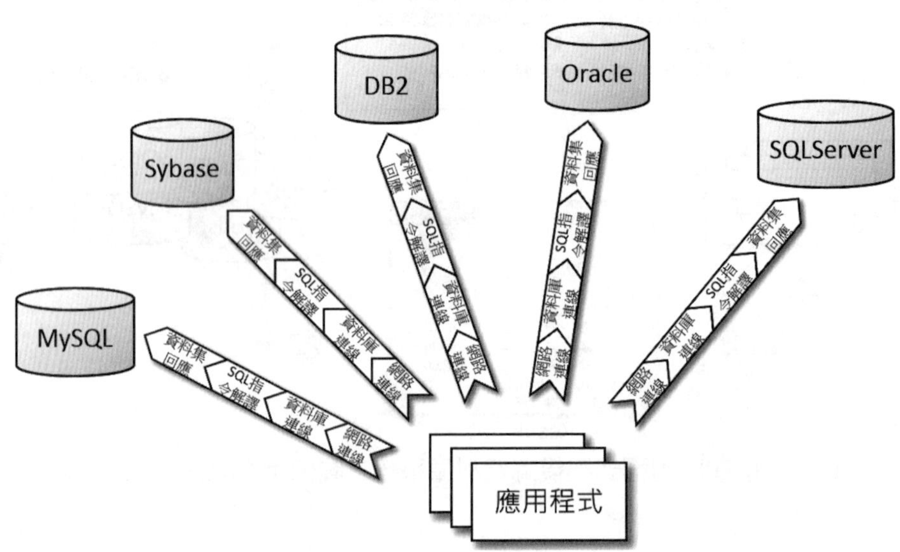

圖 18-4　應用程式使用原生驅動程式連結資料庫系統

而使用 ODBC 的優點和缺點則是與原生的資料庫連結驅動程式相反，ODBC 基於開放式的架構，如圖 18-5 所示，實現單一應用程式便可自由連結後端各種不同的資料庫系統。當更換後端的資料庫系統時，就只需要更換驅動程式，並在程式中載入新的驅動程式來源即可，程式則無需改變。但是缺點是效率較原生的連結驅動程式稍差，且部分資料庫功能會受限。

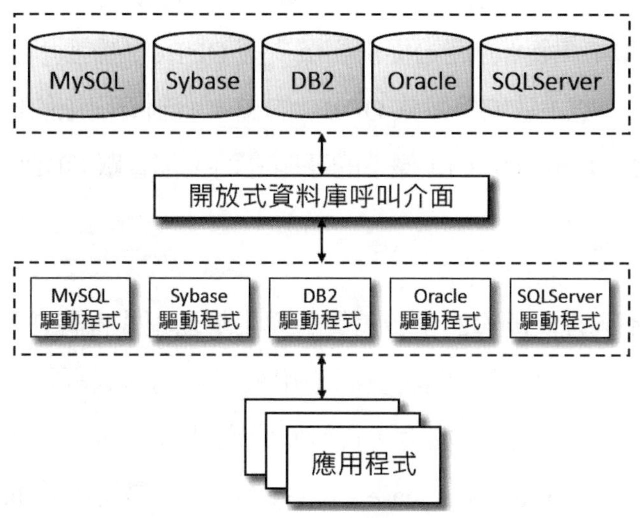

圖 18-5　應用程式使用 ODBC 驅動程式連結資料庫系統

1. ODBC

SQL 標準的制定組織同時也負責制定開放式資料庫呼叫介面：X/Open SQL/CLI（Call Level Interface），除了相容於 SQL92 標準之外，也是一個獨立於實作方法之外的 Client/Server 架構。目前主要的資料庫呼叫介面都遵從 X/OpenSQL/CLI 標準。最早在資料庫市場獲得成功應用的呼叫介面爲微軟公司於 1994 年提出的 ODBC 產品。ODBC 提供應用程式透過 ODBC 函式庫（Library）操作資料庫的各項功能，如建立連線、處理資料集回傳等，卻不需要處理資料庫系統之間的差異，因爲 ODBC 內部的驅動程式管理員會根據 ODBC 設定，呼叫對應的資料庫驅動程式。

初期只有微軟自己的資料庫產品使用 ODBC 驅動程式，且也只限於 Windows 作業系統平台才能使用。但因爲 ODBC 遵從 X/Open SQL/CLI 標準，加上微軟的資料庫產品與開發環境的工具持續增加，其他資料庫廠商亦開始提供相關支援 ODBC 的驅動程式。其實，X/Open SQL/CLI 是依據微軟 ODBC 的提案而制訂出來的標準，因此所有符合 X/Open SQL/CLI 標準的呼叫介面，都會跟 ODBC 類似。

2. JDBC

因應不同程式開發的平台差異，原生驅動程式也有許多種類，因爲 Java 是現今「用於」開發資訊應用最普遍的程式語言，因此本書主要著重在 Java 程式的環境。資料庫廠商針對 Java 所提供的原生驅動程式爲 JDBC（Java Database Connectivity），是使用於 Java 平台上連結資料庫的技術，其包含資料庫驅動程式管理、資料庫連線、連線程序管理、SQL 指令傳遞、資料庫紀錄回傳、資料庫異動管理、資料型別轉換等功能。如圖 18-6 所示，JDBC 應用的原理和 ODBC 相同，如果要替換後端的資料庫系統時，就只需要更換驅動程式，並在程式中載入新的驅動程式來源即可，Java 程式則無需改變。

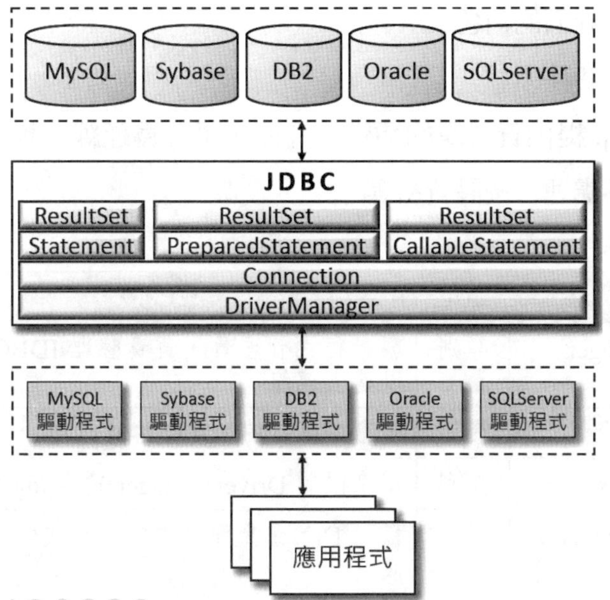

圖 18-6 應用程式使用 JDBC 驅動程式連結資料庫系統

【說明】

「程式中載入新的驅動程式」，聽起來很浩大，其實只是在 Java 程式中使用 Class.forName() 方法，指定驅動程式的名稱，就完成載入的動作。

3. JDBC 套件

JDBC 3.0 版之後的 API 包含兩個主要的資料庫套件：java.sql 和 javax.sql：

- java.sql 是 JDBC 的基礎套件，包含有完整連結資料庫的功能；
- javax.sql 在 JDBC 2.0 版時為選擇性的套件，但在 JDBC 3.0 版之後則為預設的套件，其主要包含處理伺服器端的連線與資料物件，常擔任中介介面的角色。

(1) java.sql 套件

java.sql 提供資料庫的類別或介面，可分爲連線、資料集、SQL指令、例外處理、後設資料等：

(a) 連線

元件名稱	類型	說明
DriverManager	類別	驅動程式管理員，負責管理 JDBC 驅動程式以建立連線
Driver	介面	由廠商提供的 JDBC 驅動程式
SQLPermission	類別	用來限制 DriverManager 讀寫 log 的動作
DriverPropertyInfo	類別	搭配 Driver 介面提供驅動程式連線時所需的設定
Connection	介面	管理程式與資料庫系統之間建立的邏輯連線
Savepoint	介面	提供方法已取得 Connection 所設定的儲存點

(b) 資料集

元件名稱	類型	說明
ResultSet	介面	接收資料庫回傳的資料集，並提供可以取用其資料的方法

(c) SQL 指令

元件名稱	類型	說明
Statement	介面	執行靜態的 SQL 敘述
PreparedStatement	介面	與 Statement 元件相同，但增加可處理動態 SQL 敘述的功能
CallableStatement	介面	呼叫資料庫預儲程序

(d) 例外處理

元件名稱	類型	說明
SQLException	類別	資料庫發生存錯誤時，會引發此物件
SQLWarning	類別	Connection, Statement 或 ResultSet 物件發生資料庫存取警告時，會引發此物件
DataTruncation	類別	JDBC 在進行資料讀寫時，發生資料欄位型態轉換錯誤，會引發此物件
BatchUpdateException	類別	批次更新的過程發生錯誤，會引發此物件

(e) 後設資料

後設資料（metadata）描述資料庫的綱要，如資料庫支援何種標準、交易進行方式、資料庫定義與限制條件等。

元件名稱	類型	說明
DatabaseMetaData	介面	提供資料庫與 JDBC 驅動程式的 metadata
ResultSetMetaData	介面	提供 ResultSet 元件內資料集之欄位定義
ParameterMetaData	介面	提供 PreparedStatement 元件及 CallableStatement 元件內 SQL 敘述之參數的 metadata

(2) javax.sql 套件

javax.sql 套件依其功能可分爲資料源（Data source）、連線池（Connection pool）、分散式交易（Distributed transaction）、資料列集（Row set）四大類元件：

(a) 資料源

元件名稱	類型	說明
DataSource	介面	可註冊於遠端的物件，具備資料來源的設定，負責傳回連線物件提供用户端使用

資料源元件顧名思義，就是提供資料來源的元件。在 javax.sql 套件中，可以不需透過 JDBC 驅動程式管理者建立的資料庫連線取得資料，而可以透過事先設定好的資料源取得資料。因此，Java 資料庫應用程式可以選擇透過 java.sql 套件的連線元件：DriverManager 與資料庫連線，也可以透過 DataSource 資料源元件完成相同的工作。

(b) 連線池

元件名稱	類型	說明
ConnectionPool-DataSource	介面	連線池所用的資料來源
PooledConnection	介面	連線池內所產生的連結物件，負責提供用户端與資料庫系統之間的連線
ConnectionEvent	類別	用户端連線中斷時 PooledConnection 返回給連線池管理的事件，可經由該事件取得 SQL 例外物件
Connec-tionEventListener	介面	註冊此監聽介面的物件，可以收到連線異常（主要發生在連線斷線時）的通知

(c) 分散式交易

元件名稱	類型	說明
XADataSource	介面	分散式資料源，由實作分散式交易機制的物件提供實體（instance），可自不同資料源取得資料
XAConnection	介面	提供連線物件，供用户端自分散式資料源取得資料

(d)資料列集

元件名稱	類型	說明
RowSet	介面	資料列集物件，其所提供的資料操作方式與資料集物件相似，可向資料源進行資料查詢修改等動作
RowSetListener	介面	利用 JavaBean 技術達成的監聽介面。註冊此監聽介面的物件可以收到資料列集修改的事件
RowSetEvent	類別	當資料列集變動時發出的事件物件
RowSetMetaData	介面	資料列集使用的 metadata，可以提供資料列集中欄位的個數、資料型態等資訊
RowSetInternal	介面	提供 RowSet 實作，以便使其可以使用 RowSetReader 與 RowSetWriter 的功能
RowSetReader	介面	提供資料列集物件離線讀取的功能，該物件會自行設法連線與處理斷線
RowSetWriter	介面	提供資料列集物件離線寫入的功能，該物件會自行設法連線與處理斷線

第二節　資料庫連線程式撰寫

1. 載入驅動程式

在 Java 程式中，須先將 JDBC 驅動程式的 *.jar 檔案（SQL Server 的 JDBC 驅動程式檔名爲 sqljdbc4.jar）路徑宣告在 windows 系統環境變數的 CLASS_PATH 變數內，提供 JVM 執行時可以自動搜尋到所需的類別檔，並在程式中載入驅動程式。若是開發 Web Server 端的網頁互動程式，例如使用 Tomcat 、Resin 網站伺服器，需要將 sqljdbc4.jar 驅動程式存放在 ROOT\WEB-INF 目錄的 lib 目錄（也就是「程式館」）內。

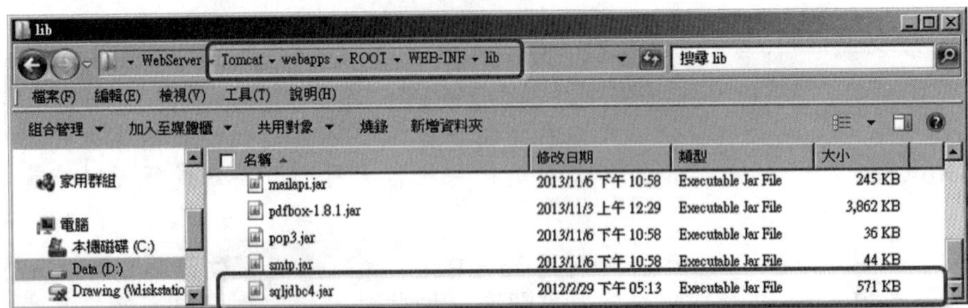

圖 18-7　SQL Server JDBC 驅動程式檔案須放置在 TOMCAT 網站伺服器的程式館目錄內

【說明】

如果你發現網路提供有 sqljdbc.jar 與 sqljdbc4.jar 兩個不同名稱的檔案。它們的差異是：

- sqljdbc.jar：此套件是支援 JDBC 3.0 ，用於 Java Runtime Environment (JRE)5.0 版。
- sqljdbc4.jar：此套件是支援 JDBC 3.0 ，用於 JRE6.0 以上版本。

基本上來講，本書出版時 JRE 的版本已經是 8.0，所以通常應該都是使用 sqljdbc4.jar。

檔案可至微軟官方網站免費下載取得：

http://www.microsoft.com/zh-tw/download/details.aspx?id=11774

(1) 使用 ODBC 連結資料庫系統，通常採用的是 JDBC-ODBC 橋接的驅動程式（Bridge driver），Java 官方提供的驅動程式名稱爲：

sun.jdbc.odbc.JdbcOdbcDriver

(2) 使用 JDBC 連結資料庫系統，大多數資料庫系統廠商的驅動程式均會遵循 Java 套件與程式命名的原則，依據如下的命名方式：

com. 廠商名稱 .jdbc.Driver

例如：

- Oracle 驅動程式名稱為：oracle.jdbc.driver.OracleDriver
- MySQL 驅動程式名稱為：com.mysql.jdbc.Driver
- SQL Server 驅動程式名稱為：com.microsoft.sqlserver.jdbc.SQLServerDriver

在程式中載入驅動程式的方式為使用 Class 類別的 forName() 靜態方法，並在傳入的參數指定驅動程式的名稱，就完成載入的動作。執行回傳的結果是一個類別，其作用是要求 JVM 找尋並載入指定的類別。Java 程式以 JDBC 連結 ODBC 的語法範例為：

```
Class.forName("sun.jdbc.odbc.JdbcOdbcDriver");
```

而使用 SQL Server JDBC 的語法範例為：

```
try{
   Class.forName("com.microsoft.sqlserver.jdbc.SQLServerDriver");
}catch(ClassNotFoundException e){
   System.out.println(" 找不到驅動程式類別 ");
}
```

如果找不到 com.microsoft.sqlserver.jdbc.SQLServerDriver 類別，就會丟出 ClassNotFoundException ，這時請確定的 CLASSPATH 中 sqljdbc4.jar 的位置是否設定正確。

2. 建立資料庫連線

執行 DriverManager 類別的 getConnection（urlString）靜態方法。當根據 urlString 參數正確連線至指定的資料庫，則會回傳 Connection 物件，若 Connection 物件無法建立，則拋出 SQLException 例外。

DriverManager 類別包括下列多載（Overloading）的 getConnection() 靜態方法：

getConnection(String url)
getConnection(String url, java.util.Properties info)
getConnection(String url, String user, String password)

參考下列 Java 程式是使用 JDBC-ODBC 橋接驅動程式連結 SQL Server 資料庫連結的程式範例：

(1) 透過「資料連結 ODBC」連結設定的名稱（本例為「MSSQL」

```
Connection con=DriverManager.getConnection("jdbc:odbc:MSSQL"," 帳號 "," 密碼 ");
```

【說明】

如果使用此種「資料連結 ODBC」連結設定的方式，必須在 Windows 作業系統啟動「ODBC 資料來源管理員」設定相關連結的參數。

(2) 直接指定 URI 的方式透過 JDBC 連結資料庫

```
Connection con=
DriverManager.getConnection("jdbc:sqlserver://localhost:1433;databaseName= 資料庫名稱 ",
" 帳號 "," 密碼 ");
```

當 SQL Server 安裝在程式相同的電腦時，可以直接使用「localhost」表示本機。若是需要連結遠端的資料庫系統，可直接改用其 IP 位址。位址之後冒號「:」所接的 1433 是指伺服器端接受使用端 SQL 命令的服務程式（通稱爲 Listener）所在的埠號（Port number）。SQL Server 服務程式慣用的埠號是 1433。接著 database Name 變數指定的是要使用的「資料庫名稱」。「帳號」與「密碼」是指該資料庫登入所設定之帳號與密碼，若未設定則保持空值。

3. 建立 SQL 敘述物件

SQL 敘述的介面包括三種：執行靜態 SQL 敘述的 Statement、執行動態 SQL 敘述的 PreparedStatement、執行預儲程序的 CallableStatement。Java 程式中依據 SQL 敘述的特性，執行 Connection 物件的 createStatement() 方法、prepareStatement() 方法、prepareCall() 方法，即可回傳上述三種介面之物件。

(1) Statement 介面

Statement 主要用於執行靜態的 SQL 敘述，也就是在執行 executeQuery()、executeUpdate() 等方法時，指定內容固定不變的 SQL 語句字串，每一句 SQL 只適用於當時的執行。程式語法：

Statement 物件名稱 = Connection 物件 .createStatement();

參考下列片段的範例程式：

```
Statement st;
try {
    st = con.createStatement();
} catch (SQLException e) {
    System.out.println (e.getMessage());
}
ResultSet rs = stmt.executeQuery ("SELECT * FROM student WHERE ID = '5851001'");
```

透過 createStatement() 下達 SQL 的 SELECT 敘述，回傳的結果如果需要移動指標（例如要撰寫一個能夠做到上一頁、下一頁 … 等移動查詢結果的「檢索畫面」），就必須要使用 createStatement 另一個多載的方法。此多載的方法可傳入兩個參數，參數的功能分別如表 18-1、表 18-2 所列。

表 18-1　createStatement 方法傳入第一個參數之功能說明

參數值	說明
ResultSet.RTYPE_FORWORD_ONLY	預設值，指標只可向前移動
ResultSet.TYPE_SCROLL_INSENSITIVE	指標可雙向移動，但不及時更新，就是如果資料庫裡的資料修改過，並不在 ResultSet 中反應出來。
ResultSet.TYPE_SCROLL_SENSITIVE	指標雙向移動，並及時跟隨資料庫的更新，以便更改 ResultSet 中的資料。

表 18-2　createStatement 方法傳入第二個參數之功能說明

參數值	說明
ResultSet.CONCUR_READ_ONLY	預設值，指定不可以更新 ResultSet
ResultSet.CONCUR_UPDATABLE	指定可以更新 ResultSet

例如，查詢 STUDENT 學生資料表姓名資料，如果要取得查詢結果之資料集物件 ResultSeet 內的記錄數目（註：第一個參數不能用預設值，否則便不能使用 last() ，first() 等方法），可以參考下列片段的範例程式：

```
Statement stmt=
con.createStatement(ResultSet.TYPE_SCROLL_INSENSITIVE,
                    ResultSet.CONCUR_READ_ONLY);
ResultSet rs = stmt.executeQuery("select name from student");
rs.last();
int n= rs.getRow();
rs.first();
```

- 程式先透過名稱爲 con 的 Connection 物件，執行其 createStatement() 方法，並傳入參數，執行後會回傳一個 Statement 物件，指定其名稱爲 stmt。
- 執行此名稱爲 stmt 的 Statement 物件，並指定其參數爲查詢 STUDENT 學生資料表，執行後傳回的 ResultSet 資料集物件，指定其名稱爲 rs。
- 執行此名稱爲 rs 之 ResultSet 資料集物件的 last() 方法，將資料集的指標移到最後一筆資料錄的位置。
- 執行此名稱爲 rs 之 ResultSet 資料集物件的 getRow() 方法，得到指標所在列（row）（也就是資料錄）的位址值，因為先前已將指標移至最後一筆，因此此位址值就等於資料錄的筆數。

- 最後再執行此名稱為 rs 之 ResultSet 資料集物件的 first() 方法，將指標移回到第一筆資料錄的位置，以便接下來逐一讀取。

【說明】

不帶參數使用預設值時：

createStatement()

等同於

createStatement(ResultSet.TYPE_FORWARD_ONLY，
ResultSet.CONCUR_READ_ONLY)

(2) PreparedStatement 介面

Statement 主要是用於執行靜態的 SQL 陳述，也就是在執行 executeQuery() 、executeUpdate() 等方法時，使用的是固定不變的 SQL 敘述。但是有時執行的 SQL 敘述，只是 SQL 敘述當中某些參數有所不同，其餘的 SQL 子句皆相同，或是需要先輸入 SQL 敘述，但其中的某些參數值接續才會輸入，這時就比較適合使用 PreparedStatement 來執行 SQL 敘述。程式語法：

PreparedStatement 物件名稱 = Connection 物件 .prepareStatement(SQL 敘述);

使用 Connection 的 preparedStatement() 方法建立一個預先編譯（precompile）的 SQL 語句，當中會變動的參數部份，先指定問號 "?" 這個佔位字元，例如：

```
PreparedStatement pst =
  con.prepareStatement("INSERT INTO student VALUES(?, ?, ?, ?, ?)");
```

再使用 setInt() 、setString() 等方法，將參數指定給每一個欄位，例如：

```
pst.setString(1, "5852999");
pst.setString(2, " 張三 ");
pst.setString(3, " 新北市五股區 ");
pst.setString(4, "1990/1/5");  //SQL Server 日期是以 String 型態輸入處理
pst.setString(5, "M");
pst.executeUpdate(); // 執行
pst.clearParameters();
```

setXXX() 方法的第一個參數指定 "?" 佔位字元的位置（XXX 表示資料型態名稱），而第二個參數是取代該佔位字元的值，使用 setXXX() 來設定的參數會一直保存，如果要清除輸入的參數內容，可以執行 clearParameters() 方法。

(3) CallableStatement 介面

CallableStatement 是用於執行 SQL 預儲程序的介面。程式語法：

CallableStatement 物件名稱 = Connection 物件 .prepareCall("{call *預儲程序名稱 (參數 ,*…)}");

例如下列範例程式，執行資料庫內名稱為 find_customer 的預儲程序，該程序需要兩個參數：

```
CallableStatement cst = con.prepareCall("{call find_customer[?, ?]}");
try{
    cst.setString(1, 1);
    cst.registerOutParameter(2, Types.REAL);
    cst.execute();
    float sales = cst.getFloat(2);
}catch(SQLException e){
    System.out.println (e.getMessage());
}
```

4. SQL 操作與執行

Statement 介面用來處理 SQL 敘述操作與執行的方法，依據「有回應資料集」的 SELECT 選取資料，或是「無回應資料集」的 UPDATE 、DELETE 等處理資料的差異，提供下列三種執行 SQL 敘述的方法：

(1) executeQuery（***SQL 敘述***）

executeQuery() 方法用於選取資料（SELECT 命令）的 SQL 查詢敘述，傳回值為 ResultSet 物件，經由查詢資料表所獲得的結果，也就是資料集，均存放於該 ResultSet 物件內。參考下列片段的程式範例

【程式】

```
ResultSet rs=st.executeQuery("select * from student");
```

(2) executeUpdate（*SQL 敘述*）

executeUpdate() 方法用於「無回應資料集」處理資料，包括：DML 之 update 、delete 指令；DDL 之 create 、alter 、drop 等命令的 SQL 敘述，傳回值爲 int 型態的數值，表示處理的筆數。參考下列片段的程式範例

【程式】

```
int cnt=st.executeUpdate("delete from student");
```

(3) execute（*SQL 敘述*）

execute() 方法可以執行任何 SQL 敘述，傳回值爲布林（boolean）。true 表示執行查詢，可以經由 Statement 取得查詢結果。false 表示執行新增或修改，可以經由 Statement 取得更新筆數。而在執行後，都可以使用 getResultSet() 方法來取得 ResultSet 資料集物件。使用時，如果需要讓使用者自行下 SQL 敘述，就可以使用 execute() 方法撰寫。參考下列片段的程式範例

【程式】

```
String sql="select * from student";
boolean  rtn=st.execute(sql);
ResultSet  rs=stmt.getResultSet();
```

5. 處理回傳結果或資料集物件

當執行的 SQL 是 SELECT 敘述時，就會有一執行結果的資料集（沒有資料是空集合，也是個集合）。因此，在 Java 程式中，經由查詢資料表所獲得的結果，均會存放於 ResultSet 資料集物件內，其具備的方法包括：

(1) 指標方法

每一個 ResultSet 物件，皆有一個指標（cursor）用來指向目前資料的列（row）。指標最初會指在第一筆列的前面（beforeFirst），使用 next() 方法將指標往下一筆移動，執行後回傳值如果是 true 表示指標正確指到下一筆；如果回傳值是 false ，則表示已經到資料最後一筆，指標無法往下一筆移動。除了 next() 方法，ResultSet 物件還有許多如表 18-3 所列控制指標的方法。

表 18-3　ResultSet 控制指標的方法

方法	回傳值型態	說明
relative (int rows)	boolean	將指標移動 rows 所指定的數目。正數表示往後移動，負數表示往前移動
next()	boolean	將指標向後移動一筆。如果指標已經移至最後一筆，將回回傳 false
previous()	boolean	將指標向前移動一筆。如果指標已經移至最前一筆，將回回傳 false
first()	boolean	將指標移至第一筆資料
last()	boolean	將指標移至最後一筆資料
beforeFirst()	boolean	將指標移至第一筆資料之前，此時讀取 ResultSet 物件的資料會是 null
afterLast()	boolean	將指標移至最後一筆資料之後，此時讀取 ResultSet 物件的資料會是 null
getRow()	int	取得目前指標所在的列數
isBeforeFirst()	boolean	判斷指標是否在第一筆之前
isAfterLast()	boolean	判斷指標是否在最後一筆之後
isFirst()	boolean	判斷指標是否在第一筆
isLast()	boolean	判斷指標是否在最後一筆

(2) 取得欄位內容方法

如果需要取出 ResultSet 資料集物件內各筆紀錄（也就是指標所在的資料列）的欄位內容，需要使用 ResultSet 所提供如表 18-4 所列的 getXXX() 方法來取得指標所在資料列的欄位值，方法需要傳入一個參數，用來指定資料的欄位名稱，或是直接使用索引值。例如：SELECT id, address, name FROM STUDENT 這一個 SQL 敘述，執行得到的資料集會依據 SELECT 後所列的欄位次序指定索引值，第一個 id 欄位索引值即為 1、但二個 address 欄位索引值即為 2... 餘此類推。

表 18-4 ResultSet 取得資料欄位的方法

方法	回傳值型態	說明
getInt (int 欄位索引)	int	取得指標所指資料列（記錄）的整數型態的欄位值
getInt (String 欄位名稱)	int	
getString (int 欄位索引)	String	取得指標所指資料列的字串型態的欄位值
getString (String 欄位名稱)	String	
getFloat (int 欄位索引)	float	取得指標所指資料列的數字型態的欄位值
getFloat (String 欄位名稱)	float	取得指標所指資料列的數字型態的欄位值
getDate (int 欄位索引)	Date	取得指標所指資料列的日期型態的欄位值 DateTime 型態的資料亦是使用此方法取得
getDate (String 欄位名稱)	Date	
getTime (int 欄位索引)	Time	取得指標所指資料列的時間型態的欄位值
getTime (String 欄位名稱)	Time	

參考下列片段的程式範例：

```
ResultSet rs = st.executeQuery("SELECT * FROM course");
while (rs.next()) {
    System.out.println(" 學號 " + rs.getString(1));
    System.out.println(" 姓名 " + rs.getString(2));
    System.out.println(" 成績 " + rs.getInt(3));
}
```

- 執行名稱為 st 的 Statement 物件的 executeQuery() 方法，將 SQL 敘述「SELECT * FROM course」送至 DBMS 執行後，將傳回的 ResultSet 資料集物件，指定其名稱為 rs。
- 因為資料集的資料可能不止一列，因此使用 while 迴圈逐一執行 rs 物件的 next() 方法，如果執行回傳值為 true 表示正確移到下一筆紀錄，否則就結束 while 迴圈。
- 在迴圈範圍內，執行 rs 物件的 getString(1) 方法，取得索引值 1 的欄位內容、getString(2) 方法，取得索引值 1 的欄位內容，因為索引值 3 是整數欄位，因此使用 getInt() 方法。

使用索引值的方式，比較適合在沒有欄位名稱的清況下，如圖 18-8 所示，第一個 SELECT 敘述的欄位有運算的情況，其結果就不會有欄位名稱；但第二個 SELECT 敘述有在運算的欄位加上標籤（label），因此執行結果欄位會有標籤所指定的名稱。

```
SELECT Student.id, name, count(*), avg(score) FROM Student, Course
        WHERE Student.id=Course.id GROUP BY Student.id, name

SELECT Student.id, name, count(*)" 修課數 ", avg(score)" 平均 "
        FROM Student, Course
        WHERE Student.id=Course.id GROUP BY Student.id, name
```

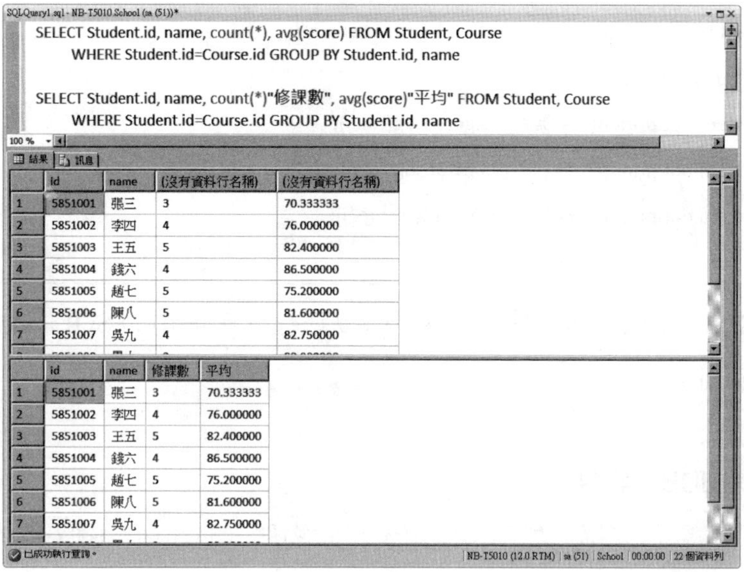

SQLQuery1.sql - NB-T5010.School (sa (51))*

```
SELECT Student.id, name, count(*), avg(score) FROM Student, Course
    WHERE Student.id=Course.id GROUP BY Student.id, name

SELECT Student.id, name, count(*)"修課數", avg(score)"平均" FROM Student, Course
    WHERE Student.id=Course.id GROUP BY Student.id, name
```

100 % 結果 訊息

	id	name	(沒有資料行名稱)	(沒有資料行名稱)
1	5851001	張三	3	70.333333
2	5851002	李四	4	76.000000
3	5851003	王五	5	82.400000
4	5851004	錢六	4	86.500000
5	5851005	趙七	5	75.200000
6	5851006	陳八	5	81.600000
7	5851007	吳九	4	82.750000

	id	name	修課數	平均
1	5851001	張三	3	70.333333
2	5851002	李四	4	76.000000
3	5851003	王五	5	82.400000
4	5851004	錢六	4	86.500000
5	5851005	趙七	5	75.200000
6	5851006	陳八	5	81.600000
7	5851007	吳九	4	82.750000

已成功執行查詢。 NB-T5010 (12.0 RTM) | sa (51) | School | 00:00:00 | 22 個資料列

圖 18-8　SQL 的 SELECT 敘述有運算時，其結果不會有欄位名稱

不過，通常不建議 getXXX() 方法使用索引值的方式取得欄位內容，因爲考量資料表的欄位可會修改（例如使用 ALTER 命令增加了欄位），或是改變了查詢的 SELECT 敘述，都可能造成索引值並非對應到原先的欄位，如果後續的程式沒有跟著修改，就有可能取錯資料。因此比較建議使用「指定欄位名稱」的方式。如果 SELECT 敘述有運算的情況，可以使用圖中第二個 SELECT 敘述指定輸出欄位標籤的方式給予欄位名稱。如果是使用「指定欄位名稱」的方式，則上述範例程式可以改成以下的寫法：

```
ResultSet rs = st.executeQuery("SELECT * FROM course");
while (rs.next()) {
    System.out.println(" 學號 " + rs.getString("id"));
    System.out.println(" 姓名 " + rs.getString("subject"));
    System.out.println(" 成績 " + rs.getInt("score"));
}
```

註：SQL Server 預設不分小寫，所以在程式中使用的 SQL 敘述一樣適用。

6. 關閉 JDBC 物件

程式執行完畢，如不再使用資料庫物件，必須執行關閉程式中所產生的資料庫物件，如：Connection、Statement、PreparedStatement、ResultSet... 等物件，以釋放占用之連線與記憶體空間。關閉物件的方式是呼叫各物件的 close() 方法，即可關閉並釋放記憶體空間。參考下列片段的程式範例：

```
rs.close(); // 關閉名稱爲 rs 的 ResultSet 物件
st.close(); // 關閉名稱爲 st 的 Statement 物件
con.close(); // 關閉名稱爲 con 的 Connection 物件
```

關閉的次序依據建置（create）的從屬原則，建置先有 Connection「連線」物件，才能建置 Statement 或 PreparedStatement「敘述」物件，有了敘述物件才能在執行 SELECT 敘述後得到 ResultSet「資料集」物件。因此關閉的順序就是先關閉「資料集」物件，其次「敘述」物件，最後「連線」物件。

7. 小結

依據前述資料庫連結與存取資料錄的過程，程式的撰寫可參考下列範例程式：

```
// 步驟 1：載入資料庫驅動程式
    Class.forName("com.microsoft.sqlserver.jdbc.SQL Server Driver");
// 步驟 2：連結資料庫
    Connection  con = DriverManager.getConnection ("jdbc:Sqlserver://localhost:1433;
                                           databaseName=" 名稱 "," 帳號 "," 密碼 ");
// 步驟 3：產生傳送 SQL 敘述的物件
    Statement st = con.createStatement();
// 步驟 4：執行 SQL 敘述
    String sql= "SELECT * FROM course";
    ResultSet rs = st.executeQuery(sql);
// 步驟 5：逐一取得資料
    while (rs.next()) {
         System.out.println(" 學號 " + rs.getString(1));
         System.out.println(" 姓名 " + rs.getString(2));
         System.out.println(" 成績 " + rs.getInt(3));   }
// 步驟 6：關閉物件
    rs.close();
    st.close();
    con.close();
```

而完整的資料庫連線程式撰寫所需使用的物件，以及各物件的執行方法，則可歸納如圖 18-9 所示的流程。

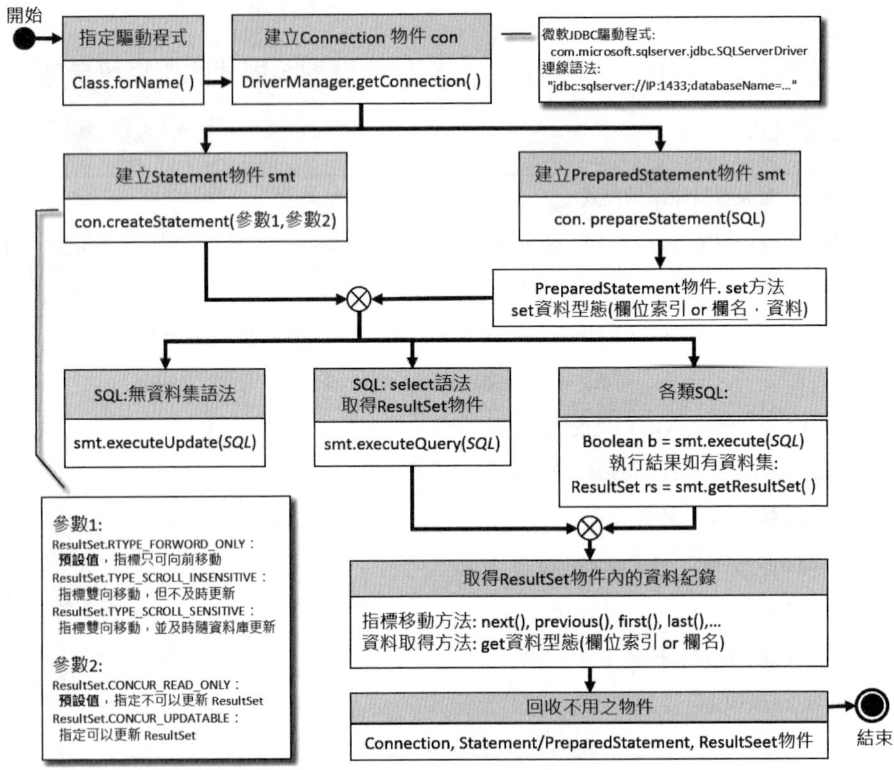

圖 18-9　資料庫物件與執行方法之流程

實際撰寫一些存取資料庫內容的練習程式，並不難熟悉這些物件與方法的使用，再加上先前學習的 SQL 語法，網頁互動程式存取後端資料庫的應用網站開發的基礎就能達成了。

【說明】

應用網站的開發就如一般應用系統的開發一樣，程式能力與技巧雖然重要，但了解商務模式才是最重要的事項，因為系統最終是要給使用者使用的，能不能符合使用者的使用行為模式、能不能滿足使用者作業上的需求、能不能有效達成資訊管理的要求（資料的安全、互通、延展、交換）在在都不輸於程式技巧的重要性。

不過話說回來，能寫得出規劃的功能才是眞的，不然都是紙上談兵。所以我們還是繼續來練習一些資料庫存取的程式，熟練這些物件與方法吧！

練習 1：取得 Student 資料表的內容，並以 HTML 表格形式呈現在網頁上

【程式】

檔名：student.jsp

```
<html>
    <head>
        <%@ page contentType="text/html;charset=Big5" import="java.sql.*" %>
    </head>
    <body>
        <%
            try{
                Class.forName("sun.jdbc.odbc.JdbcOdbcDriver");
                Connection con=
DriverManager.getConnection("jdbc:sqlserver://localhost:1433;databaseName=school" ,
"shu","shu");
                Statement st = con.createStatement();
                ResultSet rs = st.executeQuery("select * from student");
        %>
    <center><table border="1">
```

```
    <tr><th> 學號 </th><th> 姓名 </th><th> 地址 </th><th> 生日 </th><th> 性別 </th></tr>
  <%
      while (rs.next() ){
          out.println("<tr><td>"+rs.getObject("id")+"</td>"); // 學號
          out.println("<td>"+rs.getObject("name")+"</td>");  // 姓名
          out.println("<td>"+rs.getObject("address")+"</td>");// 地址
          out.println("<td>"+rs.getObject("birth")+"</td>");  // 生日
          out.println("<td>"+rs.getObject("gender")+"</td></tr>");// 性別
      }
      rs.close();
      st.close();
      con.close();
    }catch(Exception e){
      out.println(e.getMessage() );
    }
    %>
  </table></center>
  </body>
</html>
```

- 記得開發網站的互動程式，必須先啓動網站伺服器（步驟請參見【附錄 D】）
- 存檔檔名爲 student.jsp ，儲存於「網站伺服器（Resin 或 Tomcat）的主目錄 \webapps\Root\」內
- 網頁表格使用的是 <table> 元素，其 border 屬性可指定表格線條的寬度。元素內使用 <th> 子元素作爲標題、<tr> 元素產生列、每一列之內使用 <td> 元素放置欄位的內容。

- 本範例程式使用 JDBC-ODBC 橋接驅動程式連結資料庫。
- 使用資料庫相關介面、類別建立物件，必須在 import 引入 java.sql.* 套件。
- 連結方式使用直接指定 URI 的方式，資料庫名稱為 school。筆者電腦安裝的資料庫系統在「安全性」的「登入」有設定 school 資料庫的帳號為 shu 、密碼也是 shu ，因此必須指定正確的帳號與密碼。如果您的資料庫沒有設定使用者帳號，則此處便不需要指定。
- 執行的結果如圖 18-10 所示。

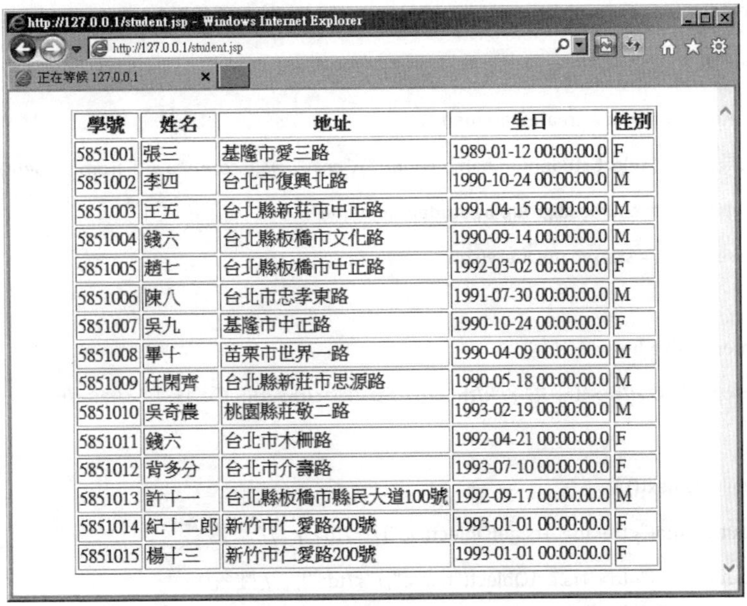
http://127.0.0.1/student.jsp - Windows Internet Explorer
http://127.0.0.1/student.jsp
正在等候 127.0.0.1

學號	姓名	地址	生日	性別
5851001	張三	基隆市愛三路	1989-01-12 00:00:00.0	F
5851002	李四	台北市復興北路	1990-10-24 00:00:00.0	M
5851003	王五	台北縣新莊市中正路	1991-04-15 00:00:00.0	M
5851004	錢六	台北縣板橋市文化路	1990-09-14 00:00:00.0	M
5851005	趙七	台北縣板橋市中正路	1992-03-02 00:00:00.0	F
5851006	陳八	台北市忠孝東路	1991-07-30 00:00:00.0	M
5851007	吳九	基隆市中正路	1990-10-24 00:00:00.0	F
5851008	畢十	苗栗市世界一路	1990-04-09 00:00:00.0	M
5851009	任閑齊	台北縣新莊市思源路	1990-05-18 00:00:00.0	M
5851010	吳奇農	桃園縣莊敬二路	1993-02-19 00:00:00.0	M
5851011	錢六	台北市木柵路	1992-04-21 00:00:00.0	F
5851012	背多分	台北市介壽路	1993-07-10 00:00:00.0	F
5851013	許十一	台北縣板橋市縣民大道100號	1992-09-17 00:00:00.0	M
5851014	紀十二郎	新竹市仁愛路200號	1993-01-01 00:00:00.0	F
5851015	楊十三	新竹市仁愛路200號	1993-01-01 00:00:00.0	F

圖 18-10　取得資料庫學生資料表的程式執行結果

練習 2：列出 Student 資料表內，各學生的學號、姓名、修課數目與平均成績，並以 HTML 表格形式呈現在網頁上

【程式】方式 1：使用 **ResultSet** 物件 **.getObject**（**欄位名稱**）以指定欄位名稱的方式取得資料集內容

檔名：std_score_1.jsp

```
<html>
<%@ page contentType="text/html;charset=Big5" import="java.sql.*" %>
<%
    try{
     Class.forName("sun.jdbc.odbc.JdbcOdbcDriver");
     Connection con=
DriverManager.getConnection("jdbc:sqlserver://localhost:1433;databaseName=school"
,"shu","shu");
     Statement st = con.createStatement();
     String sql= "select student.id,name,count(*)\"cnt\", avg(score)\"avg\" from student,course
where student.id=course.id group by student.id,name";
     ResultSet rs = st.executeQuery(sql);
%>
  <center><table border="1">
   <tr><th> 學號 </th><th> 姓名 </th><th> 修課數 </th><th> 平均分數 </th></tr>
<%
     while (rs.next() ){
      out.println("<tr><td>"+rs.getObject("id")+"</td>");  // 學號
      out.println("<td>"+rs.getObject("name")+"</td>");  // 姓名
      out.println("<td>"+rs.getObject("cnt")+"</td>");    // 修課數
      out.println("<td>"+rs.getObject("avg")+"</td>");   // 平均分數
     }
     rs.close();
     st.close();
```

```
        con.close();
      }catch(Exception e){
        out.println(e.getMessage() );
      }
%>
</table>
</html>
```

- 程式檔案儲存於網站伺服器（Resin 或 Tomcat）的主目錄 \webapps\Root\ 內
- 因爲 SQL 之 SELECT 敘述的欄位有運算的情況，其結果就不會有欄位名稱。因此程式中的 SELECT 敘述需要在運算的欄位指定期標籤名稱「cnt」與「avg」，以供後續程式依據該名稱讀取其內容。但是 SQL 敘述使用的雙引號「"」在 Java 程式中作爲字串前後的標示符號，因此在「字串內」必須使用溢出字元「\"」，標記該雙引號爲資料，而不是字串的標示符號。
- 執行 SQL 後獲得名稱爲 rs 的 ResultSet 資料集物件，執行其 getObject() 方法，「參數以指定欄位名稱的方式」取得資料集內容。

【程式】方式 2：使用 **ResultSet** 物件 **.getObject**（**欄位名稱**）依據索引值的次序，逐一取取得資料集內容

檔名：std_score_2.jsp

```
<html>
<%@ page contentType="text/html;charset=Big5" import="java.sql.*" %>
<%
  try{
    Class.forName("sun.jdbc.odbc.JdbcOdbcDriver");
    Connection con=
DriverManager.getConnection("jdbc:sqlserver://localhost:1433;databaseName=school"
,"shu","shu");

    Statement st = con.createStatement();
    String sql= "select student.id,name,count(*), avg(score) from student,course
                where student.id=course.id group by student.id,name";

    ResultSet rs = st.executeQuery(sql);
%>
    <center><table border="1">
    <tr><th> 學號 </th><th> 姓名 </th><th> 修課數 </th><th> 平均分數 </th></tr>
<%
    while (rs.next() ){
      out.println("<tr><td>"+rs.getObject(1)+"</td>");  // 學號
      out.println("<td>"+rs.getObject(2)+"</td>");     // 姓名
      out.println("<td>"+rs.getObject(3)+"</td>");     // 修課數
      out.println("<td>"+rs.getObject(4)+"</td>");     // 平均分數
    }
    rs.close();
    st.close();
    con.close();
  }catch(Exception e){
    out.println(e.getMessage() );
  }
%>
</table>
</html>
```

- 因爲此程式在執行 SQL 後獲得名稱爲 rs 的 ResultSet 資料集物件，執行其 getObject() 方法，參數以指定索引值的方式取得資料集內容。所以縱使 SQL 之 SELECT 敘述執行的結果沒有欄位名稱，也可以透過索引值取得各個欄位的內容。
- 執行結果如圖 18-11 所示。

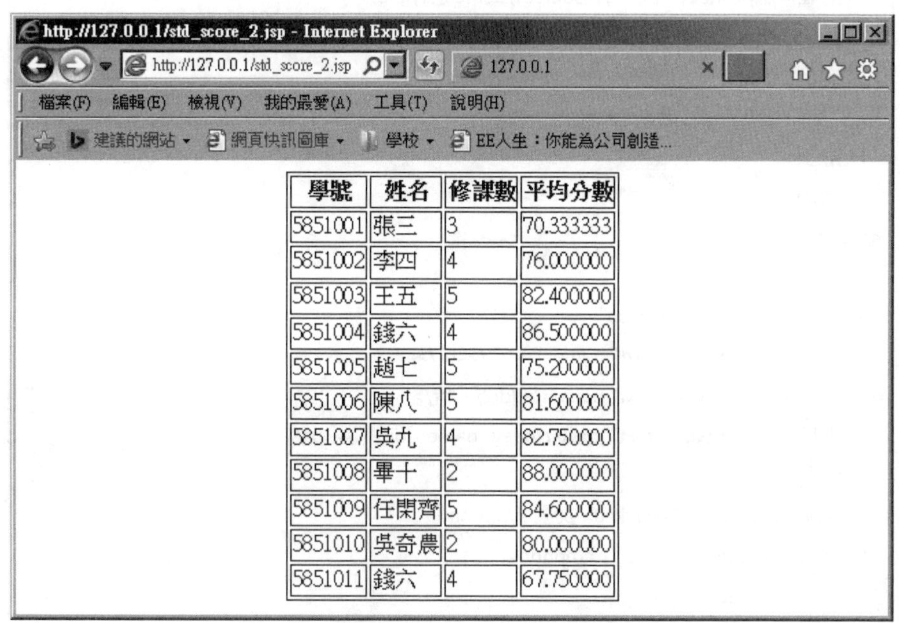

學號	姓名	修課數	平均分數
5851001	張三	3	70.333333
5851002	李四	4	76.000000
5851003	王五	5	82.400000
5851004	錢六	4	86.500000
5851005	趙七	5	75.200000
5851006	陳八	5	81.600000
5851007	吳九	4	82.750000
5851008	畢十	2	88.000000
5851009	任閑齊	5	84.600000
5851010	吳奇農	2	80.000000
5851011	錢六	4	67.750000

圖 18-11　取得資料庫學生修課成績資料的程式執行結果

練習 3：學生資料的建檔程式。先撰寫一個網頁，輸入學生資料之後，按下「確認」鈕，執行 std_insert.jsp 程式，將資料新增至資料庫的 STUDENT 學生資料表。

【網頁】

檔名：std_insert.html

```
<html>
<head>
  <link rel="stylesheet" href="http://code.jquery.com/ui/1.10.3/themes/smoothness/jquery-ui.css" />
  <script src="http://code.jquery.com/jquery-1.9.1.js"></script>
  <script src="http://code.jquery.com/ui/1.10.3/jquery-ui.js"></script>
  <link rel="stylesheet" href="/resources/demos/style.css" />
  <script>
    $(function() {
      $( "#birthday" ).datepicker();
    });
  </script>
</head>
<body>
  <form action="std_insert.jsp">
    學號：<input type="text" name="sno" /><br/>
    地址：<input type="text" name="addr"/><br/>
    生日：<input type="text" id="birthday" name="birth"/><br/>
    性別：<select>
     <option value="F" checked> 女生 </option>
     <option value="M"> 男生 </option>
          </select>
    <input type="submit" value=" 確認 "/><input type="reset" value=" 清除 "/>
  </form>
</body>
</html>
```

- 存檔檔名爲 std_insert.html ，儲存於網站伺服器（Resin 或 Tomcat）的主目錄 \webapps\Root\ 內
- 因爲避免使用者在「生日」欄位輸入非日期格式，因此本範例加了

一段萬年曆方式選擇日期。使用的是連結到 jquery 網站上面的程式路徑（也可以直接去這個路徑把檔案下載到你的網頁資料夾內）。參考網址：http://jqueryui.com/demos/datepicker/

- 「性別」欄位則是透過選單，提供使用者只有男生（輸入值為 "M"）、女生（輸入值為 "F"）兩種選擇。

【程式】

檔名：std_insert.jsp

```
<html>
 <head>
   <%@ page contentType="text/html;charset=Big5"
import="java.sql.*, java.text.SimpleDateFormat" %>
 </head>
 <body>
  <%
    String id=request.getParameter("sno");
    String name=request.getParameter("name");
    String addr=request.getParameter("addr");
    String birth=request.getParameter("birth");
    String gender=request.getParameter("gender");
   // 設定日期格式
    SimpleDateFormat sdf = new SimpleDateFormat("MM/dd/yyyy");
    // 進行轉換
    java.util.Date dt = sdf.parse(birth);
   Date sdt=new Date( dt.getDate());
    try{
       Class.forName("sun.jdbc.odbc.JdbcOdbcDriver");
```

```
        Connection con=DriverManager.getConnection(
"jdbc:sqlserver://localhost:1433;databaseName=school" ,"shu","shu");
        PreparedStatement pst = con.prepareStatement("insert into student values (?,?,?,?,?)" );
        pst.setString(1, id);
        pst.setString(2, name);
        pst.setString(3, addr);
        pst.setDate(4, sdt);  //SQL Server 日期是以 String 型態輸入處理
        pst.setString(5, gender);
        // 執行
        if (pst.executeUpdate()==1)
            out.print(" 資料新增完畢 !!");
        // 清除資料
        pst.close();
        con.close();
    }catch(Exception e){
        out.println(e.getMessage() );
    }
  %>
 </body>
</html>
```

- 存檔檔名爲 std_insert.jsp ，儲存於網站伺服器（Resin 或 Tomcat）的主目錄 \webapps\Root\ 內。
- 程式先使用 request 物件的 getParameter() 依序讀取網頁輸入的資料。
- 因爲網頁均以字串方式傳遞資料，因此讀取的「生日」資料必須轉換爲日期格式。由於執行資料庫處理的物件使用的是 java.sql.Data 類別型態的物件，而通常使用的是 java.util.Date 的日期類別。因此

轉換上稍微複雜些：

(a) 建立 SimpleDateFormat 物件，並配合網頁輸入的日期格式，指定為 "MM/dd/yyyy"

(b) 將網頁輸入的「生日」字串，建構成 java.util.Date 日期類別的物件，也就是轉換成日期格式。

(c) 建構 java.sql.Date 的物件，因為指引元素 page 已經「有宣告 import java.sql.*」，所以建構的 std 物件就是 java.sql.Date 日期類別。將 java.util.Date 類別的 dt 物件執行其 getDate() 方法，取得日期資訊傳遞給 java.sql.Date 的建構元的輸入參數。

- 使用 PreparedStatement 物件建立一個預先編譯（precompile）SQL 的INSERT敘述，當中要輸入的欄位值，以佔位字元：問號"?"表示。
- 使用 setXXX() 方法，依序將欄位內容傳入取代佔位字元。
- 如果執行 INSERT 敘述新增學生資料成功（回傳值代表異動的資料錄數量，「1」代表新增成功一筆），便顯示「資料新增完畢 !!」。否則如有任何無法輸入成功的狀況，例如：資料已存在、欄位內容格式不符、超過允許長度 ... 等，executeUpdate() 方法會拋出例外，並被程式中的 try...catch 程序攔截，並顯示無法新增成功的原因。
- 執行結果如圖 18-12 所示。

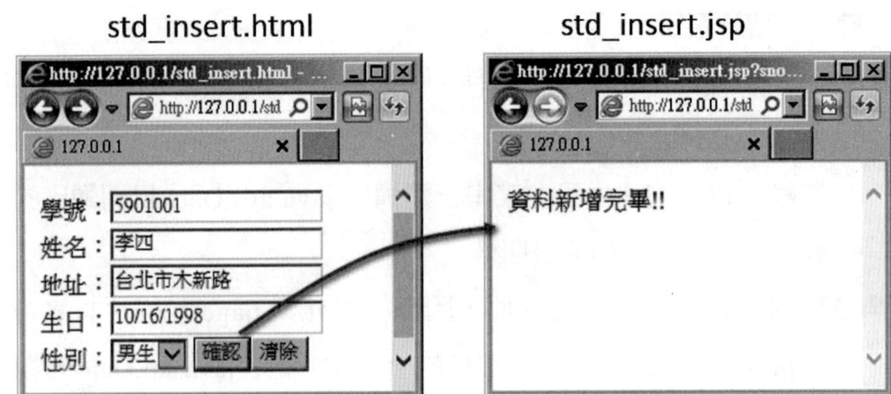

圖 18-12　學生資料新增範例執行結果

註：這個範例沒有加太多檢查，例如在網頁輸入學生的資料，應該要能檢查欄位是否有輸入，或是立即反映學號是否已經重複存在資料庫的學生資料表。不過這些需要透過 JavaScript 甚至還要加上 AJAX ，這部分可以作爲延伸學習的目標，但是並不涵蓋在本書介紹的範圍。

練習 4：輸入帳號與密碼，並執行驗證。

學習了 Java 程式存取資料庫內容的相關物件與方法，接著撰寫如圖 18-13 所示的驗證程式：verify.jsp。程式中將使用者於 login.jsp 網頁輸入的帳號與密碼，於 verify.jsp 程式中，使用 CUSTOMER 資料表判斷輸入的帳號是否存在與密碼是否正確，登入作業的畫面流程圖可參考如圖 18-14 所示。

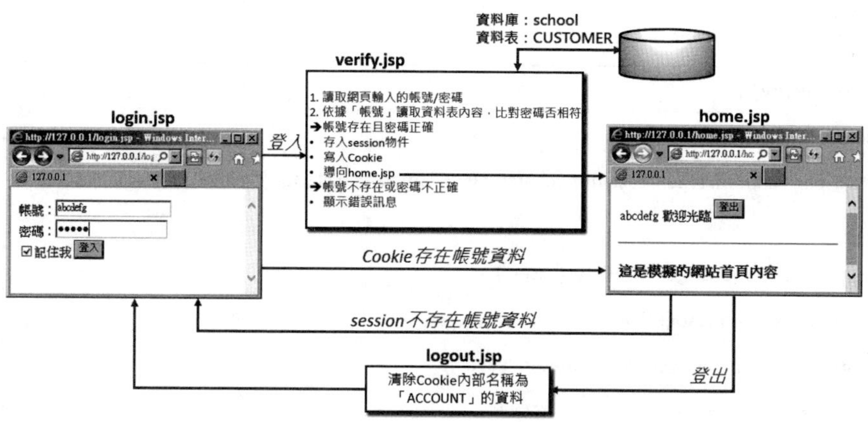

圖 18-13 登入作業的畫面與流程

資料表的內容如圖 18-14 所示，school 資料庫內的 CUSTOMER 資料表的 ID 欄位作爲帳號判斷的依據，PASSWORD 欄位則做爲密碼檢查的依據：

SQLQuery1.sql - NB-T5010.School (sa (51))*

```
SELECT * FROM Customer
```

	ID	NAME	PASSWORD	BIRTH	ZIP	ADDR	TEL	GENDER
1	C01	張三	c011	1962-03-12 00:00:00.000		台北市南京東路100號	23939889	1
2	C02	李四	c022	1971-12-23 00:00:00.000		台北市忠孝東路一段200號	NULL	1
3	C03	王五	c033	1975-01-30 00:00:00.000		台北市復興南路二段300號	21688888	1
4	C04	張三	c044	1968-07-17 00:00:00.000		台北市吉林路一段100巷400號	25858168	1
5	C05	趙七	c055	1965-08-22 00:00:00.000		台北縣新莊市中正路510號	NULL	1
6	C06	陳八	c066	1973-10-10 00:00:00.000		台北縣新莊市中正路100號	21234567	1

已成功執行查詢。 NB-T5010 (12.0 RTM) | sa (51) | School | 00:00:00 | 6 個資料列

圖 18-14 CUSTOMER 資料表內容

存取資料庫的資料表判斷帳號與密碼是否正確的 verify.jsp 程式碼如下：

【程式】

檔名：verify.jsp

```
<html>
<%@ page contentType="text/html;charset=Big5" import="java.sql.*" %>
<%
  String id = request.getParameter("user");
  String pwd=request.getParameter("pwd");
  String remain= request.getParameter("keep");
  Connection con=null;
  try{
    Class.forName("sun.jdbc.odbc.JdbcOdbcDriver");
    con=DriverManager.getConnection(
"jdbc:sqlserver://localhost:1433;databaseName=school" ,"shu","shu");
  }catch(Exception e){
      out.println(" 無法連結資料庫 ");
  }
  PreparedStatement pst = con.prepareStatement("select * from customer where id=?");
  pst.setString(1,id);
  ResultSet rs= pst.executeQuery();
  if ( rs.next() ){ //將指標移到第一筆紀錄，實際也應該只有一筆紀錄
    String realPwd=rs.getString("password"); //取出資料錄的密碼欄位內容
    if (realPwd.equals(pwd) ){
      //帳號與密碼正確
      session.setAttribute("ID",id);
      //設定 Cookie
      if ( remain !=null ){
        Cookie ck = new Cookie("ACCOUNT", id);
        ck.setMaxAge(99999); //設一個大數，儲存久久
```

```
          response.addCookie(ck);
        }
        // 導向首頁
        response.sendRedirect("home.jsp");
      }
    }
%>
帳號或密碼錯誤 !!
</html>
```

其餘 login.jsp、home.jsp、logout.jsp 的程式碼表列如下：

檔名：login.jsp

```
<html>
<%@ page contentType="text/html;charset=Big5" %>
<%
   // 先判斷 Cookie 是否已有登入的使用者紀錄
   Cookie[] cks = request.getCookies();
   if (cks !=null){
     boolean flagCookie=false;  //true 表示有登入帳號
     for (int i=0; i<cks.length; i++){
        if (cks[i].getName().equals("ACCOUNT")){
              flagCookie=true;
              session.setAttribute("ID",cks[i].getValue() );
              break;
        }
     }

     if ( flagCookie )
```

```
            // 已經有登入紀錄，直接導向至首頁
            response.sendRedirect("home.jsp");
        }
%>
    <form action="verify.jsp" method="post" >
        帳號：<input type="text" name="user" /><br/>
        密碼：<input type="password" name="pwd" /><br/>
        <input type="checkbox" name="keep" value="YES" /> 記住我
        <input type="submit" value=" 登入 " />
    </form>
</html>
```

```
檔名：home.jsp
<html>
<%@ page contentType="text/html;charset=Big5" %>
<%
    String id = (String)session.getAttribute("ID");
    if ( id == null)
        // 尚未登入，直接進入網頁頁面
        response.sendRedirect("login.jsp");
    else{
        out.print("<table>");
        out.print("<tr><td>"+ id+" 歡迎光臨 </td>");
%>
    <td>
        <form action="logout.jsp">
            <input type="submit" value=" 登出 " />
        </form>
```

```
  </td></table>
  <hr/>
  <h3> 這是模擬的網站首頁內容 </h3>
<%
  }
%>
</html>
```

檔名：logout.jsp

```
<%@ page contentType="text/html;charset=Big5" %>
<%
   // 清除 Cookie 之帳號資料
   Cookie ck = new Cookie("ACCOUNT",null);
   ck.setMaxAge(0); // 指定存活 0 秒
   response.addCookie(ck);
   // 清除 session 之帳號資料
   session.removeAttribute("ID");
   // 回到登入畫面
   response.sendRedirect("login.jsp");
%>
```

第三節　連線池

不知有沒有發現，前一節練習的程式，每當要使用資料庫時，都要經過：載入資料庫驅動程式名稱、建立連結、產生傳送 SQL 敘述之物件，如果執行的是 SELECT 命令，還要有取得回應的資料集物件，最後再逐一關閉個使用的物件。每次執行 SQL 的目的可能不同，可能是要 SELECT 資料，也可能是要新增、或是修改資料，也可能程式中執行多筆不同的SQL敘述，因此處理的SQL物件就不可省略。但是每次都要連結資料庫的過程卻是一樣，因此可以考慮使用預先建立資料庫連結的連線池（Connection pool ，或稱連接池）降低連線、切斷連線過程所花費的網路負荷與處理時間。

1. 連線池

連線池是容許客戶端共享一組快取的連線物件，這些物件提供對資料庫資源的存取。如先前介紹之資料庫連線模式，如圖 18-15 所示，對每個客戶端的請求，都要進行擷取和釋放資料庫連線的作業，也就是說，每個程式實體均會占用一個資料庫通道（session）。但是採連線池的方式，則是將連線的通道預先建立，如圖 18-16 所示，提供所有程式共用這些預先建立的資料庫通道。連線池的服務通常是由實作 Java J2EE 規格的應用程式伺服器提供，例如：Resin 的 JSP 容器已經實作 JDBC 的資料來源介面，而且支援連線池（Connection Pool）的功能。

【說明】

連線池的服務，就像圖書館的借閱服務一樣：

讀者需要圖書時就向圖書館借閱，不用時則歸還。當圖書在架上時，讀者就可以借閱，如果圖書不夠借閱，就多買些複本放在架上，以滿足多位讀者都要借書的需求。

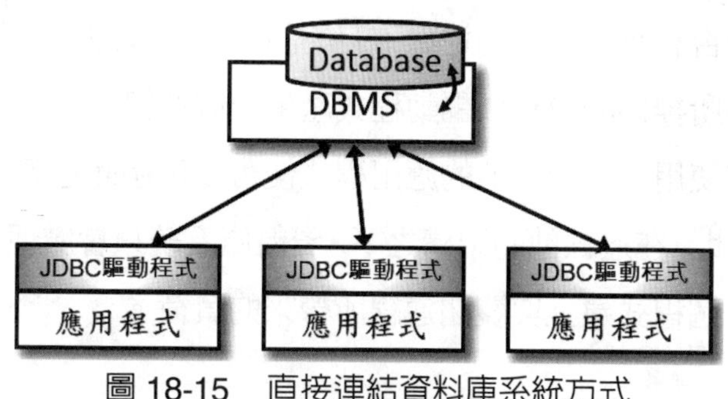

圖 18-15　直接連結資料庫系統方式

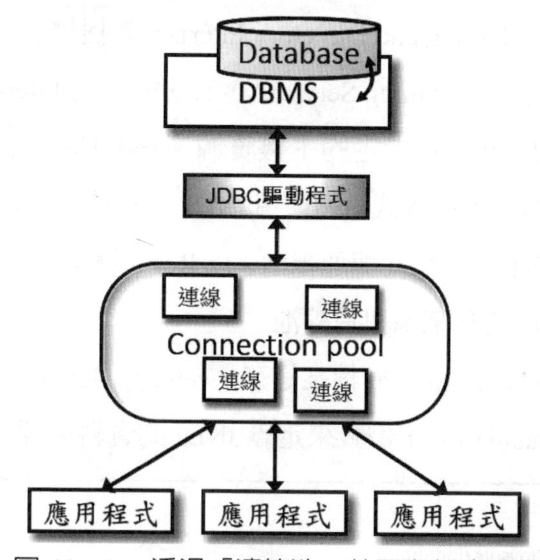

圖 18-16　透過「連線池」共用資料庫連線

在直接連線的情況下，同時上線的人數越多，資料庫系統的負荷越大，尤其有些連線只是執行一些簡單的 SQL 敘述便結束，而建立與關閉連線對資料庫系統而言，均需要記憶體空間與 CPU 的處理時間。而連線池的架構是透過建立一組持續的資料庫系統連結來服務所有需要使用資料庫資料的應用程式。若有應用程式需要連結某個資料庫，便可以向連線池提出一個連線的請求，連線池會接到 " 請求 " 之後，檢查是否有有建立好的連線，有的話則回傳該連線，若無便會像資料庫廠商所提供的 JDBC 驅動程式產生一個連線，再回傳給應用程式，以供其使用。之後其他的應用程式便可以透過此連線對資料庫進行運作。因此，在連線池的架構之下，資料庫系統只會處理一組連結，簡化了每一個程式建立與關閉連線所帶來的負荷。

2. JDNI

JNDI（Java Naming and Directory Interface）提供 Java 應用程式所需資源的命名服務（Naming Service），其功能如同 Internet 的 DNS，使用網域名稱即可找到指定的主機資源。JNDI 可以先定義資源的 JNDI 名稱，在 Java 應用程式只需使用 JNDI 名稱即可取得所需的資源。

在 JSP 程式使用 JNDI 與連線池 - 以 Resin 網站伺服器為例：

(1) 定義 JNDI 的資料來源與連線池

在 web.xml 或 resin.conf 檔案是在 <web-app-default> 或 <web-app> 標籤下使用 <database> 子標籤來定義 JNDI 的資料來源與連線池：

```
<database>
  <jndi-name>jdbc/mysql</jndi-name>
  <driver type="org.gjt.mm.mysql.Driver">
    <url>jdbc:mysql://localhost:3306/test</url>
    <user></user>
    <password></password>
  </driver>
  <prepared-statement-cache-size>8</prepared-statement-cache-size>
  <max-connections>20</max-connections>
  <max-idle-time>30s</max-idle-time>
</database>
```

(2) 取得 JNDI 定義的資料庫連結

在 JSP 程式在 JSP 程式取得 JNDI 定義的資料庫連結前，需要匯入一些套件，如下所示：

```
<%@  page import="java.sql.*, javax.sql.*, javax.naming.*" %>
```

JSP 程式使用 InitialContext 物件的 lookup() 方法找尋 JNDI 名稱，其搜尋路徑為 java:comp/env，如下所示：

```
Context env=(Context) new InitialContext().lookup("java:comp/env");
DataSource ds = (DataSource) env.lookup("jdbc/mysql");
```

在找到 JNDI 名稱後，即可使用下列語法取得資料庫連結：

```
Connection dbCon = ds.getConnection();
```

3. Java Bean

我們練習使用 JavaBean 自行開發一組 Connection Pool 程式的套件，提供日後所有要連線資料庫的程式使用。JavaBean 是一個可重覆使用且跨平台的套件，所以非常適合用來開發這一項需求。JavaBean 的介紹在【附錄 D】的「動作元素」已做了基本的說明與練習，在此不再重複贅述，只提醒下列 JavaBean 的撰寫要領：

- 須宣告為 public 類別的 java 程式；
- 所有屬性必須宣告為 private；
- 必須有一個無傳入參數的建構子（constructor）；
- 設定或取得屬性時必須使用 setXXX() 和 getXXX() 的方法。

應用 Java Bean 建立連線池的應用，參考 ConnBean.java 與 PoolBean.java 類別程式的內容：

檔名：ConnBean.java

```
package myBean;
import java.io.*;
import java.sql.*;
public class ConnBean
 {
 private Connection conn = null;
 private boolean inuse = false;
 public ConnBean(){ }
 public ConnBean(Connection con){
  if (con!=null) conn = con;
 }
 public Connection getConnection(){
  return conn;
 }
 public void setConnection(Connection con){
  conn = con;
 }
   public void setConnection(String strConn){
      try{
       Class.forName("sun.jdbc.odbc.JdbcOdbcDriver");
       conn =DriverManager.getConnection(strConn);
      }catch(Exception e){     System.out.println(e.toString());  }
   }
 public void setInuse(boolean inuse){
  this.inuse = inuse;
 }
 public boolean getInuse(){
```

```
   return inuse;
  }
  public boolean inUse(){
   return inuse;
  }
  public void close(){
   try{
    conn.close();
   }catch (SQLException sqle){
    System.err.println(sqle.getMessage());
   }
  }
}
```

【程式說明】

- ConnBean.java 宣告的屬性包括：
  - (a) Conn 屬性是 Connection 類別的物件，表示對於指定之資料庫的連結。
  - (b) inuse 屬性是布林邏輯的變數，使用者開始向連線池要求一個連結時，inuse 爲 true 表示此連線池爲是使用中的連結；當使用者請求結束後，歸還該連線池以供其他使用者使用時，inuse 則爲 false。
- ConnBean.java 宣告的方法與其目的：
  - (a) ConnBean()　建立一個空白的 ConnBean 物件的建構元。
  - (b) ConnBean(con)　使用傳入的 con 物件，指定 conn 爲該 Connection 物件。

(c) getConn()　　傳回一個連結物件 conn。

(d) setInuse(inuse)　　設定 inuse 屬性，指示是否為使用中。

(e) getInuse()　　取得 inuse 屬性的值，若值為 true 表示使用中，false 則否。

(f) close()　　關閉 conn 物件。

檔名：PoolBean.java

```
//==================== PoolBean.java ======================
package myBean;
import java.io.*;
import java.sql.*;
import java.util.*;
public class PoolBean
 {
 private String driver = null;
 private String url = null;
 private int size = 0;
 private String username = "";
 private String password = "";
 private ConnBean connBean=null;
 private Vector pool = null;
 public PoolBean(){ }
 public void setDriver(String d){
  if (d!=null) driver=d;
 }
 public String getDriver(){
  return driver;
```

```
}
public void setURL(String u){
 if (u!=null) url=u;
}
public String getURL(){
 return url;
}
public void setSize(int s){
 if (s>1) size=s;
}
public int getSize(){
 return size;
}
public void setUserName(String un){
 if (un!=null) username=un;
}
public String getUserName(){
 return username;
}
public void setPassword(String pw){
 if (pw!=null) password=pw;
}
public String getPassword(){
 return password;
}
public void setConnBean(ConnBean cb){
 if (cb!=null) connBean=cb;
}
```

```
public ConnBean getConnBean() throws Exception{
 Connection con = getConnection();
 ConnBean cb = new ConnBean(con);
 cb.setInuse(true);
 return cb;
}
private Connection createConnection() throws Exception{
 Connection con = null;
 con = DriverManager.getConnection(url,username,password);
 return con;
}
public synchronized void initializePool() throws Exception{
 if (driver==null)
  throw new Exception(" 沒提供驅動程式名稱 !");
 if (url==null)
  throw new Exception(" 沒提供 URL!");
 if (size<1)
  throw new Exception(" 連結池大小小於一 !");
 try{
  Class.forName(driver);
  System.out.println(" 建立連接池：");
  System.out.println(" 驅動程式名稱 ="+driver);
  System.out.println("url="+url);
  for (int i=0; i<size; i++){
   System.out.println(" 建立第 "+i+" 個 Connection 物件 ");
   Connection con = createConnection();
   if (con!=null){
    ConnBean connBean = new ConnBean(con);
```

```
      addConnection(connBean);
     }
    }
   }catch(Exception e){
    System.err.println(e.getMessage());
    throw new Exception(e.getMessage());
   }
  }
  private void addConnection(ConnBean connBean){
   if (pool==null) pool=new Vector(size);
   pool.addElement(connBean);
  }
  public synchronized void releaseConnection(Connection con){
   for (int i=0; i<pool.size(); i++){
    ConnBean connBean = (ConnBean)pool.elementAt(i);
    if (connBean.getConnection()==con){
     System.err.println("\t 釋放第 " + i + " 個 Connection 物件 ");
     connBean.setInuse(false);
     break;
    }
   }
  }
  public synchronized Connection getConnection()
  throws Exception{
   ConnBean connBean = null;
   for (int i=0; i<pool.size(); i++){
       System.out.println("\t 取得第 "+i+" 個 Connection 物件 ");
    connBean = (ConnBean)pool.elementAt(i);
```

```
    if (connBean.getInuse()==false){
      connBean.setInuse(true);
      Connection con = connBean.getConnection();
      return con;
    }
  }try{
    Connection con = createConnection();
    connBean = new ConnBean(con);
    connBean.setInuse(true);
    pool.addElement(connBean);
  }catch(Exception e){
    System.err.println(e.getMessage());
    throw new Exception(e.getMessage());
  }
  return connBean.getConnection();
}
public synchronized void emptyPool(){
  for (int i=0; i<pool.size(); i++){
    System.err.println(" 關閉第 " + i + " JDBC 連結 ");
    ConnBean connBean = (ConnBean)pool.elementAt(i);
    if (connBean.getInuse()==false)
      connBean.close();
    else{
      try{
        java.lang.Thread.sleep(20000);
        connBean.close();
      }catch(InterruptedException ie){
        System.err.println(ie.getMessage());
```

```
      }
    }
  }
 }
}
```

使用 JavaBean 時，JSP 程式需要使用動作元素的 <jsp:useBean> 標籤宣告欲使用的 Java Bean 物件，例如宣告物件名稱爲 pool 、使用範圍爲整個網站、使用的類別爲 myBean 套件的 PoolBean：

<jsp:useBean id="pool" scope="application" class="myBean.PoolBean"/>

在最初執行時必須先確認 pool 物件是否已經建立好連線池的 Connection 物件，如果沒有，必須先執行資料庫連結的相關程序，並建立系統預計所需的連結數量，也就是連線池內所準備的資料庫連結物件的數量。

```
Connection con=null;
try{
  if (pool.getDriver()==null){
    pool.setDriver("com.microsoft.sqlserver.jdbc.SQLServerDriver");
    pool.setURL("jdbc:sqlserver:// 網址 :1433;databaseName= 資料庫名稱 ");
    pool.setUserName(" 資料庫登入帳號 ");
    pool.setPassword(" 資料庫帳號之密碼 ");
    pool.setSize(10); // 設定連線池大小
    pool.initializePool();
  }
}catch(Exception e){ out.println(e.getMessage());}
```

各網頁需要連線資料庫時，就可以隨時向 pool 物件「借用」這些連線池的物件，用後再歸還，再供其他網頁使用。

練習：使用連線池方式，列出各學生學號、姓名、修課數目與平均成績

【程式】

檔名：poolTest.jsp

```
<html>
<head>
    <%@ page import="java.util.*, java.sql.*, myBean.*" contentType="text/html;charset=Big5"
%>
    <jsp:useBean id="pool" scope="application" class="myBean.PoolBean"/>
</head>
<body>
    <%
    Connection con=null;
    try{
        // 測試是否已建立連線池物件
        if (pool.getDriver()==null){
            pool.setDriver("com.microsoft.sqlserver.jdbc.SQLServerDriver");
            pool.setURL("jdbc:sqlserver://localhost:1433;databaseName=school");
            pool.setUserName("shu");
            pool.setPassword("shu");
            pool.setSize(5); // 設定連線池大小
            pool.initializePool();
        }
        con=pool.getConnection();
        Statement st=con.createStatement();
        String sql= "select student.id,name,count(*)\"cnt\", avg(score)\"avg\" from student,
course where student.id=course.id group by student.id,name";
```

```
        ResultSet rs = st.executeQuery(sql);
    %>
    <center><table border="1">
    <tr><th> 學號 </th><th> 姓名 </th><th> 修課數 </th><th> 平均分數 </th></tr>
    <%
        while (rs.next() ){
            out.println("<tr><td>"+rs.getObject("id")+"</td>"); // 學號
            out.println("<td>"+rs.getObject("name")+"</td>");  // 姓名
            out.println("<td>"+rs.getObject("cnt")+"</td>");   // 修課數
            out.println("<td>"+rs.getObject("avg")+"</td>");   // 平均分數
        }
        rs.close();
        pool.releaseConnection(con);
    }catch(Exception e){ out.println(e.getMessage());}
    %>
    </table></center>
</body>
</html>
```

- 存檔檔名爲 poolTest.jsp，儲存於「網站伺服器（Resin 或 Tomcat）的主目錄 \webapps\Root\」內。
- 本程式使用爪哇豆（JavaBean），因此必須使用動作元素的 <jsp:useBean> 標籤宣告欲使用的 Java Bean 物件，本範例宣告「物件名稱爲 pool」、使用範圍爲整個網站、使用的「類別爲 myBean 套件內的 Pool Bean.java」爪哇豆程式。
- 程式需考量最初執行時應建立連線池的 Connection 資料庫連結物件，本範例程式中執行 pool 物件的 getDriver() 方法，若回傳值爲

null 則表示 pool 的連線池的資料庫連結物件尚未建立。

- 範例程式執行 pool 物件的 setSize() 方法指定建立 5 個連結物件，再執行 initializePool() 方法，逐一建立這 5 個連結物件，並在網站啓動畫面顯示建立的連結資訊（如圖 18-17 所示，本例使用的網站伺服器爲 Resin。若你使用 TOMCAT 看到的畫面也大致相同）。
- 之後須使用資料表前，取得連結的物件只需執行 pool 物件的 getConnection() 即可獲得一個 Connection 物件。使用完畢再執行 releaseConnection() 方法，即可歸還該物件以供後續其他網頁程式使用（如圖 18-17 畫面下方顯示的釋放訊息）。

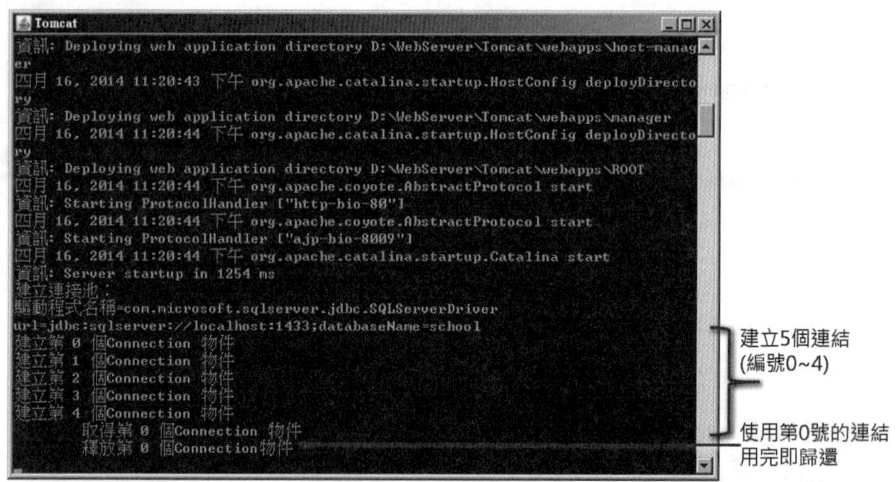

圖 18-17　網站建立連線池與使用時的訊息

第四節　檢索功能程式撰寫

資訊管理系統的最基本功能，包括資料維護（新增、修改）、權限管理（帳號登入與使用權利的判斷）、檢索（資料的搜尋以及挑選）。本章節分別練習了資料表紀錄的新增資料、查詢並檢驗的帳號登入，以及透過連線池功能執行資料庫連結方式的程式撰寫技巧，提供較便利的資料庫練線使用方式。接下來就進入到檢索功能的撰寫。檢索功能通常分爲兩個部分：索引與檢索兩個部分的程式開發。

1. 索引

此處的索引並不是資料庫的索引表，而是透過資料結構將資料分解成控制詞彙的資料表，提供檢索時能夠達成一些特定檢索的方式。例如容錯查詢、拼音查詢、同義詞查詢 ... 等。不過涉及資料結構與關鍵字詞分析的技術，並不再此討論，而是單純應用 SQL 的 SELECT 既有的查詢能力進行資料的搜尋。

2. 檢索

主要的目的是將查詢的結果以簡表方式表列出來，提供使用者選擇。程式撰寫的重點是查詢結果的筆數可能超過一頁顯示的範圍，因此需要能夠提供上一頁、下一頁，甚至最前頁、最後頁的選擇，這也就是本單元主要的練習目標。

【說明】

通常資訊系統查詢結果會分為兩個層次顯示資料。檢索下達之後，查詢的結果先以「簡表」方式顯示，也就是以最核心的欄位顯示給使用者檢視，目的是精簡查詢結果顯示的畫面，方便使用者進行資料的挑選。當挑選欲察看的資料項目後，接下來就進入到第二層「詳表」的顯示方式，將最完整的資料顯示給使用者看。當然這裡講的「最完整」並不一定是資料的全部內容，應用系統會依據設定的資料範圍、使用者的類型、使用權限 … 等條件決定顯示內容的範圍，而這一切都必須依賴有經驗的系統設計師規劃。說起來有點複雜，所以先專注如何做到將查詢結果實現換頁的顯示功能，再慢慢思考如何滿足使用者所希望的功能，以及依據資料特性的呈現技巧。

本範例共有四支程式，其用途說明請參見表 18-5，程式的執行流程畫面請參閱圖 18-18 所示。因為需要有多一些資料錄的資料表，比較能夠凸顯查詢功能的效果，因此請在附件中找出「CurrentContent.sql 檔案」，使用資料庫系統工具執行該檔案，在 School 資料庫內新增一個具備一千兩百多筆資料錄的 CurrentContent 資料表。

表 18-5　檢索範例的程式用途說明

程式檔名	用途說明
query.html	網頁畫面，提供使用者輸入欲查詢的字彙
query.jsp	依據使用者輸入的字彙，進行資料表的搜尋，以獲得符合查詢字彙結果的資料錄

程式檔名	用途說明
queryBreif.jsp	將查詢結果的資料錄依據每頁筆數以簡略方式顯示，並可控制上一頁、下一頁的翻頁。
queryDetail.jsp	負責顯示單筆資料紀錄的詳細內容

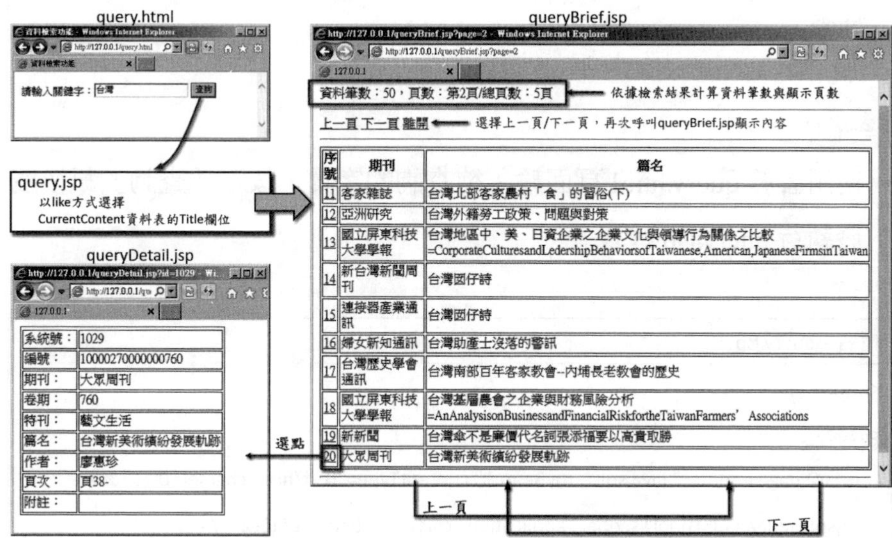

圖 18-18 檢索功能程式流程畫面

首先於網站鍵入 query.html，執行資料檢索輸入的功能：

檔名：query.html

```
<html>
<head>
 <title> 資料檢索功能 </title>
 <meta http-equiv="Content-Type" content="text/html; charset=big5">
</head>
<body>
```

```
  <form action="query.jsp">
    請輸入關鍵字：<input type="text" name="keyword"/>
    <input type="submit" value=" 查詢 "/>
  </form>
</body>
</html>
```

解析：

- 使用者於 query.html 頁面輸入欲查詢的字彙，按下「查詢」鈕後觸發執行 query.jsp 程式。

檔名：query.jsp

```
<html>
<head>
    <%@ page import=" java.sql.*, myBean.*" contentType="text/html;charset=Big5" %>
    <jsp:useBean id="pool" scope="application" class="myBean.PoolBean"/>
</head>
<body>
    <%
    String sKwd=request.getParameter("keyword");;
    String sql=null;
    Connection con=null;
    Statement st=null;
    ResultSet rs=null;
    try{
        if (pool.getDriver()==null){
            pool.setDriver("com.microsoft.sqlserver.jdbc.SQLServerDriver");
            pool.setURL("jdbc:sqlserver://localhost:1433;databaseName=school");
```

```
            pool.setUserName("shu");
            pool.setPassword("shu");
            pool.setSize(5); // 設定連結池大小
            pool.initializePool();
        }
  }catch(Exception e){ out.print(" 資料連結發生問題 :"+e.getMessage());}

    con=pool.getConnection();
    st=con.createStatement(ResultSet.TYPE_SCROLL_INSENSITIVE,ResultSet.CONCUR_READ_
ONLY);
    sql="select id, serial, issue, special, title from CurrentContent where title like \'%"+sKwd+"%\'
order by title";
    rs = st.executeQuery(sql);
    rs.last();
    int nRowCount=rs.getRow(); // 取得查詢結果的數量
    if (nRowCount>0){
    session.setAttribute("QUERY",rs);
    session.setAttribute("ROWCOUNT",Integer.toString(nRowCount));
    session.setAttribute("KEYWORD",sKwd);
    response.sendRedirect("queryBrief.jsp");
  }else
    out.print(" 查詢 :"+sKwd+" 沒有符合的資料 ");
  pool.releaseConnection(con);

    %>
</body>
</html>
```

解析：

- 程式先取得前一網頁（query.html）使用者所輸入的字彙

- 因本程式爲首先開始執行資料表存取，需先確定是否已經建立連線池的相關資料庫物件。
- 執行名稱爲 con 之 Connection 物件的 createStatement() 方法建立 Statement 物件，傳入兩個參數爲：
  - ResultSet.TYPE_SCROLL_INSENSITIVE：指標可雙向移動
  - ResultSet.CONCUR_READ_ONLY：不可以更新 ResultSet

  執行 SQL 之 SELECT 敘述所獲得的結果資料集（ResultSet）可以控制其指標，因爲本範例程式目的即在於提供所查詢的結果能夠上下翻頁瀏覽的顯示效果。
- 將使用者輸入的字彙，SELECT 敘述的條件以 like 方式選擇 CurrentContent 資料表的 Title 期刊篇名欄位。
- 因爲負責控制上一頁、下一頁顯示的程式爲 queryBrief.jsp。因此先將一些基本資料儲存於 session 物件，再導向執行 queryBrief.jsp 程式。
  - 名稱爲 rs 的 ResultSet 物件；
  - nRowCount：查詢結果符合的資料錄（record）筆數，因爲 session 物件只能儲存物件型態的資料，因此將整數型態的 nRowCount 以外覆類別的方法轉爲字串型態；
  - sKwd：使用者輸入的查詢字彙。

檔名：queryBreif.jsp

```
<html>
<head>
   <%@ page import=" java.sql.*" contentType="text/html;charset=Big5" %>
  <meta http-equiv="Content-Type" content="text/html; charset=big5">
```

```
</head>
<body>
  <%
  final int nPageLine=10; // 每頁顯示的資料數目
 int nRowCount=0, nPageCount=0, nPage=0;
 String sId="", sRowCnt="", sPage="";
 ResultSet rs=null;
 try{
  rs=(ResultSet)session.getAttribute("QUERY");
  sRowCnt=(String)session.getAttribute("ROWCOUNT");
  nRowCount=Integer.parseInt(sRowCnt);
 }catch(Exception e){out.print(" 檢索結果資存取發生錯誤："+e.getMessage());}

 if (rs==null)
  response.sendRedirect("query.html"); // 防止未經查詢過程直接進入本程式
 else{
      sPage=request.getParameter("page");
      if (sPage ==null)
          nPage=1;
      else{
          nPage=Integer.parseInt(sPage);
      if (nPage<1) nPage=1;
  }
  // 計算此頁要顯示資料的起訖筆數
  int nLine=(nPage-1)*nPageLine;
  int nMax=nLine+nPageLine-1;
  // 計算總頁數
  nPageCount=(nRowCount+nPageLine-1)/nPageLine;
      if (nPage > nPageCount) nPage=nPageCount;
```

```
        out.print(" 資料筆數："+nRowCount+" ，頁數：第 "+nPage+" 頁 / 總頁數："+nPage-
Count+" 頁 <hr/>");

    if (nPage>1)              // 顯示「上一頁」的超連結
        out.print("<a href=\"queryBrief.jsp?page="+(nPage-1)+"\"> 上一頁 </a> ");
    if (nPage<nPageCount)// 顯示「下一頁」的超連結
        out.print("<a href=\"queryBrief.jsp?page="+(nPage+1)+"\"> 下一頁 </a> ");
    out.print("<a href=\"query.html\"> 離開 </a><hr/>");
    %>
    <!-- 網頁以表格方式簡易顯示查詢結果的資料內容 -->
    <table border="1" width="100%">
        <tr><th width="5%"> 序號 </th><th width="25%"> 期刊 </th><th width="70%"> 篇名
</th></tr>
    <%
    // 顯示資料

        rs.absolute((nPage-1)*nPageLine+1); // 資料集指標指向此頁的第一筆

    while (nLine <=nMax && !rs.isAfterLast() ){
        nLine++;
        sId=rs.getString("id");
        out.println("<tr><td><a href=\"queryDetail.jsp?id="+sId+"\">"+nLine+"</a></td>"+
            "<td>"+rs.getString("serial")+"</td><td>"+rs.getString("title")+"</td></tr>");


        rs.next();
    }
    out.print("<table><hr/>");
    }
    %>
</body>
</html>
```

解析：

- 程式內設定每頁顯示 10 筆資料。
- 由 session 物件取出先前在 query.jsp 程式所儲存的基本資料（ResultSet 物件、查詢結果筆數、查詢字彙）。
- 檢查 ResultSet 物件是否有值，若沒有則導回查詢網頁，以避免未經程式執行的程序（query.html → query.jsp → queryBrief.jsp），而直接進入此程式執行。
- 當使用者選點上一頁、下一頁時，程式會將增加一頁或減一頁後的頁碼傳遞，也就是說本程式執行時若有接收頁數，便以該頁數做爲顯示依據，否則便從第一頁開始顯示。
- 獲知要顯示的頁碼後，程式計算現在頁碼要顯示資料的起訖筆數以及總頁數等資訊，將其顯示在網頁上。如果是此頁是第一頁，便顯示「下一頁」；若是其他頁，則顯示「上一頁」與「下一頁」；若已是最後一頁，則只顯示「上一頁」。顯示上下頁的訊息，使用 HTML <a> 標籤超連結至此程式。
- 執行名稱爲 rs 之 ResultSet 資料集物件的 absolute() 方法，將指標移到指定的資料位置。
- 依據每頁顯示的筆數，逐一將資料的欄位以 getXXX() 方法讀出顯示（本範例程式使用的 CurrentContent 資料表，各欄位均是宣告爲 varchar 字串型態）。顯示資料的編號，使用 HTML <a> 標籤超連結至 queryDetail.jsp 程式，並傳遞該編號資料的主鍵欄位值。

檔名：queryDetail.jsp

```
<html>
<head>
   <%@ page import="java.sql.*, myBean.*" contentType="text/html;charset=Big5" %>
   <jsp:useBean id="pool" scope="application" class="myBean.PoolBean"/>
  <meta http-equiv="Content-Type" content="text/html; charset=big5">
</head>
<body>
   <%
   String sId = request.getParameter("id");
  if (sId==null)
   response.sendRedirect("query.html"); // 防止未經查詢過程直接進入本程式
   try{
   Connection con=pool.getConnection();
   PreparedStatement pst=con.prepareStatement("select * from CurrentContent where id=?");
   pst.setString(1,sId);
   ResultSet rs=pst.executeQuery();
   if (rs.next() ){
         String sHTML="<table border=\"1\"><tr>"; // 用於 highlight 查詢字串
         sHTML=sHTML+"<tr><td>"+" 系統號：</td><td>"+sId+"</td></tr>";
         sHTML=sHTML+"<tr><td>"+" 編號：
</td><td>"+rs.getString("SNo")+"</td></tr>";
         sHTML=sHTML+"<tr><td>"+" 期刊：
</td><td>"+rs.getString("Serial")+"</td></tr>";
         sHTML=sHTML+"<tr><td>"+" 卷期：
</td><td>"+rs.getString("Issue")+"</td></tr>";
         sHTML=sHTML+"<tr><td>"+" 特刊：
</td><td>"+rs.getString("Special")+"</td></tr>";
         sHTML=sHTML+"<tr><td>"+" 篇名：
```

```
</td><td>"+rs.getString("Title")+"</td></tr>";
            sHTML=sHTML+"<tr><td>"+" 作者：
</td><td>"+rs.getString("Author")+"</td></tr>";
            sHTML=sHTML+"<tr><td>"+" 頁次：
</td><td>"+rs.getString("Page")+"</td></tr>";
            sHTML=sHTML+"<tr><td>"+" 附註：
</td><td>"+rs.getString("Note")+"</td></tr>";
            sHTML=sHTML+"</table>";
            out.print(sHTML);
        }
        rs.close();
        pst.close();
        pool.releaseConnection(con);
    }catch(Exception e){ out.println(e.getMessage());}
    %>
 </body>
</html>
```

解析：

- 由 queryBrief.jsp 程式經由超連結呼叫執行本程式時，會以「id」爲名稱將要顯示詳細內容的資料主鍵值（CurrentContent 資料表的 ID 欄位）一併傳遞過來。
- 程式依據此主鍵值，讀取 CurrentContent 資料表，取得該筆資料錄的全部欄位內容。
- 將該筆資料錄的內容以 getXXX() 方法讀出顯示（CurrentContent 資料表，各欄位均是宣告爲 varchar 字串型態），並以 HTML 的 <table> 標籤組合網頁表格格式，輸出至使用者的網頁上顯示。

國家圖書館出版品預行編目資料

資料庫系統／余顯強著. ——初版. ——臺北市：五南, 2014.08

面；　公分

ISBN 978-957-11-7737-3（平裝）

1.資料庫管理系統

312.74　　103014522

5R21

資料庫系統

作　　者 — 余顯強（53.91）

發 行 人 — 楊榮川

總 編 輯 — 王翠華

主　　編 — 王正華

責任編輯 — 金明芬

封面設計 — 童安安

出 版 者 — 五南圖書出版股份有限公司

地　　址：106台北市大安區和平東路二段339號4樓

電　　話：(02)2705-5066　　傳　　真：(02)2706-6100

網　　址：http://www.wunan.com.tw

電子郵件：wunan@wunan.com.tw

劃撥帳號：01068953

戶　　名：五南圖書出版股份有限公司

台中市駐區辦公室/台中市中區中山路6號

電　　話：(04)2223-0891　　傳　　真：(04)2223-3549

高雄市駐區辦公室/高雄市新興區中山一路290號

電　　話：(07)2358-702　　傳　　真：(07)2350-236

法律顧問　林勝安律師事務所　林勝安律師

出版日期　2014年8月初版一刷

定　　價　新臺幣520元